“十三五”规划教材

13th Five-Year Plan Textbooks
of Software Engineering

Web前端开发案例教程

——HTML5+CSS3+JavaScript+jQuery+Bootstrap 响应式开发

胡军 刘伯成 管春 ◎ 编著

Web Front-end Development

人 民 邮 电 出 版 社
北 京

图书在版编目（CIP）数据

Web前端开发案例教程 ：HTML5+CSS3+JavaScript+
JQuery+Bootstrap响应式开发 / 胡军，刘伯成，管春编
著. -- 2版. -- 北京 ：人民邮电出版社，2020.9（2023.7重印）
普通高等教育软件工程“十三五”规划教材
ISBN 978-7-115-53603-7

Ⅰ. ①W… Ⅱ. ①胡… ②刘… ③管… Ⅲ. ①网页制
作工具－高等学校－教材 Ⅳ. ①TP393.092.2

中国版本图书馆CIP数据核字(2020)第044843号

内 容 提 要

Web 前端开发是创建 Web 页面或 App 等前端界面并呈现给用户的过程，通过 HTML5、jQuery 和 Bootstrap 等技术来实现互联网产品的用户界面交互。

本书主要内容由 3 部分组成：第一部分（第 1 章～第 6 章）主要介绍使用 HTML5 和 CSS3 进行网页设计和美化；第二部分（第 7 章～第 11 章）主要介绍使用 JavaScript、jQuery 技术实现常用的网页动态效果；第三部分（第 12 章～第 14 章）主要介绍响应式布局技术及 Bootstrap 框架的应用等。

本书以项目案例开发为主线，采用边讲边练的方式，适合于高等院校 IT 专业的本、专科生学习，也可供希望从事网页设计与制作、Web 前端开发及网页编程等工作的人员参考使用。本书致力于通过深入浅出的讲解，带领读者进入丰富多彩的前端开发世界。

◆ 编　　著　胡　军　刘伯成　管　春
责任编辑　刘　博
责任印制　王　郁　陈　犇
◆ 人民邮电出版社出版发行　　北京市丰台区成寿寺路 11 号
邮编　100164　　电子邮件　315@ptpress.com.cn
网址　https://www.ptpress.com.cn
大厂回族自治县聚鑫印刷有限责任公司印刷
◆ 开本：787×1092　1/16
印张：19.75　　2020 年 9 月第 2 版
字数：531 千字　　2023 年 7 月河北第 7 次印刷

定价：59.80 元

读者服务热线：(010)81055256　印装质量热线：(010)81055316
反盗版热线：(010)81055315
广告经营许可证：京东市监广登字 20170147 号

前言

党的二十大报告中提到："教育、科技、人才是全面建设社会主义现代化国家的基础性、战略性支撑。"在教育改革、科技变革等背景下，软件开发领域的教学发生着翻天覆地的变化。

随着教育部"六卓越一拔尖"计划 2.0 的实施，培养工程实践能力和创新能力已成为各大院校培养学生的重点。本书以项目案例开发为主线，致力于培养学生的工程实践能力和综合创新能力。

本书内容可以划分为以下 3 个部分。

第一部分（第 1 章～第 6 章）主要介绍如何使用 HTML5 和 CSS3 进行项目设计和开发，从简单的 HTML5 开始，到学会使用常用的 HTML5 标签和基本的 CSS3 样式，再到网页布局和制作，最后通过实战案例完成一个完整网站的设计、制作、测试及发布。

第二部分（第 7 章～第 11 章）主要介绍如何使用 JavaScript 和 jQuery 制作常用的网页动态效果，包括 JavaScript 基础、DOM 编程、jQuery 基础及应用等内容。

第三部分（第 12 章～第 14 章）主要介绍响应式布局技术及 Bootstrap 框架的应用等。

本书作为教材使用时，建议总学时为 48 学时，可采用实训教学方式进行讲授。为了辅助教师开展教学，配合学生学习，本书在第 2 章～第 14 章后附有拓展训练。人邮教育社区（www.ryjiaoyu.com）提供本书配套电子教案、教学和实验案例、习题解答等。

本书是作者在结合自己多年来计算机教学经验的基础上编写而成的，对 Web 前端开发相关知识的讲解深入浅出，并选择了一些实用性强、有吸引力的案例以提高学生的学习兴趣和动手实践能力。本书通过贯穿全书的综合实例，来开拓学生思路，引导学生探究问题求解方法，激发学生对程序设计的兴趣。学生可亲自动手解决问题，从而掌握 Web 前端开发和计算机科学的相关知识。

本书由胡军、刘伯成和管春编著。胡军编写了第 1 章～第 5 章，刘伯成编写了第 9 章～第 14 章，管春编写了第 6 章～第 8 章，全书由胡军审校和统稿，刘晓强、欧阳皓、程伟根等教师参与了部分章节的编写和审校工作。陈志锋、杨毅瑶、傅娆、王涣森、杨丽、秦宁、齐园等同学帮助整理了书稿的部分内容及制作教学资源，在此表示感谢。

此外，本书的出版获得了南昌大学教材出版资助，在此一并表示感谢。

限于水平，不足之处在所难免，敬请读者批评指正。

编者

2022 年 12 月

目录 CONTENTS

01

第1章 Web前端开发概述

学习目标

- □ 了解并掌握 Web 基本知识
- □ 了解并掌握 HTML 基本概念和相关知识
- □ 了解并掌握 CSS 相关概念和特点
- □ 了解并掌握 JavaScript 相关概念和特点
- □ 了解并掌握 jQuery 相关概念和特点
- □ 了解并掌握 Bootstrap 相关概念
- □ 了解常用的前端框架

1.1 Web 概述

Web（World Wide Web）也称为万维网，它是一种基于超文本和超文本传输协议（Hypertext Transfer Protocol，HTTP）、全球性、动态交互、跨平台的分布式图形信息系统，是建立在 Internet 上的一种网络服务。Web 为浏览者在 Internet 上查找和浏览信息提供了图形化、易于访问的直观界面，其中的文档及超链接将 Internet 上的信息节点组织成一个互为关联的网状结构。Web 基于客户/服务器模式，整个系统由 Web 服务器、浏览器和通信协议 3 个部分组成，其中通信协议采用的是 HTTP。Web 应用中的每一次信息交换都要涉及客户端和服务器端，因此，Web 开发技术大体上也可以被分为客户端技术和服务器端技术两大类。

1.1.1 Web 客户端技术

Web 客户端的工作流程是用户单击超链接或在浏览器中输入地址后，浏览器将该地址信息转换成标准的 HTTP 请求发送给 Web 服务器。Web 客户端的主要任务是展现信息内容。Web 客户端设计技术主要包括超文本标记语言（Hypertext Markup Language，HTML）、层叠样式表（Cascading Style Sheets，CSS）、JavaScript 等，在后面章节中将进行详细介绍。

1.1.2 Web 服务器端技术

Web 服务器主要以网页的形式发布多媒体信息，网页采用 HTML 编写。当浏览器与 Web 服务器成功建立连接并获取网页后，浏览器通过对网页 HTML 文档的解释，将网页所包含的信息显示在用户的屏幕上。Web 服务器端的工作流程是用户通过 Web 浏览器向 Web 服务器请求一个资源，当 Web 服务器接收到这个请求后，将替用户查找该资源，然后将资源返回给 Web 浏览器。常见的 Web 服务器有微软公司的互联网信息服务（Internet Information Servers，IIS）、Apache Tomcat 等。

Web 服务器端技术主要包括超文本预处理器（Hypertext Preprocessor，PHP）、动态服务器页面（Active Server Pages，ASP）、ASP.NET 和 Java 服务器页面（Java Server Pages，JSP）等。

1. PHP

1994 年，拉斯马斯 • 勒德尔夫（Rasmus Lerdorf）发明了专用于 Web 服务器端编程的 PHP 语言。与以往的公共网关接口（Common Gateway Interface，CGI）程序不同，PHP 语言将 HTML 代码和 PHP 指令合成为完整的服务器端动态页面，从而使 Web 应用的开发者可以用更加简便、快捷的方式实现动态 Web 功能。

2. ASP

1996 年，微软借鉴 PHP 的思想，在其 Web 服务器 IIS 3.0 中引入了 ASP 技术。ASP 使用的脚本语言是 VBScript 和 JavaScript。

3. ASP.NET

ASP.NET 是建立.NET Framework 的公共语言运行库上的编程框架，可用于在服务器上生成功能强大的 Web 应用程序，代替以前在 Web 网页中加入 ASP 脚本代码，使网页界面设计与程序设计以不同的文件分离，提高了网页的复用性和维护性。ASP.NET 已经成为面向下一代企业级网络计算机的 Web 平台，是对传统 ASP 技术的重大升级和更新。

4. JSP

以 Sun 公司为首的 Java 阵营于 1998 年推出了 JSP 技术。JSP 使 Java 开发者拥有了类似 CGI 程序的集中处理功能和类似 PHP 的 HTML 嵌入功能，此外，Java 运行时的编译技术也大大提高了 JSP 的执行效率。JSP 被后来的 Java EE 平台吸纳为核心技术。

1.1.3　超文本传输协议

超文本传输协议（HTTP）是客户端浏览器与 Web 服务器之间的通信协议，用来实现服务器端和客户端的信息传输。Web 服务器上存放的超文本信息需要通过 HTTP 传送给客户端浏览器。客户端浏览器需要通过 HTTP 访问存放在 Web 服务器上的超文本信息。

HTTP 通信中请求（Request）与应答（Response）是最基本的通信模式。客户端浏览器与 Web 服务器连接成功后，会向 Web 服务器提出某种请求，随后 Web 服务器会对此请求做出应答并切断连接。

1.1.4　统一资源定位符

统一资源定位符（Uniform Resource Locator，URL）是用于完整地描述 Internet 网页和其他资源的地址的一种标识方法，是实现互联网资源定位的统一标识。Internet 上的每一个网页都具有唯一的名称标识，通常称之为 URL 地址，俗称网址。

URL 主要由 3 个部分组成：协议类型、存放资源的域名或主机 IP 地址和资源文件名。其语法格式如下。

```
protocol://hostname[:port]/path/[:parameters][?query]#fragment
```

语法说明如下。

（1）protocol（协议）指定使用的传输协议，常用的是 HTTP，另外还有 File 协议、FTP 等。

（2）hostname（主机名）是指存放资源的服务器的域名或 IP 地址。

（3）port（端口号）为可选项，省略时使用默认端口，各种常用的传输协议都有默认端口号，如 HTTP 的默认端口号是 80。

（4）path（路径）由零个或多个“/”符号隔开的字符串组成，一般用来表示主机上的一个目录或文件地址。

1.2　HTML

1.2.1　HTML 简介

HTML 是构成网页文档的主要语言，它能够把存放在一台计算机中的文本或资源与另一台计算机中的文本或资源方便地联系在一起。它具备以下特点。

（1）简易性：各类 HTML 标签简单易学，方便网站制作者学习、开发。

（2）可扩展性：HTML 采取扩展子类元素的方式，保证了系统的可扩展性。

（3）平台无关性：这是 HTML 的最大优点，也是当今 Internet 盛行的原因之一。它包括“硬件”平台无关性和“软件”平台无关性。不管是在普通的计算机上，还是在平板电脑和智能手机上，不管是使用常见的 Windows 操作系统，还是使用 Linux 操作系统，HTML 都可以得到广泛的应用和传输。

和 C 语言的运行环境一样，HTML 源代码还需要一个“解释并执行”的工具，而浏览器就是用来解释并执行 HTML 源代码的工具。目前市场上此类工具主要有微软公司的 IE 以及 Google 公司的 Chrome 等。

1.2.2 HTML 的发展

HTML 的版本发展介绍如下。

（1）HTML 1.0：于 1993 年 6 月作为因特网工程任务组（The Internet Engineering Task Force，IETF）工作草案发布，并不是成熟的标准。

（2）HTML 2.0：于 1995 年 11 月作为 RFC 1866 发布，在 RFC 2854 于 2000 年 6 月发布之后被宣布过时。（RFC 的英文全称为 Request for Commond，意为“请求评论”。）

（3）HTML 3.2：于 1996 年 1 月 14 日发布，是万维网联盟（World Wide Web Consortium，W3C）推荐标准。

（4）HTML 4.0：于 1997 年 12 月 18 日发布，是 W3C 推荐标准。

（5）HTML 4.01（微小改进）：于 1999 年 12 月 24 日发布，是 W3C 推荐标准。

（6）ISO/IEC 15445:2000（即“ISO HTML”）：于 2000 年 5 月 15 日发布，这个版本的语法规则是以 HTML 4.01 作为基础的，是国际标准化组织和国际电工委员会发布的标准。

（7）XHTML 1.0：于 2000 年 1 月 26 日发布，是 W3C 推荐标准，后来经过修订于 2002 年 8 月 1 日重新发布。

（8）XHTML 1.1：于 2001 年 5 月 31 日发布。

（9）XHTML 2.0：于 2002 年 8 月 5 日发布。

（10）HTML5：2014 年 10 月 29 日，W3C 宣布 HTML5 标准制定完成。HTML5 是对 HTML 标准的第五次修订，其主要目标是将互联网语义化，以便更好地被人类和机器阅读，同时更好地支持各种媒体的嵌入。而 HTML5 本身并非技术，而是标准。它所使用的技术早已成熟，通常所说的 HTML5 实际上是 HTML 与 CSS3 及 JavaScript 和应用程序接口（Application Programming Interface，API）等的一个组合，大概可以用以下公式说明：HTML5≈HTML+CSS3+JavaScript+API。

1.3 CSS

1.3.1 CSS 简介

CSS 是一种用来表现 HTML 或可扩展标置语言（Extensible Markup Lanuage，XML）等文件样式的计算机语言。CSS 不仅可以静态地修饰网页，而且可以配合各种脚本语言动态地对网页各元素进行格式化，能够对网页中元素位置的排版进行像素级精确控制，支持几乎所有的字体、字号样式，拥有对网页对象和模型样式编辑的能力。

1.3.2 CSS的特点

CSS具有以下特点。

1. 丰富的样式定义

CSS提供了丰富的文档样式外观，以及设置文本和背景属性的能力；允许为任何元素创建边框，允许设置元素边框与其他元素间的距离，以及设置元素边框与元素内容间的距离；允许随意改变文本的大小写方式、修饰方式以及其他页面效果。

2. 易于使用和修改

CSS 样式表可以将所有的样式声明统一存放，将相同样式的元素进行归类，使用同一个样式进行定义，也可以将某个样式应用到所有同名的HTML标签中，还可以将一个CSS样式指定到某个页面元素中。如果要修改样式，程序员只需要在样式表中找到相应的样式声明进行修改。

3. 多页面应用

CSS样式表可以单独存放在一个CSS文件中，这样程序员就可以在多个页面中使用同一个CSS样式表。CSS 样式表理论上不属于任何页面文件，在任何页面文件中都可以将其引用。这样就可以实现多个页面风格的统一。

4. 层叠

简单地说，层叠就是对一个元素多次设置样式，使用最后一次设置的属性值。例如对一个站点中的多个页面使用了同一套CSS样式表，而某些页面中的某些元素想使用其他样式，就可以针对这些样式单独定义一个样式表应用到页面中。这些后来定义的样式将对前面的样式设置进行重写，在浏览器中看到的将是最后设置的样式效果，即就近原则。

5. 页面压缩

在使用HTML定义页面效果的网站中，往往需要大量或重复的表格和font元素形成各种规格的文字样式，这样就会产生大量的HTML标签，从而使页面文件很大。如果将样式的声明单独放到CSS样式表中，就可以大大地减小页面文件，这样在加载页面时使用的时间也会减少。另外，CSS 样式表的复用在很大程度上缩减了页面的大小，减少了下载的时间。

1.4 JavaScript

1.4.1 JavaScript简介

JavaScript是一种直译式脚本语言，一种动态类型、弱类型、基于原型的语言，内置支持类型。JavaScript已经被广泛应用于Web应用开发，常用来为网页添加各种各样的动态功能，为用户提供更流畅美观的浏览效果。通常，JavaScript脚本是通过嵌入HTML中来实现自身功能的。

JavaScript脚本语言同其他语言一样，有它自身的基本数据类型。表达式和算术运算符是程序的基本程序框架。JavaScript提供了4种基本数据类型和两种特殊数据类型用来处理数据和文字，而变量提供存放信息的地方，表达式则可以完成较复杂的信息处理。

1.4.2 JavaScript 的特点

JavaScript 具有以下特点。

（1）解释性：JavaScript 是一种解释性的脚本语言，C、C++等语言是先编译后执行的编译型语言，而 JavaScript 是在程序的运行过程中逐行进行解释，代码不会进行预编译。

（2）基于对象：JavaScript 是一种基于对象的脚本语言，它不仅可以创建对象，还能使用现有的对象。

（3）简单：JavaScript 采用的是弱类型的变量类型，对使用的数据类型未做出严格的限制，是基于 Java 基本语句和控制的脚本语言，其设计简单紧凑。

（4）动态性：JavaScript 是一种采用事件驱动的脚本语言，它不需要经过 Web 服务器就可以对用户的输入做出响应。用户在访问一个网页时，使用鼠标在网页中进行单击或上下移动等操作，JavaScript 都可直接对这些事件给出相应的响应。

（5）跨平台性：JavaScript 不依赖于操作系统，仅需要浏览器的支持。一个 JavaScript 脚本在编写好后可以在任何计算机上使用，但前提是计算机上的浏览器支持 JavaScript 脚本语言，目前 JavaScript 已被大多数的浏览器所支持。

1.5 jQuery

jQuery 是由美国人约翰・瑞森（John Resig）于 2006 年创建的，它是目前十分流行的 JavaScript 程序库之一，是对 JavaScript 对象和函数的封装。

jQuery 是轻量级的 JavaScript 库，这是其他 JavaScript 库所不及的，它兼容 CSS3，还兼容各种浏览器。它拥有独特的选择器、链式操作、事件处理机制和封装，以及完善的异步 JavaScript 和 XML（Asynchronous JavaScript and XML，Ajax），这些是其他 JavaScript 库所望尘莫及的。

jQuery 使用户能更方便地处理 HTML 文档、事件及实现动画效果，并且方便地为网站提供 Ajax 交互。虽然 jQuery 具有的功能 JavaScript 也有，但是使用 jQuery 能够大幅度提高开发效率。

jQuery 为 Web 脚本编程提供了通用（跨浏览器）的抽象层，使它几乎适用于任何脚本编程的情形。jQuery 具有以下功能。

（1）方便快捷获取文档对象模型（Document Object Model，DOM）元素：如果使用纯 JavaScript 的方式来遍历 DOM 以及查找 DOM 的某个部分，则需要编写很多冗余的代码，而使用 jQuery 只需要一行代码就足够了。

（2）动态修改页面样式：jQuery 可以动态地修改页面的 CSS，即使在页面呈现以后，jQuery 仍然能够改变文档中某个部分的类样式或者个别的样式属性。

（3）动态改变 DOM 内容：jQuery 可以很容易地对页面 DOM 进行修改。

（4）响应用户的交互操作：jQuery 提供了截获各种页面事件（比如用户单击某个链接）的适当方式，而不需要使用事件处理程序拆散 HTML 代码。此外，它的事件处理 API 也消除了因浏览器的不一致而带来的问题。

（5）页面的动态效果：jQuery 内置了一批淡入、擦除之类的效果，以及制作新效果的工具包。

（6）统一 Ajax 操作：jQuery 统一了多种浏览器的 Ajax 操作，使程序员可以更多地专注于服务器端开发。

（7）简化常见的 JavaScript 任务：jQuery 改进了对基本的 JavaScript 数据结构的操作（例如迭代和数组操作等）。

1.6　Bootstrap

Bootstrap 是由 Twitter 公司开发的前端框架，也是目前非常流行的前端框架之一，它是基于 HTML、CSS、JavaScript 的一个简洁、灵活的开源框架，便于程序员学习。

Bootstrap 之所以受欢迎，主要源于以下 4 个方面。

（1）快速制作响应式的网页来适配各种终端：Bootstrap 里面包含许多网页制作的模板，程序员可以使用这些模板快速制作出精美的响应式网页，这些网页同时适配各种终端，如计算机、智能手机等。从 Bootstrap 3 开始，Bootstrap 已开始以移动端为重点。

（2）开发简单、方便：Bootstrap 中包含许多网页模板，程序员已经不需要从头开始制作网页素材，而是直接使用 Bootstrap 中提供的模板，这样不仅节省了程序员的时间，而且提高了效率。

（3）代码开源：Bootstrap 的代码是完全开源的，程序员可以查看 Bootstrap 的源代码，方便了开发者对 Bootstrap 的理解，可以使程序员快速上手。

（4）代码有良好的编写规范：程序员在编写程序时必须遵循 Bootstrap 的编写规范，这样可以使代码简洁易读。

1.7　其他前端框架

1.7.1　Angular

Angular 是构建动态单页应用程序的框架。Angular 是 MEAN 栈（MongoDB、Express、Angular 和 Node.js）的核心部分。

由于 Angular 的高度模块化的特点，它非常适合大型应用程序的编写，并且使程序的测试和调试变得轻松。它能与 Ajax 以惊人的速度配对，并且可以通过表单处理大量的用户交互。Angular 的功能优先的方法使程序员的工作变得轻松。此外，它还有来自 Google 社区的出色工具和支持。

1.7.2　React

React 是用于构建用户界面（User Interface，UI）的框架。它在创建单页应用程序和移动应用程序中表现出了高效、简洁和可伸缩的特性。

1.7.3　Vue

Vue 是一个快速发展的 JavaScript 框架。在 API 集成和应用程序设计方面，它比 Angular 简单得多。Vue 是一个表示层，而不是一个全面的框架，因此，Vue 可以与其他库结合起来。

小结

（1）Web 开发技术大体上可以被分为客户端技术和服务器端技术两大类。

（2）Web 客户端的主要任务是展现信息内容。Web 客户端设计技术主要包括 HTML、CSS、JavaScript 等。

（3）Web 服务器端技术主要包括 PHP、ASP、ASP.NET、JSP 等。

（4）常用的前端框架有 Bootstrap、Angular、React、Vue 等。

02

第 2 章 HTML5基础 I

学习目标

- ☐ 了解 HTML5 的新特性
- ☐ 掌握 HTML5 的文档结构并创建网页
- ☐ 了解 HTML5 头部标签
- ☐ 掌握使用块级和行级标签组织页面内容的方法
- ☐ 掌握 W3C 标准

2.1 HTML5 的新特性

HTML5 不仅仅是 HTML 规范的最新版本，它也代表了一系列 Web 相关技术的总称，其中重要的 3 项技术是 HTML5 核心规范、CSS3（层叠样式表的最新版本）和 JavaScript，这 3 项技术在后面的学习中会详细讲解。HTML5 的特性介绍如下。

1. 功能更加丰富

在 W3C 网站上可以看到 HTML5 的 8 大革新，如图 2.1 所示。

图 2.1 HTML5 的 8 大革新

语义网（Semantics）：提供了一组丰富的语义化标签。

离线&存储（Offline & Storage）：应用缓存（App Cache）、本地存储（Local Storage）、索引数据库（Indexed DB）和文件 API（File API）使 Web 应用程序更加迅速，并提供了离线使用的能力。

设备访问（Device Access）：增强了设备感知能力，使 Web 应用在计算机、平板电脑、智能手机上均能使用。

通信（Connectivity）：增强了通信能力，意味着增强了聊天程序的实时性和网络游戏的顺畅性。

多媒体（Multimedia）：增强了音频、视频处理能力。

图形和特效（3D, Graphics & Effects）：画布（Canvas）、可伸缩性矢量图形（Scalable Vector Graphics，SVG）和 Web 图形库（Web Graphics Library，WebGL）等功能使图形渲染更高效，页面效果更加炫酷。

性能和集成（Performance & Integration）：Web Worker 让浏览器可以多线程处理后台任务而不阻塞用户界面渲染。同时，性能检测工具方便评估程序性能。

呈现（CSS3）：CSS3 可以高效地实现页面特效，并不会影响页面的语义和性能。

2. 化繁为简

HTML5 以“简单至上，尽可能简化”为原则做了以下改进。

（1）简化 DOCTYPE 和字符集声明。

（2）强化 HTML5 API，让页面设计更加简单。

（3）以浏览器的原生能力代替复杂的 JavaScript 代码。

（4）精确定义的错误恢复机制保证了页面中的错误不会影响整个页面的显示。

3. 良好的用户体验

HTML5 的规范以“用户至上”为宗旨，也就是说，在遇到冲突时，规范的优先级如下：用户→页面作者→实现者（浏览器）→规范开发者（W3C/WHATWG）→纯理论。另外，HTML5 还引入了一种新的安全模型来保证 HTML5 的安全。

2.2　HTML5 文档结构

2.2.1　基本结构

HTML5 的基本结构分头部（Head）和主体（Body）两部分。头部包括网页标题（Title）等基本信息，主体包括网页的内容信息（如图片、文字等），标签都以“< >”开始，以“</>”结束，要求成对出现，并且标签之间要有缩进，体现层次感，以便阅读和修改。HTML5 文档整体结构如图 2.2 所示。

```
<!DOCTYPE html>
<html lang="en">
    <head>
        <meta charset="UTF-8"/>
        <title>Document</title>
    </head>
    <body>
        <!--这是注释 -->
    </body>
</html>
```

图 2.2　HTML5 文档整体结构

（1）<!DOCTYPE>标签位于文档的最前面，用于向浏览器说明当前文档使用的 HTML 版本，不可省略。HTML5 之前的版本文档解析使用的格式是<!DOCTYPE HTMLPUBLIC "-//W3C//DTD HTML 4.01Transitional//EN">，而 HTML5 的文档解析使用的格式是<!DOCTYPE html>。

（2）<html>标签标志着 HTML5 文档的开始，</html>标签标志着 HTML5 文档的结束，在它们之间的是文档的头部和主体内容。lang 属性是规定元素内容的语言。

（3）头部以<head>标签开始，以</head>标签结束。<head>标签用于定义 HTML5 文档的头部信息，主要用来封装其他位于文档头部的标签，如<title>、<meta>、<link>等，用来描述文档的标题、作者以及和其他文档的关系等。一个 HTML5 文档只能含有一对<head>、</head>标签，绝大多数文档头部包含的数据不会真正作为内容显示在页面中。<head>、</head>标签内的字符集在 HTML5 之前的版本声明格式是<meta http-equiv="Content-Type" content="text/html;charset=utf-8"/>，HTML5 的声明格式是<meta charset="UTF-8"/>。

（4）主体以<body>标签开始，以</body>标签结束。<body>标签用于定义 HTML5 文档所要显示的内容。一个 HTML5 文档只能含有一对<body>、</body>标签，并且<body>、</body>标签必须在<html>、</html>标签内，位于<head>头部标签之后，与<head>标签是并列关系。该部分是 HTML5 文档的主体，包含了绝大部分需要呈现给浏览者浏览的内容，如段落、列表、图像和其他 HTML5 页面元素，这些页面元素都通过标准的 HTML5 标签来描述。

（5）<!-- -->中的内容用于对代码进行解释，不会显示到浏览器中。

2.2.2 编辑工具

常用的 Web 前端编辑工具有很多，如记事本、sublime text3、VS Code（Visual Studio Code）、Atom、WebStorm 和 Dreamweaver 等。

1. 记事本

记事本是 Windows 自带的编辑工具，使用起来简单方便。使用记事本编辑 HTML 文档的步骤如下。

（1）在 Windows 中打开记事本程序。在记事本中编辑 HTML5 代码，如图 2.3 所示。（代码位置：02/2-1.html）

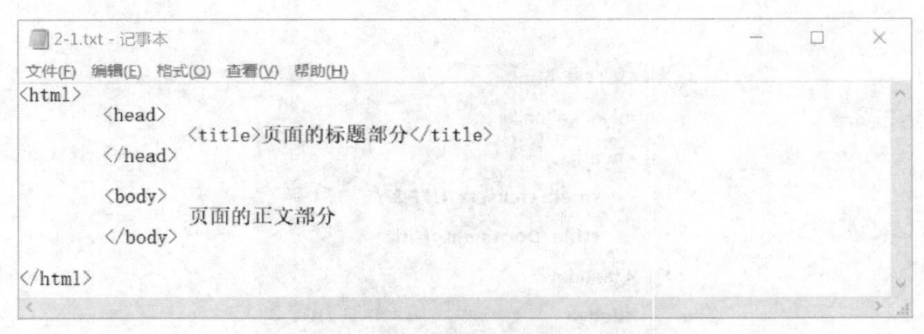

图 2.3　在记事本中编辑 HTML5 代码

（2）单击菜单“文件”→“保存”命令，弹出“另存为”对话框，将图 2.3 所示文档保存为后缀为“.html”的 HTML5 文档，如图 2.4 所示。

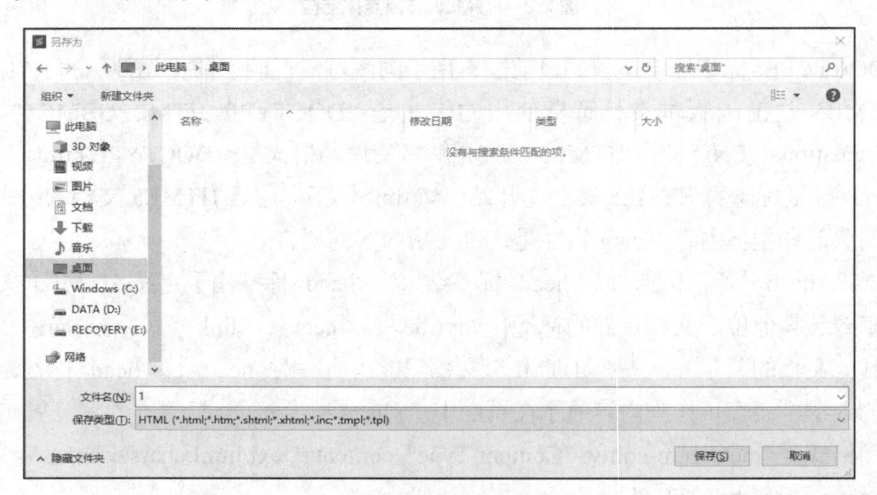

图 2.4　“另存为”对话框

（3）双击保存的 HTML5 文档，Windows 将自动调用浏览器软件打开 HTML5 文档，如图 2.5 所示。

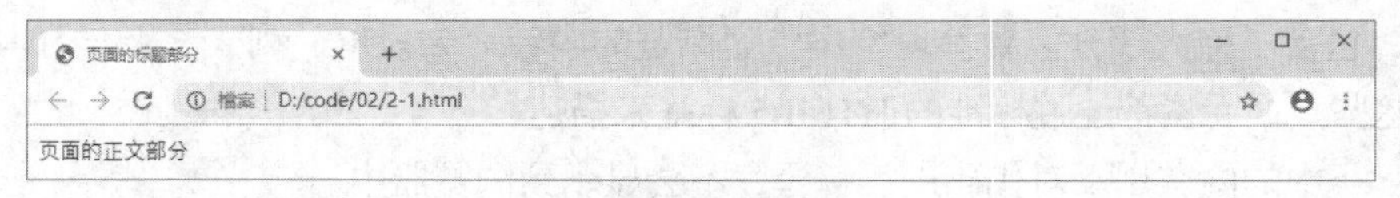

图 2.5　网页效果图

2. sublime text3

sublime text3 是一款轻量级的编辑器，由于它拥有丰富的插件和具有第三方支持功能，因此受到众多程序员的喜欢。

3. VS Code

VS Code 是微软公司针对 Web 项目以及云应用推出的一款跨平台代码编辑器。VS Code 界面很具科技感，功能强大，提高了对 Markdown 的支持，而且对 PHP、Python 等 Web 后端语言的提示非常全面和友好，这也是越来越多的程序员选择使用它的原因。

4. Atom

Atom 是 Github 推出的一款跨平台代码编辑器。程序员可以根据自己的编程习惯，安装不同的插件。Atom 界面简洁，功能强大，使用方便，兼容 Markdown。

5. WebStorm

WebStorm 是一款强大的 JavaScript 开发工具，被国内广大 JavaScript 程序员誉为“Web 前端开发神器”“最强大的 HTML5 编辑器之一”“最智能的 JavaScript IDE 之一”，除了一些最基本的提示和代码管理，WebStorm 新版本改善了对 ES6 的支持，有内建服务器供调试。

6. Dreamweaver

Dreamweaver（DW）是一款历史悠久的网页制作工具。Dreamweaver CC 版本添加了新的特性，界面和提示也变得更加友好。Dreamweaver CC 有设计和源码两种模式，甚至可以拖曳，功能齐全，非常适合刚从事 Web 开发工作的程序员。Dreamweaver 是一款比较重的编辑器，而且很多功能并不经常使用，可以作为程序员入门的工具，但不建议长期用 Dreamweaver 进行前端开发。

2.3　HTML5 头部标签

<head>标签是所有头部标签的容器。<head>内的标签可包含脚本，指示浏览器在何处可以找到样式表，提供元信息等。

以下标签都可以添加到头部：<title>、<meta>、<link>、<style>以及<script>。头部标签如表 2.1 所示。

表 2.1　头部标签

标签	描述
<head>	定义关于文档的信息
<title>	定义文档标题
<meta>	定义关于 HTML 文档的元数据
<link>	定义文档与外部资源之间的关系
<style>	定义文档的样式信息
<script>	定义客户端脚本

2.3.1　<title>标签

<title>标签用来描述网页的标题。例如，网易网站的主页，对应的网页标题如下。

```
<title>网易</title>
```

打开网页后，将在浏览器窗口的标题栏显示网页标题。

2.3.2 <meta>标签

<meta>标签用来描述网页的具体摘要信息，包括文档内容类型、字符编码信息、搜索关键字、网站提供的功能和服务的详细描述等。<meta>标签描述的内容并不显示，其目的是方便浏览器解析或利于搜索引擎搜索，它采用“名称/值”对的方式描述摘要信息。<meta>标签的属性如表 2.2 所示。

表 2.2 <meta>标签的属性

属性	值	描述
content	some_text	定义与 http-equiv 或 name 属性相关的元信息
http-equiv	content-type、expires refresh、set-cookie	把 content 属性关联到 HTTP 头部
name	author、description keywords、generator revised、others	把 content 属性关联到一个名称

描述文档类型和字符编码信息，对应的 HTML5 代码如下。

```
<meta charset="UTF-8"/>
```

属性 charset 表示字符集编码，不正确的编码设置将带来网页乱码。常用的编码有以下 4 种。

（1）gb2312：简体中文，一般用于包含中文和英文的页面。

（2）ISO-885901：纯英文，一般用于只包含英文的页面。

（3）big5：繁体，一般用于带有繁体字的页面。

（4）UTF-8：国际通用的字符编码，适用于中文和英文的页面。

搜索关键字和内容描述信息，对应的 HTML5 代码如下。

```
<meta name="keywords" content="软件学院，软件工程"/>
<meta name="description" content="软件学院"/>
```

实现的方式仍然为“名称/值”对的形式，其中 keywords 表示搜索关键字，description 表示网站内容的具体描述。某些搜索引擎在遇到这些关键字时，会用这些关键字对文档进行分类。

2.3.3 <link>标签

<link>标签用来定义文档与外部资源之间的关系，用于链接一个外部样式表。该标签只能位于<head>部分，但可以出现任意次数。<link>标签用于链接样式表的代码如下。

```
<head>
  <link rel="stylesheet" type="text/css" href="mystyle.css" />
</head>
```

注：在后面的章节中将详细介绍 CSS。

2.3.4 <style>标签

<style>标签用来为 HTML5 文档定义样式信息。可以在<style>标签内规定 HTML5 元素在浏览器中呈现的样式，代码如下。

```
<head>
```

```
    <style type="text/css">
      body {background-color:yellow}
      p {color:blue}
    </style>
  </head>
```

2.3.5　<script>标签

<script>标签用来定义客户端脚本，比如 JavaScript。<script>标签既可以包含脚本语句，又可以通过 src 属性指向外部脚本文件。

2.4　块级标签

一个页面的布局就类似在一张白纸上排版，首先将页面分为多个区块，然后在各个区块内逐一排列文字、图片、超链接等内容，这些区块一般称为块级元素，块级元素的标签称为块级标签；而区块内的文字、图片或超链接等内容称为行级元素，行级元素的标签称为行级标签。

块级标签按“块”显示外观，具有一定的高度和宽度，如<div>块标签等；行级标签按“行”显示外观，类似文本的显示，如<a>超链接标签，<img/>图片标签等。和行级标签相比，块级标签具有以下特点。

（1）前后断行显示，块级标签比较“霸道”，默认状态下占据一整行。

（2）具有一定的宽度和高度，可以通过设置块级标签的 width、height 属性来控制。

块级标签常用作容器，即可以“容纳”其他块级标签或行级标签，而行级标签一般用于组织内容，即只能用于“容纳”文字、图片或其他行级标签。

2.4.1　基本的块级标签

基本的块级标签有 3 种：标题标签<h1> ~ <h6>、段落标签<p>、水平线标签<hr/>。

1. 标题标签<h1>～<h6>

标题标签表示一段文字的标题，并且支持多层次的内容结构。例如，一级标题采用<h1>，二级标题则采用<h2>，以此类推。HTML5 共提供了六级标题，并赋予了标题一定的外观，所有标题字体加粗，一级标题字号最大，六级标题字号最小。值得注意的是：<h1>标签在一个网页上最好只有一个在搜索引擎优化（Search Engine Optimization，SEO）中占的比重比较大；<h2>标签在一个页面上不能超过 12 个；<h3>之后的标签就不做数量上的要求了。

实例代码如下。（代码位置：02/2-2.html）

```
<!DOCTYPE html>
<html lang="en">
   <head>
    <meta charset="UTF-8" />
    <title>标题标签演示</title>
   </head>
   <body>
     <h1>一级标题</h1>
     <h2>二级标题</h2>
     <h3>三级标题</h3>
```

```
        <h4>四级标题</h4>
        <h5>五级标题</h5>
        <h6>六级标题</h6>
    </body>
</html>
```

执行上述代码后在浏览器中的预览效果如图 2.6 所示。

图 2.6　标题标签效果

2. 段落标签<p>

段落标签用来将文字分段。<p>与</p>之间的文本被显示为一个段落。

实例代码如下。（代码位置：02/2-3.html）

```
<!DOCTYPE html>
<html lang="en">
  <head>
    <meta charset="UTF-8" / >
    <title>段落标签的应用</title>
  </head>
  <body>
    <h1>春晓</h1>
    <p>春眠不觉晓，处处闻啼鸟。</p>
    <p>夜来风雨声，花落知多少。</p>
  </body>
</html>
```

执行上述代码后在浏览器中的预览效果如图 2.7 所示。

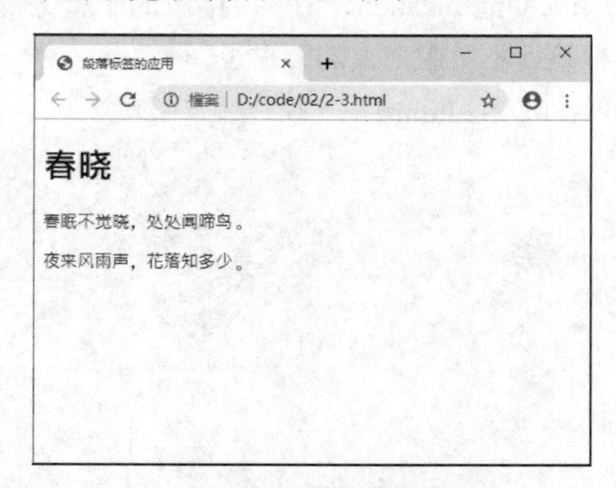

图 2.7　段落标签效果

3. 水平线标签<hr/>

水平线标签表示一条水平线，注意该标签比较特殊，没有结束标签，直接使用“<hr/>”表示标签的开始和结束。

实例代码如下。（代码位置：02/2-4.html）

```
<!DOCTYPE html>
<html lang="en">
  <head>
    <meta charset="UTF-8" / >
    <title>段落标签的应用</title>
  </head>
  <body>
    <h1>春晓</h1>
    <hr/>
    <p>春眠不觉晓，处处闻啼鸟。</p>
    <p>夜来风雨声，花落知多少。</p>
  </body>
</html>
```

执行上述代码后在浏览器中的预览效果如图 2.8 所示。

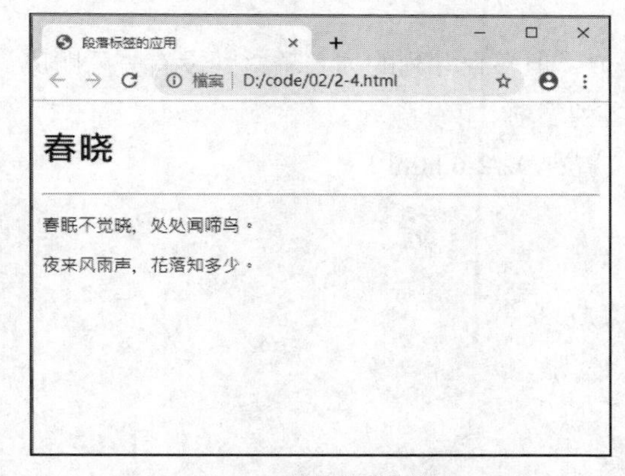

图 2.8　水平线标签效果

2.4.2　常用于布局的块级标签

常用于布局的块级标签有 6 种：有序列表标签<ol>、无序列表标签<ul>、定义列表标签<dl>、表格标签<table>、表单标签<form>、分区标签<div>。

1. 有序列表标签<ol>

有序列表标签表示多个并列的列表项，它们之间有明显的先后顺序，使用<ol>、</ol>表示有序列表，使用<li>、</li>表示各列表项。

实例代码如下。（代码位置：02/2-5.html）

```
<!DOCTYPE html>
<html lang="en">
  <head>
   <meta charset="UTF-8" / >
   <title>有序列表</title>
  </head>
```

```
    <body>
        <h3>《春思》 作者：李白</h3>
        <ol>
            <li>燕草如碧丝，秦桑低绿枝。</li>
            <li>当君怀归日，是妾断肠时。</li>
            <li>春风不相识，何事入罗帏。</li>
        </ol>
    </body>
</html>
```

执行上述代码后在浏览器中的预览效果如图 2.9 所示。

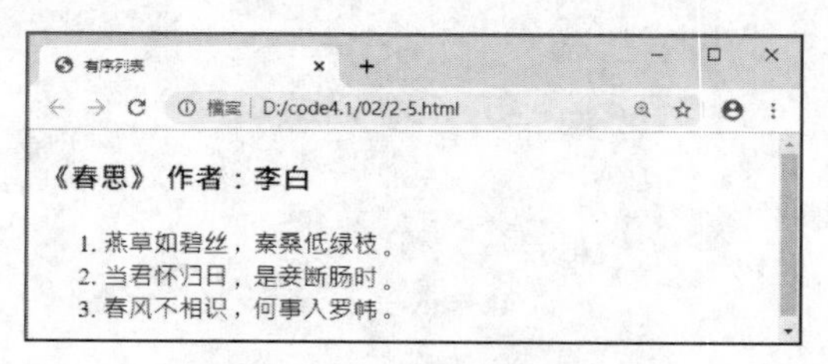

图 2.9　有序列表标签效果

2. 无序列表标签<ul>

无序列表和有序列表类似，但多个并列的列表项之间没有先后顺序，使用<ul>、</ul>表示无序列表，使用<li>、</li>表示各列表项。

实例代码如下。（代码位置：/02/2-6.html）

```
<!DOCTYPE html>
<html lang="en">
  <head>
    <meta charset="UTF-8" / >
    <title>无序列表</title>
  </head>
  <body>
    <h3>《春思》作者：李白</h3>
    <ul>
      <li>燕草如碧丝，秦桑低绿枝。</li>
      <li>当君怀归日，是妾断肠时。</li>
      <li>春风不相识，何事入罗帏。</li>
    </ul>
  </body>
</html>
```

执行上述代码后在浏览器中的预览效果如图 2.10 所示。

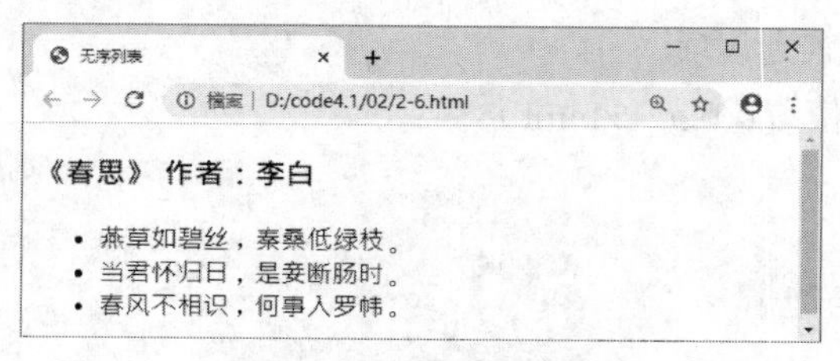

图 2.10　无序列表标签效果

3. 定义列表标签<dl>

定义列表标签用于描述某个术语或产品的定义或解释。它使用<dl>、</dl>表示定义列表，使用<dt>、</dt>表示术语，使用<dd>、</dd>表示术语的具体描述。在实际应用中，定义列表标签还被扩展应用到图文混排的场合，将产品图片作为术语标题（<dt>、</dt>），将文字内容作为术语描述（<dd>、</dd>）。

实例代码如下。（代码位置：02/2-7.html）

```
<!DOCTYPE html>
<html lang="en">
  <head>
    <meta charset="UTF-8" / >
    <title>dl 和 dt 的应用</title>
  </head>
  <body>
    <dl>
      <dt>《春思》 作者：李白</dt>
      <dd>燕草如碧丝，秦桑低绿枝。</dd>
      <dd>当君怀归日，是妾断肠时。</dd>
      <dd>春风不相识，何事入罗帏。</dd>
    </dl>
  </body>
</html>
```

执行上述代码后在浏览器中的预览效果如图 2.11 所示。

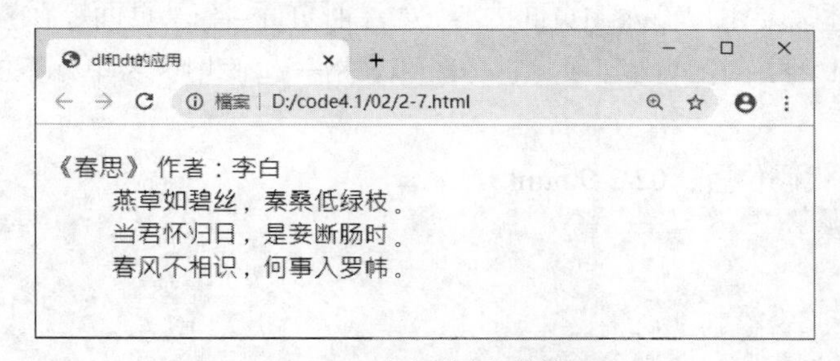

图 2.11　定义列表标签效果

4. 表格标签<table>

表格标签用于描述一个表格，使用规整的数据显示，它使用<table>、</table>表示表格，使用<tr>、</tr>表示行，使用<td>、</td>表示标准单元格，表格标签的用法将在后续章节进行详细介绍。

实例代码如下。（代码位置：02/2-8.html）

```
<!DOCTYPE html>
<html lang="en">
  <head>
    <meta charset="UTF-8" / >
    <title>table 和 tr 的应用</title>
  </head>
  <body>
    <table border="2">
      <tr>
```

```
            <td>第一行第一列</td>
            <td>第一行第二列</td>
        </tr>
        <tr>
            <td>第二行第一列</td>
            <td>第二行第二列</td>
        </tr>

      </table>
   </body>
</html>
```

执行上述代码后在浏览器中的预览效果如图 2.12 所示。

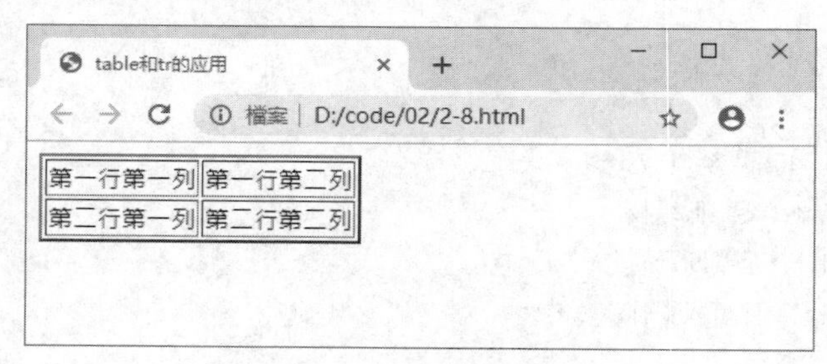

图 2.12　表格标签效果

5. 表单标签<form>

表单标签用于描述需要用户输入的页面内容，如注册页面、登录页面等。它使用<form>、</form>表示表单，使用<input/>表示输入内容项。它一般和表格一起使用。表单标签的具体用法将在 3.2.1 小节进行详细介绍。

实例代码如下。（代码位置：02/2-9.html）

```
<!DOCTYPE html>
<html lang="en">
   <head>
      <meta charset="UTF-8" / >
      <title>表单 form 的应用</title>
   </head>
   <body>
     <form method="post" action="result.html">
        <p>  登录名:<input name="sname" id="sname" type="text" />(可包含 a~z、0~9 和下画线) </p>
        <p>  密码: <input name="pass" id="pass" type="password" />(至少包含 6 个字符) </p>
        <p>
            <input type="submit" name="Button" value="提交查询内容" />
        </p>
      </form>
   </body>
</html>
```

执行上述代码后在浏览器中的预览效果如图 2.13 所示。

6. 分区标签<div>

前面的标签一般用于组织小区块的内容，为了方便管理，数目众多的小区块还需要放到一个大区块中进行布局。分区标签<div>常用于页面布局时对区块的划分，它相当于一个大的容器，可以容纳无序列表标签、有序列表标签、表格标签等块级标签，同时也可容纳普通的段落、标题、文字、图片等内容。由于<div>标签不像<h1>等标签，没有明显的外观效果，因此特意添加“style”样式属性，设置<div>标签的宽、高及背景色。样式方面的用法将在后续章节详细介绍。

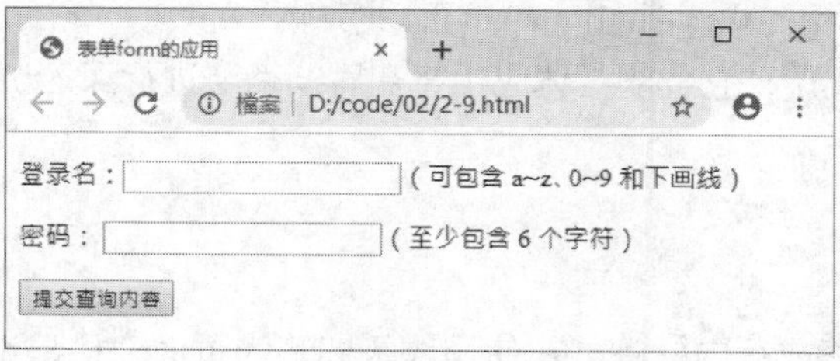

图 2.13　表单标签效果

实例代码如下。（代码位置：02/2-10.html）

```
<!DOCTYPE html>
<html lang="en">
  <head>
    <meta charset="UTF-8" / >
    <title>div 标签的使用</title>
  </head>
  <body>
    <div style="width:450px; height:260px; background:#9FF">
      <p> div 其实就是一个划分逻辑区域的标签，常用作容器，div 内可包括标题、段落、无序列表、有序列表、定义列表、表格、表单等内容</p>

      <h3>《春思》 作者：李白</h3>
        <ol>
          <li>燕草如碧丝，秦桑低绿枝。</li>
          <li>当君怀归日，是妾断肠时。</li>
          <li>春风不相识，何事入罗帏。</li>
        </ol>
      div 还可以包括普通的文字、图片等内容……
    </div>
  </body>
</html>
```

执行上述代码后在浏览器中的预览效果如图 2.14 所示。

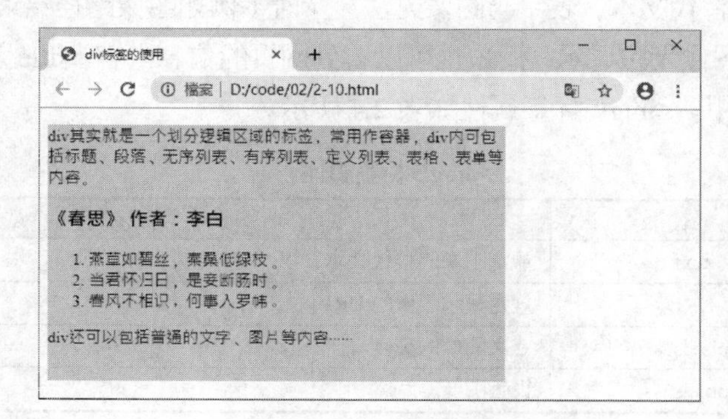

图 2.14　分区标签效果

在页面局部布局中，形成了以下 4 种常用的块状结构。

（1）<div>-<ul(ol)>-<li>：常用于分类导航或菜单等场合。

（2）<div>-<dl>-<dt>-<dd>：常用于图文混排场合。

（3）<table>-<tr>-<td>：常用于规整数据的显示场合。

（4）<form>-<table>-<tr>-<td>：常用于表单布局的场合。

这 4 种块状结构非常实用，它们的具体应用将在后续章节进行深入讲解。

2.5 行级标签

行级标签也称内联标签或行内标签。在使用块级标签为页面“搭建组织结构”后，就需要用到行级标签，往每个小区块添加内容。

行级标签类似文本的显示，按“行”逐一显示。常用的行级标签有 5 种：图像标签<img/>、图片列表标签<figure>和<figcaption>、范围标签<span>、换行标签
、超链接标签<a>。

2.5.1 图像标签<img/>

1. 常见的图像格式

在日常生活中，使用比较多的图像格式有 JPG、GIF、BMP、PNG 4 种。在网页中使用比较多的图像格式是 JPG、GIF，大多数浏览器都可以显示这些图像，二者的对比情况如表 2.3 所示。

表 2.3 JPG 格式和 GIF 格式的对比

JPG 格式	GIF 格式
适用于连续色调的图像，例如照片	适用于纯色组成的图像、线条组成的图像（如 Logo）和含有小段文字的图像
用 1 600 万种颜色显示图像	用 256 种颜色显示图像
是一种有损格式，压缩文件时会丢失部分图像信息	是一种“无损”格式，压缩文件时不会丢失任何图像信息
不支持透明	允许把背景颜色设为“透明”，图像背景可以穿透显示

2. 语法

图像标签<img/>的语法格式如下。

```
<img src= "图像地址"  alt="替代文本"  title="提示文字"  width="图像宽度"  height="图像高度" />
```

其中，alt 属性指定替代文本，表示当图像无法显示时（例如图像路径错误或网速太慢等），显示替代文本，这样，即使图像无法显示，用户也可以看到网页的信息内容。title 属性提供额外的提示或帮助信息，方便用户使用。<img/>标签属性如表 2.4 所示。

表 2.4 <img/>标签属性

属性	值	描述
alt	text	规定图像的替代文本
src	URL	规定显示图像的 URL
height	pixels%	定义图像的高度
width	pixels%	设置图像的宽度

实例代码如下。（代码位置：02/2-11.html）

```
<!DOCTYPE html>
<html lang="en">
   <head>
     <meta charset="UTF-8" / >
     <title>图像标签的应用</title>
   </head>
   <body>
     <img src="images/1.jpg" alt="图像标签的应用"title="图像标签的应用"/>
    </body>
</html>
```

执行上述代码后在浏览器中的预览效果如图 2.15 所示。

图 2.15　图像标签效果

2.5.2　图片列表标签<figure>和<figcaption>

在 XHTML、HTML 中常常用到一种图片列表，常规代码如下。

```
<li>
  <img src="" /><p>title</p>
</li>
```

在 HTML5 中，<figure>标签更能语义化地定义出这类图片列表。<figure>标签规定独立的流内容（图像、图表、照片、代码等）。<figure>标签的内容应该与主内容相关，如果被删除，则不应对文档流产生影响。

实例代码如下。（代码位置：02/2-12.html）

```
<!DOCTYPE html>
<html lang="en">
  <head>
    <meta charset="UTF-8" / >
    <title>figure 标签</title>
  </head>
  <body>
    <figure>
       <p>黄浦江上的卢浦大桥</p>
       <img src="images/6.jpg" width="350" height="234" />
    </figure>
  </body>
```

```
</html>
```

执行上述代码后在浏览器中的预览效果如图 2.16 所示。

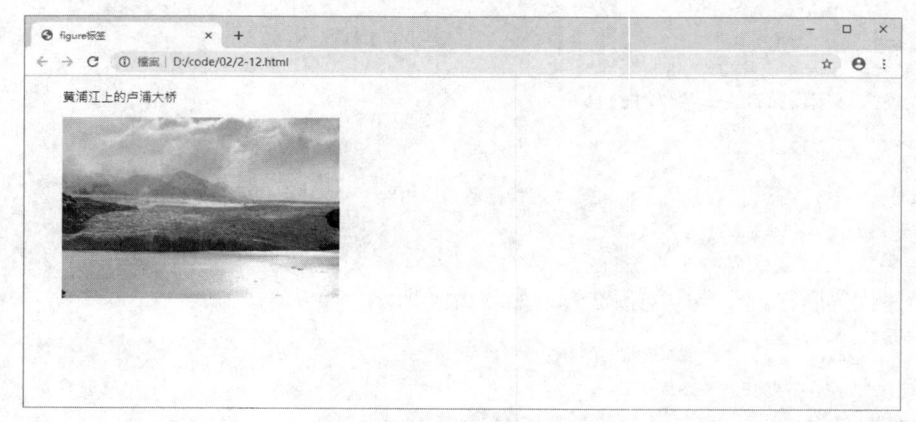

图 2.16　<figure>标签效果

<figure>标签用来代替原来的<li>标签，而<figcaption>标签用来代替<p>标签。<figcaption>标签定义<figure>标签的标题（caption）。<figcaption>标签应该被置于<figure>标签的第一个或最后一个子元素的位置。

实例代码如下。（代码位置：02/2-13.html）

```
<!DOCTYPE html>
<html lang="en">
  <head>
    <meta charset="UTF-8" / >
    <title>figcaption 标签</title>
  </head>
  <body>
    <figure>
       <figcaption>黄浦江上的卢浦大桥</figcaption>
       <img src="images/6.jpg" width="350" height="234" />
    </figure>
  </body>
</html>
```

执行上述代码后在浏览器中的预览效果如图 2.17 所示。

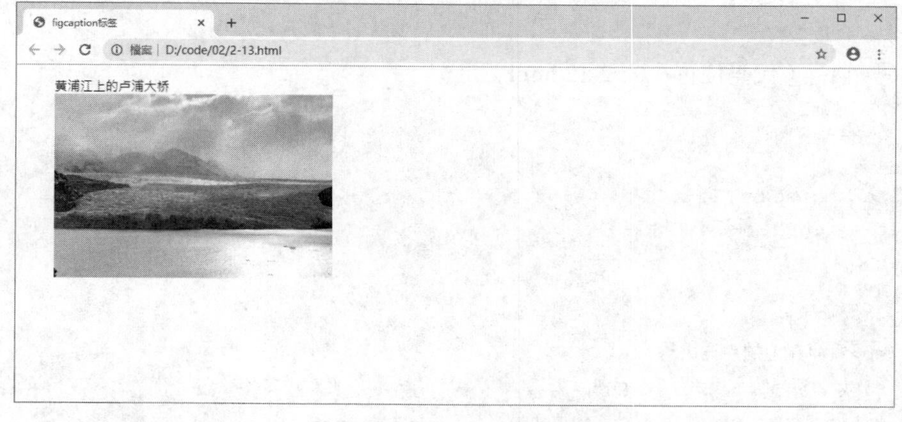

图 2.17　<figcaption>标签效果

2.5.3　范围标签<span>

范围标签<span>，文本的容器，用于表示行内的某个范围。与 CSS 一同使用可以为部分文本设置样式属性。例如，实现行内某个部分的特殊设置以区分其他内容。

实例代码如下。（代码位置：02/2-14.html）

```
<!DOCTYPE html>
<html lang="en">
  <head>
    <meta charset="UTF-8" / >
    <title>span 标签的应用</title>
  </head>
  <body>
    <img src="images/1.jpg" alt="江西：南昌" title="江西：南昌" />
    <p>江西<span style="color:red;font-size:50px;">南昌</span></p>
  </body>
</html>
```

其中<span>、</span>标签限定某个范围，style 属性添加突出显示的样式（红色，字体大小为 50 像素）。

执行上述代码后在浏览器中的预览效果如图 2.18 所示。

图 2.18　范围标签效果

2.5.4　换行标签

换行标签
表示强制换行显示，该标签和<hr/>标签一样，没有结束标签。

实例代码如下。（代码位置：02/2-15.html）

```
<!DOCTYPE html>
<html lang="en">
  <head>
    <meta charset="UTF-8" / >
    <title>换行标签的应用</title>
  </head>
  <body>
    <h1>春晓</h1>
```

```
    <p>春眠不觉晓，<br/>处处闻啼鸟。</p>
    <p>夜来风雨声，<br/>花落知多少。</p>
  </body>
</html>
```

执行上述代码后在浏览器中的预览效果如图 2.19 所示。

图 2.19　换行标签效果

2.5.5　超链接标签<a>

互联网的精髓就在于相互链接，即超链接（Hyperlink）。HTML5 使用超链接使网络中的文档相连。几乎所有的网页都存在超链接。用户可以通过单击超链接从一个页面跳转到另一个页面。

1. 常见的超链接建立形式

① 文字超链接：在文字上建立超链接。

② 图像超链接：在图像上建立超链接。

③ 热区超链接：在图像的指定区域建立超链接。

2. 超链接标签<a>的定义

HTML5 中超链接标签用<a>表示，超链接的标签是成对出现的，以<a>开始，以</a>结束。其语法格式如下。

```
<a href = "url"  target="目标文件的位置" title="超链接的文字注释" id="锚点">内容</a>
```

语法说明如下。

① href 属性：用于定义超链接的跳转地址，其取值 url 可以是本地地址或者是远程地址。url 可以是一个网址、一个文件，甚至可以是 HTML5 文件的一个位置或 E-mail 地址。url 可以是绝对路径，也可以是相对路径。

② target 属性：用于指定目标文件的打开位置，取值如表 2.5 所示。

③ title 属性：鼠标悬停在超链接上的时候，显示该超链接的文字注释。

④ id 属性：在目标文件中定义一个锚点，标识超链接跳转的位置。

⑤ 内容：就是所定义的超链接的一个外套，用户只需单击内容就可以跳转到 url 所指定的位置。

表 2.5　　target 属性的取值

值	说明
self	在当前窗口中打开目标文件，这是 target 的默认值
blank	在新窗口中打开目标文件
top	在顶层框架中打开网页
parent	在当前框架中的上一层打开网页

3. 链接地址和常用的链接方式

（1）绝对路径和相对路径。

超链接中的一个重要概念就是链接地址，链接地址有绝对路径和相对路径两种方式。绝对路径是指完整的路径。本地计算机上的文件路径就是绝对路径。

相对路径是指从一个文件到另一个文件所经过的路径，为了形象地表示这种关系，以图 2.20 所示的几个 HTML5 文件为例，来说明彼此之间的相对路径。

A
- B1
  - C
    - 3.html
- B2
  - 4.html
- 1.html
- 2.html

图 2.20　相对路径说明

图 2.20 所示的各个 HTML5 文件之间的相对路径关系如下。

① 从 1.html 到 4.html，期间需要经过 B2 文件夹，所以相对路径就是 B2/4.html。

② 从 1.html 到 2.html，不需要经过任何文件夹，所以相对路径是 2.html。

③ 从 2.html 到 3.html，经过 B1 和 C 文件夹，所以相对路径是 B1/C/3.html。

站内使用相对路径时常用到几个特殊符号："./" 表示当前目录，"/" 表示根目录，"../" 表示前目录的上级目录。

（2）站内链接。

在访问网站的时候，用得最多的就是站内网页间的链接。其语法格式如下。

```
<a href="相对路径">内容</a>
```

实例代码如下。（代码位置：02/2-16.html）

```
<!DOCTYPE html>
<html lang="en">
  <head>
    <meta charset="UTF-8" / >
    <title>链接</title>
  </head>
  <body>
    <a href="a.html" target="_blank">首页
    <a href="b.html" target="_self"><img src="images/libai.jpg" alt="人物简介"/>
    <a href="c.html" target="top">返回</br></br>
  </body>
</html>
```

执行上述代码后在浏览器中的预览效果如图 2.21 所示。

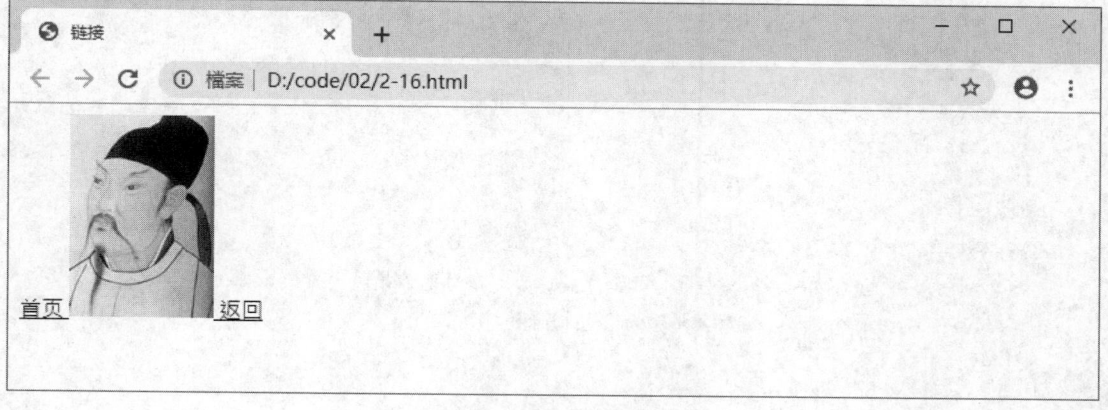

图 2.21　站内链接效果

（3）站外链接。

当网站中的链接需要链接到站外网页时，就需要用到站外链接，其语法与站内链接很相似，但站外链接必须使用绝对路径，其语法格式如下。

```
<a href="绝对路径">内容</a>
```

实例代码如下。（代码位置：02/2-17.html）

```
<!DOCTYPE html>
<html lang="en">
  <head>
    <meta charset="UTF-8" / >
    <title>外部链接</title>
  </head>
  <body >
    <a href="a.html" target="_blank">首页</br></br>
    <a href="http://www.aaaaa.com" target="_blank">友情链接</br></br>
  </body>
</html>
```

执行上述代码后在浏览器中的预览效果如图 2.22 所示。

图 2.22　外部链接效果

（4）邮箱链接。

网页上常会有类似“站长邮箱”的超链接，这就是邮箱链接，用户在单击该链接后，就会启动本地的邮箱工具来编辑邮件。HTML5 的邮箱链接语法格式如下。

```
<a href="mailto:邮件地址">内容</a>
```

实例代码如下。（代码位置：02/2-18.html）

```
<!DOCTYPE html>
<html lang="en">
  <head>
    <meta charset="UTF-8" / >
    <title>邮箱链接</title>
  </head>
  <body >
    <a href="a.html" target="_blank">首页</br></br>
    <a href="http://www.aaaaa.com" target="_blank">友情链接</br></br>
    <a href="mailto:×××@×××.com">站长信箱</a>
  </body>
</html>
```

执行上述代码后在浏览器中的预览效果如图 2.23 所示。

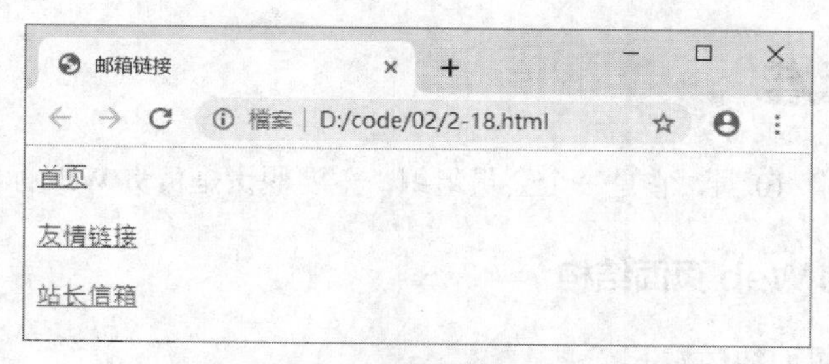

图 2.23 邮箱链接效果

（5）锚链接。

锚链接的作用是快速定位到网页中的某个位置。锚链接由建立锚点和链接锚点两部分组成。锚点是将要链接到的位置，其语法格式如下。

```
<a name="锚点名称">内容</a>
```

建立锚点后，在同一文件中创建到锚点的链接的语法格式如下。

```
<a href=" #锚点名称">内容</a>
```

创建到其他文件的锚点的链接的语法格式如下。

```
<a href="链接到的网页的地址#锚点名称">内容</a>
```

实例代码如下。（代码位置：02/2-19.html）

```
<!DOCTYPE html>
<html lang="en">
  <head>
    <meta charset="UTF-8" / >
    <title>锚点链接</title>
  </head>
  <body>
    <font size="5">
    <img src="libai.jpg"/><br/>
        李白是中国唐代伟大的浪漫主义诗人，被后人尊称为“诗仙”，与杜甫并称为“李杜”。李白的<a href=
        "#poem">诗</a>以抒情为主。其诗风格豪放飘逸洒脱，想象丰富，语言流转自然，音律和谐多变。……
        <a name="poem">   他的大量诗篇，</a>既反映了那个时代的繁荣气象，也揭露和批判了
        统治集团的荒淫和腐败，表现出蔑视权贵，反抗传统束缚，追求自由和理想的积极精神。存诗近千首，有《李
        太白集》，是盛唐浪漫主义诗歌的代表人物。
  </body>
</html>
```

执行上述代码后在浏览器中的预览效果如图 2.24 所示。

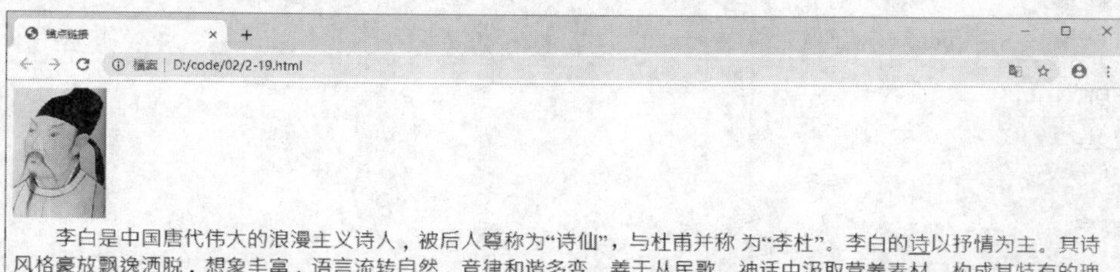

图 2.24 锚点链接效果

2.6 W3C 标准

W3C 创建于 1994 年 10 月，它是一个会员组织，主要职责是负责 Web 标准的制定和维护。

2.6.1 W3C 提倡的 Web 页面结构

W3C 提倡的 Web 页面结构如下。

（1）内容（结构）和表现（样式）分离：HTML5 只负责网页的内容结构，CSS 负责表现样式（例如字体大小、颜色、背景图、显示位置等），方便网站的修改和维护。

（2）HTML5 内容结构要求语义化：要求能根据 HTML5 代码看出这部分内容是什么，代表什么含义。这样做的好处：一是方便搜索引擎搜索；二是方便在各种平台传递，智能手机和平板电脑等轻量级显示终端可能不具备普通计算机浏览器的渲染能力，它将按照 HTML5 内容结构的语义，使用自身设备的渲染能力显示页面内容。因此，HTML5 内容结构语义化越来越成为一种主流趋势。

下面将通过 2 个案例说明 W3C 提倡的 Web 页面结构的优点。

采用不规范代码编写的实例代码如下。（代码位置：02/2-20.html）

```
<!DOCTYPE html>
<html lang="en">
   <head>
     <meta charset="UTF-8" / >
     <title>不规范的示例</title>
   </head>
   <body>
     <font size="6">一级主题</font><br/>
     一级主题阐述文字 <br /><br />
     <font size="5">二级主题</font><br />
     二级主题相关文字
     <p>项目 1
     <p>项目 2
     <p>项目 3
   </body>
</html>
```

执行上述代码后在浏览器中的预览效果如图 2.25 所示。

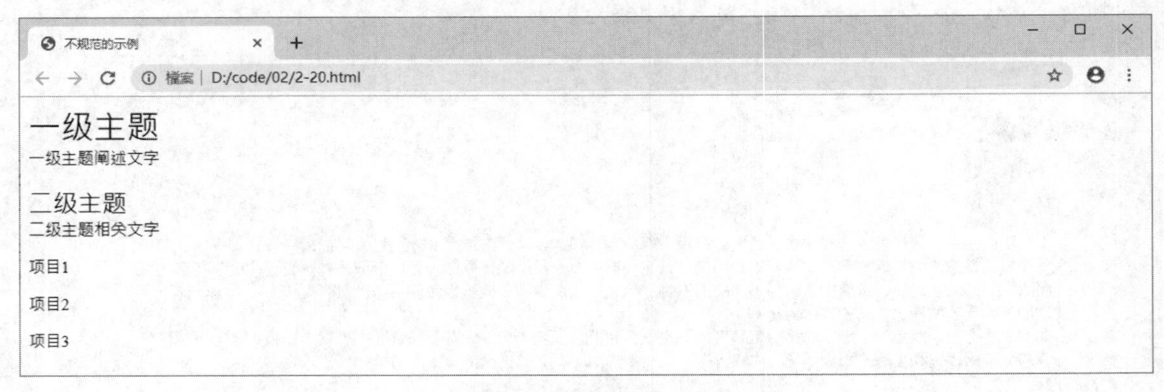

图 2.25　不规范代码效果

上述案例使用了 HTML5 早期<font>标签表示字体大小，标签大小写不统一，段落<p>标签没有配对，但在浏览器中还能正常显示。这样编写的代码存在以下弊端。

（1）内容和表现没分离，后期很难维护和修改，编写的 HTML5 代码既表示字体大小等样式，又包含内容，如果网站升级改版时需要改变字体大小等样式，则需要逐行修改 HTML5 代码，非常烦琐。

（2）HTML5 代码不能表示页面的内容语义，不利于搜索引擎搜索。从 HTML5 代码不能看出页面内容的关系，很难判断哪些内容是主题，哪些内容是相关的阐述文字，很难看出各列表项内容之间的关系。

修改上述不规范代码的实例，使 HTML5 内容结构具有语义化。

采用规范代码编写的实例代码如下。（代码位置：02/2-21.html）

```
<!DOCTYPE html>
<html lang="en">
    <head>
      <meta charset="UTF-8" / >
      <title>规范的示例</title>
    </head>
    <body>
      <h2>一级主题</h2>
      <p>一级主题内容</p>
      <h3>二级主题</h3>
      <p>二级主题内容</p>
      <ol>
          <li>项目 1</li>
          <li>项目 2</li>
          <li>项目 3</li>
     </ol>
  </body>
</html>
```

执行上述代码后在浏览器中的预览效果如图 2.26 所示。

图 2.26　规范代码效果

2.6.2　HTML5 的基本规范、结构元素和媒体支持

1. 基本规范

了解了 W3C 提倡的 Web 页面结构后，下面介绍 HTML5 的基本规范。

（1）使用正确的文档类型：文档类型声明位于 HTML5 文档的第一行。代码如下。

```
<!DOCTYPE html>
```

（2）使用小写标签名：HTML5 标签名可以使用大写或者小写字母。推荐使用小写字母，不要大小写字母混用。

（3）关闭所有 HTML5 标签：在 HTML5 中，不一定要关闭所有标签（例如<p>标签），但建议每个标签都要添加关闭标签。

（4）关闭空的 HTML5 标签：在 HTML5 中，空的 HTML5 标签也不一定要关闭，在 XML 中斜线（/）是必需的。考虑到扩展性，建议关闭空的 HTML5 标签。

（5）使用小写属性名：HTML5 属性名允许使用大写或者小写字母。建议属性名使用小写字母。

（6）属性值：HTML5 属性值可以不用双引号，但为了易于阅读建议使用双引号。如果属性值含有空格，则必须使用双引号。

以下实例代码属性值包含空格，因为没有使用双引号，所以不能起作用。

```
<table class=table striped>
```

以下代码使用了双引号，是正确的。

```
<table class="table striped">
```

（7）空格和等号：等号前后可以使用空格，但建议少用空格。代码如下。

```
<link rel = "stylesheet" href = "styles.css">
```

建议修改为以下形式。

```
<link rel="stylesheet" href="styles.css">
```

（8）避免一行代码过长：使用 HTML5 编辑器，左右滚动代码不易阅读，因此每行代码尽量少于 80 个字符。

（9）空行和缩进：不要随意添加空行。代码中每个逻辑功能块之间可以添加空行，这样更易于阅读。缩进使用两个空格，不建议使用【Tab】键。

（10）HTML5 注释：注释可以写在“<!--”和“-->”之间。

（11）文件扩展名：HTML5 文件扩展名可以是.html（或.htm）；CSS 文件扩展名是.css；JavaScript 文件扩展名是.js。

2. 结构元素

HTML5 的结构元素如表 2.6 所示，它们在页面的基本布局位置如图 2.27 所示。

表 2.6　　HTML5 的结构元素

元素名	描述
header	标题头部区域的内容（用于页面或页面中的一块区域）
footer	标记脚部区域的内容（用于整个页面或页面的一块区域）
section	Web 页面中的一块独立区域，用来定义文档或应用程序中的区域（或节）
article	独立的文章内容，定义文章、包含独立的内容片段
aside	表示当前页面或文章的附属信息部分，常用于侧边栏
nav	导航类辅助内容，定义文档的主导航区域

3. 媒体支持

（1）<video>标签。

<video>标签用于定义视频，比如电影片段或其他视频流。<video>标签的常用属性如表 2.7 所示。

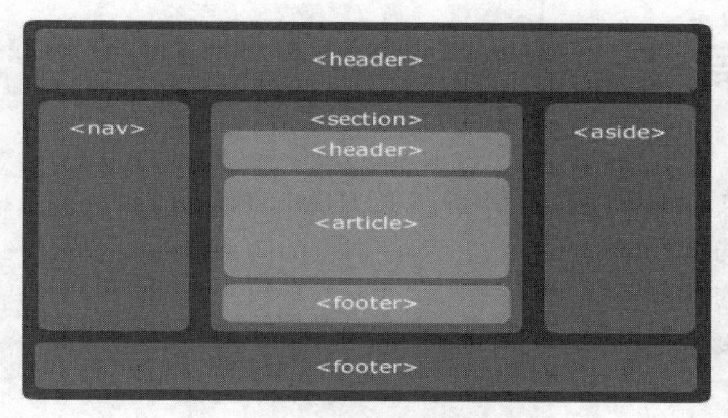

图 2.27　HTML5 页面基本布局

表 2.7　<video>标签的常用属性

属性	值	描述
autoplay	autoplay	如果出现该属性，则视频在就绪后马上播放
controls	controls	如果出现该属性，则向用户显示控件，比如播放按钮
height	pixels	设置视频播放器的高度
width	pixels	设置视频播放器的宽度
poster	url	用于指定一张图片，在当前视频数据无效时显示（预览图）
loop	loop	如果出现该属性，则当视频文件完成播放后再次开始播放
src	url	要播放的视频的 URL

<video>标签允许多个 source 元素。source 元素可以链接不同的视频文件。浏览器将使用第一个可识别的格式。代码如下。

```
<video width="320" height="240" controls="controls">
    <source src="video.ogg" type="video/ogg">
    <source src="video.mp4" type="video/mp4">
    你的浏览器不支持 video 元素
</video>
```

（2）<audio>标签。

<audio>标签用于定义声音，比如音乐或其他音频流。

<audio>标签的常用属性如表 2.8 所示。

表 2.8　<audio>标签的常用属性

属性	值	描述
autoplay	autoplay	如果出现该属性，则视频在就绪后马上播放
controls	controls	如果出现该属性，则向用户显示控件，比如播放按钮
src	url	要播放的音频的 URL

<audio>标签允许多个 source 元素。source 元素可以链接不同的音频文件。浏览器将使用第一个可识别的格式。代码如下。

```
<audio controls="controls">
      <source src="song.ogg" type="audio/ogg">
      <source src="song.mp3" type="audio/mpeg">
        你的浏览器不支持 audio 元素
</audio>
```

2.7 实践指导

1. 实践要求

（1）会使用 HTML5 的基本标签，创建简单的 HTML5 静态页面。

（2）会使用基本的块级标签。

（3）会使用基本的行级标签。

（4）会使用超链接标签。

2. 实践任务

任务 1 使用基本块级标签实现页面效果

编写 HTML5 代码，实现图 2.28 所示的页面效果。

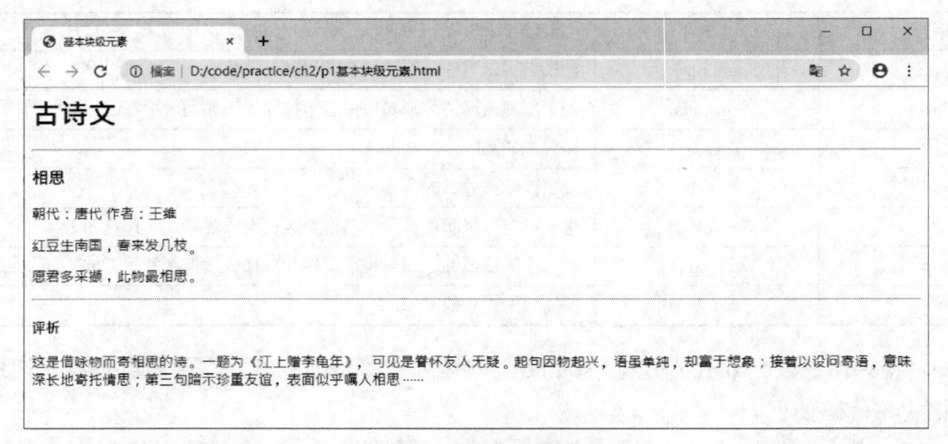

图 2.28 任务 1 页面效果

任务 2 使用用于布局的块级标签实现页面效果

编写 HTML5 代码，实现图 2.29 所示的页面效果。

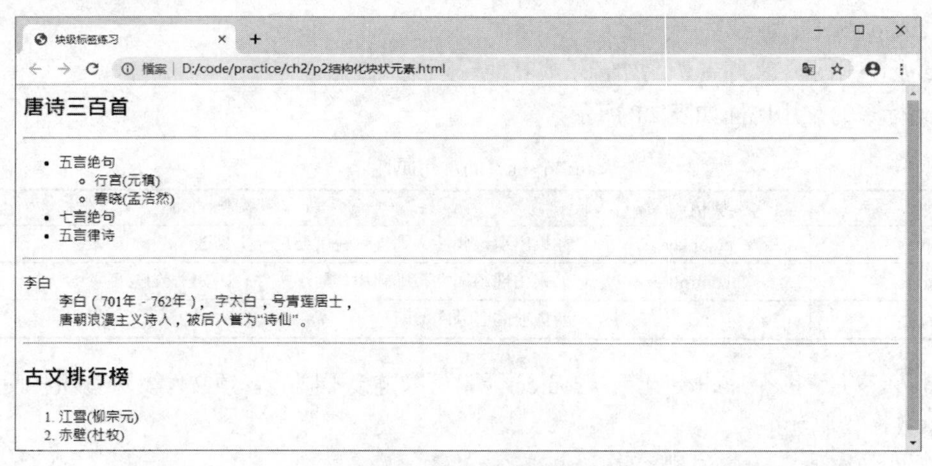

图 2.29 任务 2 页面效果

任务 3 使用行级标签实现页面效果

编写 HTML5 代码，实现图 2.30 所示的页面效果。

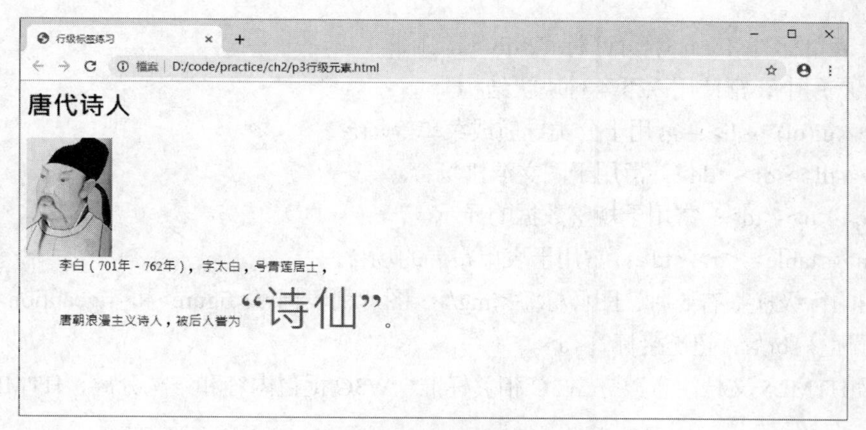

图 2.30　任务 3 页面效果

任务 4　使用超链接实现导航菜单的链接

编写 HTML5 代码，实现图 2.31 和图 2.32 所示的页面效果。

（1）单击 lj.html 页面的“人物简介”，将跳转到 ww.html 的介绍页。

（2）单击 lj.html 页面的“王维”，将跳转到设置锚点的 ww.html 页面相应位置。

（3）单击 ww.html 页面的“返回”可以返回到 lj.html。

（4）单击 lj.html 页面的“联系我们”，将自动打开本机的电子邮件程序。

图 2.31　任务 4 页面效果（1）

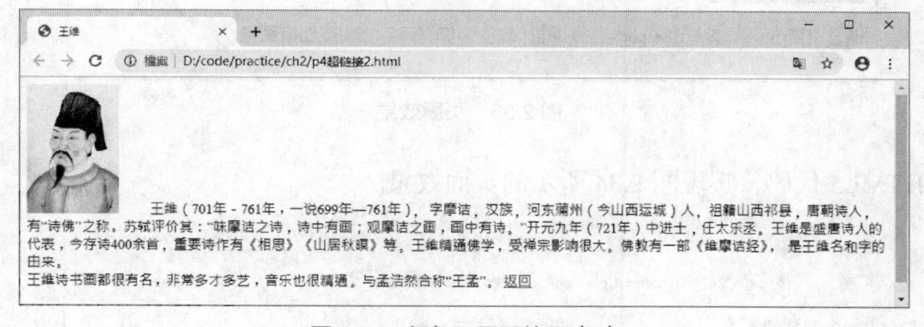

图 2.32　任务 4 页面效果（2）

小结

（1）HTML5 标签分为块级和行级标签。块级标签按“块”显示，行级标签按“行”逐一显示。

（2）基本的块级标签：段落标签<p>、标题标签<h1>～<h6>、水平线标签<hr/>。

（3）常用于布局的块级标签：无序列表标签<ul>、有序列表标签<ol>、定义列表标签<dl>、表格标签<table>、表单标签<form>、分区标签<div>等。

（4）实际应用中，常使用以下 4 种块状结构。

① <div>-<ul(ol)>-<li>：常用于分类导航或菜单等场合。

② <div>-<dl>-<dt>-<dd>：常用于图文混排场合。

③ <table>-<tr>-<td>：常用于规整数据的显示。

④ <form>-<table>-<tr>-<td>：常用于表单布局的场合。

（5）常用的行级标签有 5 种：图像标签<img/>、图片列表标签<figure>和<figcaption>、范围标签<span>、换行标签
、超链接标签<a>。

（6）编写 HTML5 文档注意遵守 W3C 相关标准，W3C 提倡内容和结构分离，HTML5 内容结构具有语义化。

拓展训练

1. 编写 HTML5 代码，实现图 2.33 所示的页面效果。

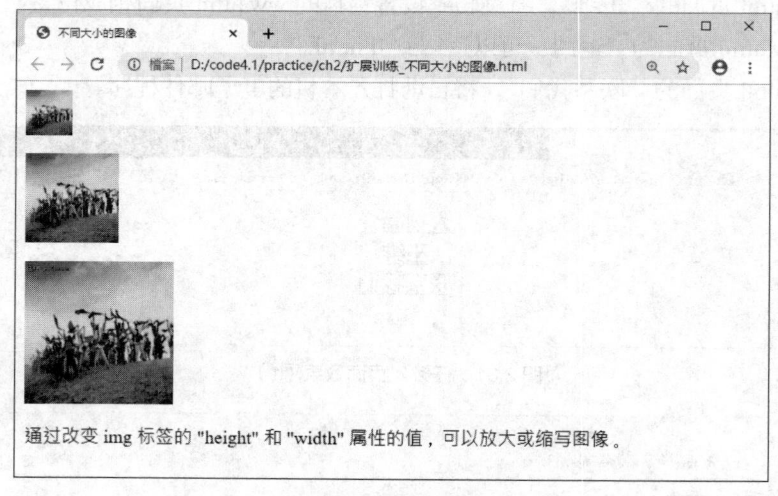

图 2.33 页面效果

2. 编写 HTML5 代码，实现图 2.34 所示的页面效果。

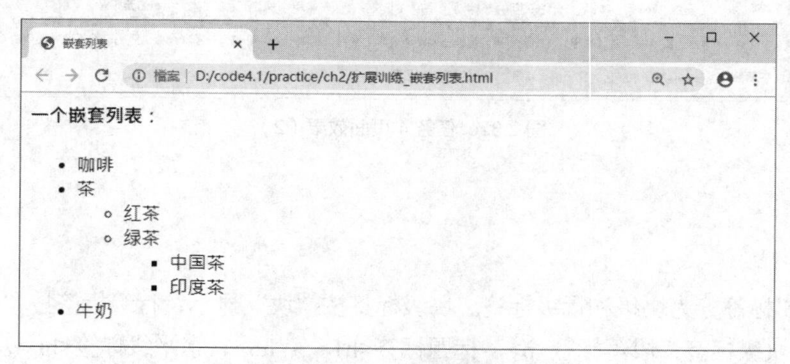

图 2.34 页面效果

03 第3章 HTML5基础Ⅱ

学习目标

□ 掌握表格的使用方法

□ 掌握表单的使用方法

□ 掌握表格布局方法

□ 掌握<iframe>框架的使用方法

3.1 表格基础

表格是块状元素，可以清晰明了地显示数据间的关系，常用于网页的排版布局。如图 3.1 所示，门户网站应用表格讲求开门见山，需要把所有的主要功能、热点功能全部罗列在表格上。

图 3.1 门户网站应用表格

如图 3.2 所示，购物网站应用表格需要将热点商品、商品分类明确地罗列在表格中，方便用户进行查找。

如图 3.3 所示，论坛应用表格需要将热点帖子、最新帖子放在表格的最上层，并且结构尽可能清晰明了，方便用户查找所需内容。

以上 3 个实例中表格所使用的场景各不相同，所体现的表格结构也各不相同，设计者需要根据不同的应用场景进行不同的设计。

图 3.2 购物网站应用表格

数据分析与数据挖掘技术　　全部 FAQ | 原创 | 笔记 | 转载 | 范例 | 工具 | 分享 | 更多分类...

标题	作者	回复/查看	最后发表
《数据分析、展现与R语言》第十一期，约等于免费的逆向收费式网络培训	仙豆 2013-11-19	3 /439	2014-6-12 17:50 By geanxue
R武库又多一门秘技，《R七种武器之数据加工厂plyr》课程上线接受挑战 ...2 3	cruiser 2014-4-16	23 /1061	2014-6-11 17:54 By adrianlu
MySQL系列第二门课《MySQL数据库运维》上线招募中，支持者速进！ ...2	仙豆 2014-5-23	15 /643	2014-6-11 12:39 By spring127721
2014超重量级课程《机器学习》第二期上线热招，急迫期待参与本课程的朋友速进！ ...2 3 4 5 6..10	cruiser 2014-1-7	96 /6574	2014-6-9 23:02 By decm32
潘怀远、张晶晶《OCM实验选讲》课程，通往Oracle顶峰的低成本最佳捷径 ...2 3 4 5 6..16	cruiser 2013-11-13	152 /10182	2014-6-9 21:39 By dfch84
《Python网络程序开发》第七期，约等于免费的逆向收费课程 ...2 3 4 5 6..16	cruiser 2012-10-14	159 /8459	2014-6-9 11:28 By cruiser

图 3.3 论坛应用表格

3.1.1　表格结构

表格是由指定数目的行和列组成的，其中的文字或图片按照相应的列或行进行分类和显示，表格结构如图 3.4 所示。

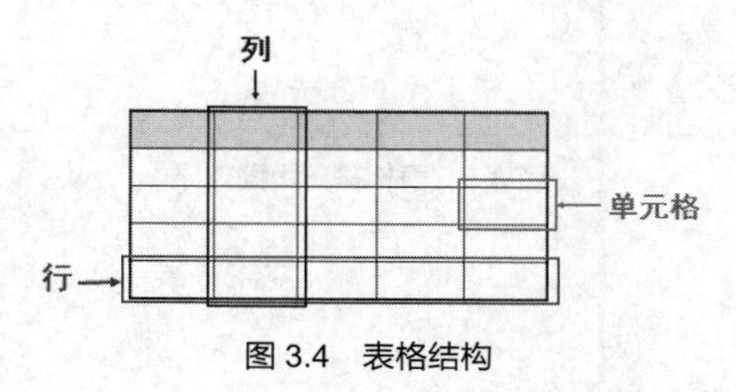

图 3.4　表格结构

（1）单元格：表格的最小单位，一个或多个单元格纵横排列组成了表格。

（2）行：是由一个或多个单元格横向堆叠形成的。

（3）列：是由单元格纵向堆叠形成的。

在 HTML5 中使用<table>标签来创建表格，<table>标签内包含了表名和表格本身的代码。表格的行用<tr>标签表示，单元格用<td>标签表示，可用<td>标签定义一个列，嵌套于<tr>标签之中。

表格的基本语法格式如下。

```
<table>
    <tr>
        <td>单元格内容</td>
        <td>单元格内容</td>
        <!--更多单元格-->
    </tr>
    <!--更多行-->
</table>
```

实例代码如下。（代码位置：03/3-1.html）

```
<!DOCTYPE html>
<html lang="en">
  <head>
      <meta charset="UTF-8" / >
      <title>表格基础</title>
  </head>
  <body>
     <table border="2">
     <tr>
         <td>第 1 行第 1 列</td>
         <td>第 1 行第 2 列</td>
     </tr>
      <tr>
         <td>第 2 行第 1 列</td>
         <td>第 2 行第 2 列</td>
         </tr>
      </table>
  </body>
```

```
</html>
```

执行上述代码后在浏览器中的预览效果如图 3.5 所示。

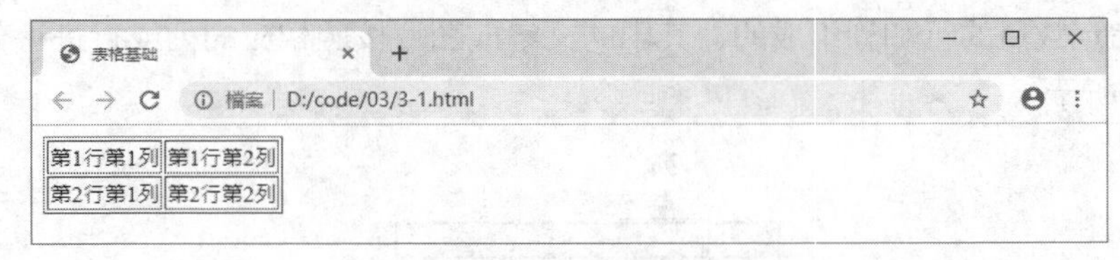

图 3.5　表格基础页面效果

3.1.2　表格标签

HTML5 中表格常用标签的含义及作用如表 3.1 所示。

表 3.1　表格常用标签

标签	描述
<table>	定义表格
<caption>	定义表格标题，每个表格只能含有一个标题
<th>	定义表格内的表头单元格，居中，粗体
<tr>	定义表格的行
<td>	定义表格单元格，包含在<tr>标签中，左对齐，普通文本
<thead>	定义表格的表头
<tbody>	定义表格的主体
<tfoot>	定义表格的页脚
<col>	定义用于表格列的属性

下面利用表 3.1 所示的表格常用标签创建一个“学生信息表”。

实例代码如下。（代码位置：03/3-2.html）

```
<!DOCTYPE html>
<html lang="en">
<head>
  <meta charset="UTF-8" / >
  <title>表格示例</title>
</head>
<body>
  <table border="1">
  <caption>学生信息表</caption>
  <thead>
      <th>班级</th>
      <th>姓名</th>
      <th>电话</th>
  </thead>
  <tbody>
  <tr>
      <td>SE131</td>
      <td>张三</td>
      <td>1388888888</td>
  </tr>
```

```
        </tbody>
        <tfoot>
            <tr>
                <td colspan="3">软件学院</td>
            </tr>
        </tfoot>
    </table>
</body>
</html>
```

执行上述代码后在浏览器中的预览效果如图 3.6 所示。

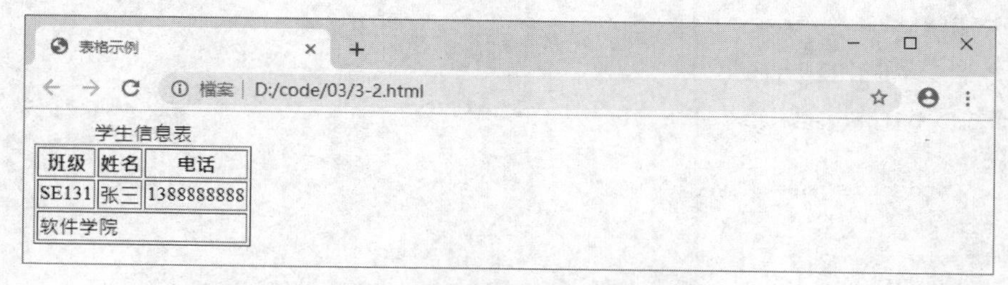

图 3.6 “学生信息表”的页面效果

3.1.3 表格属性设置

不同的网页对表格设计要求不同，可以通过对表格的属性进行设置来满足设计要求。表 3.2 所示为表格常用属性。

表 3.2　　表格常用属性

属性	值	描述
align	left、center、right	设置表格相对周围元素的对齐方式（不建议使用，建议使用样式代替）
bgcolor	rgb(x,x,x)、#xxxxxx、colorname	设置表格的背景颜色（不建议使用，建议使用样式代替）
background	src	设置表格背景图片
border	pixels	设置表格边框的宽度
cellpadding	pixels、%	设置单元格边框与其内容之间的空白
cellspacing	pixels、%	设置单元格之间的空白
width	%、pixels	设置表格的宽度
height	%、pixels	设置表格的高度
colspan		单元格水平合并，值为合并的单元格的数目
rowspan		单元格垂直合并，值为合并的单元格的数目

下面将对 3.1.2 小节中的“学生信息表”进行美化修饰。

实例代码如下。（代码位置：03/3-3.html）

```
<!DOCTYPE html>
<html lang="en">
<head>
  <meta charset="UTF-8" / >
  <title>表格示例</title>
</head>
<body>
<table border="1" height="15%" width="60%" cellspacing="0">
```

```
<caption>学生信息表</caption>
<thead bgcolor="#DCDCDC">
    <th>班级</th>
    <th>姓名</th>
    <th>电话</th>
</thead>
<tbody bgcolor="#FFFAF0">
    <tr>
    <td>SE131</td>
    <td>张三</td>
    <td>1388888888</td>
</tr>
</tbody>
    <tfoot bgcolor="#DCDCDC">
    <tr>
        <td colspan="3">软件学院</td>
    </tr>
    </tfoot>
</table>
</body>
</html>
```

执行上述代码后在浏览器中的预览效果如图 3.7 所示。

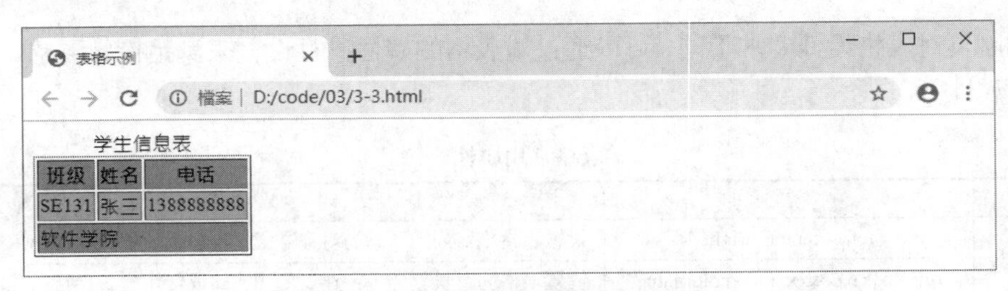

图 3.7 美化后的“学生信息表”页面效果

3.1.4 跨行和跨列设置

1. 跨行设置

跨行是指单元格在垂直方向上合并，语法格式如下。

```
<table>
   <tr>
       <td rowspan="所跨的行数">单元格内容</td>
   </tr>
</table>
```

实例代码如下。（代码位置：03/3-4.html）

```
<!DOCTYPE html>
<html lang="en">
<head>
<meta charset="UTF-8" / >
    <title>跨多行的表格</title>
</head>
<body>
      <table width="500" border="1">
```

```
        <tr>
          <td rowspan="2">张三</td>
           <td>计算机概论</td>
           <td>77</td>
        </tr>
        <tr>
           <td>C 语言</td>
           <td>88</td>
        </tr>
        <tr>
           <td rowspan="2">李四</td>
           <td>计算机概论</td>
           <td>80</td>
        </tr>
        <tr>
           <td> C 语言</td>
           <td>90</td>
        </tr>
        </table>
    </body>
    </html>
```

执行上述代码后在浏览器中的预览效果如图 3.8 所示。

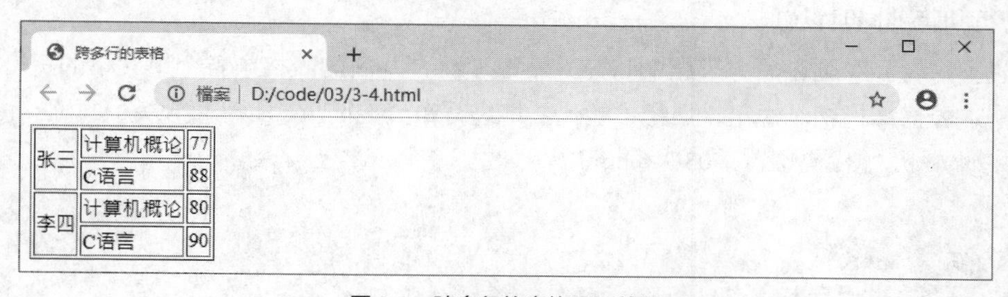

图 3.8　跨多行的表格页面效果

2. 跨列设置

跨列是指单元格在水平方向上合并，语法格式如下。

```
<table>
   <tr>
        <td colspan="所跨的列数">单元格内容</td>
   </tr>
</table>
```

实例代码如下。（代码位置：03/3-5.html）

```
<!DOCTYPE html>
<html lang="en">
<head>
<meta charset="UTF-8" / >
     <title>跨多列的表格</title>
   </head>
   <body>
      <table width="200" border="1">
      <tr>
         <td colspan="2">学生成绩信息</td>
```

```
        </tr>
         <tr>
           <td>计算机概论</td>
           <td>80</td>
        </tr>
         <tr>
           <td> C 语言</td>
           <td>90</td>
         </tr>
         </table>
</body>
</html>
```

执行上述代码后在浏览器中的预览效果如图 3.9 所示。

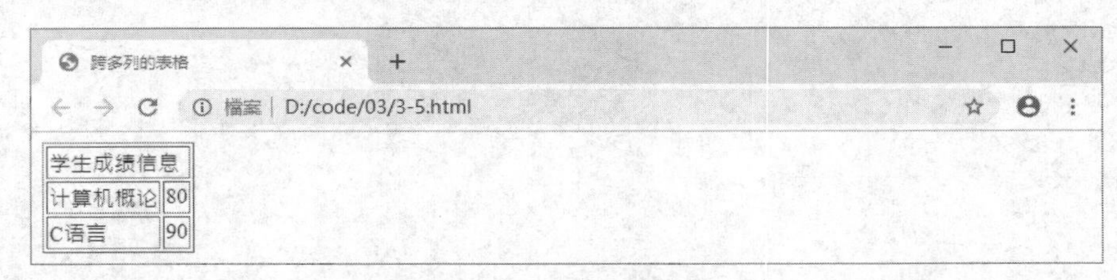

图 3.9　表格的跨列合并

3. 跨行和跨列同时设置

同时设置跨行和跨列以后，表格的特点并不改变。合并后的表格中各个单元格的宽度或高度不会互相影响，表格结构相对稳定，但是不能灵活地进行布局控制。

实例代码如下。（代码位置：03/3-6.html）

```
<! DOCTYPE html>
<html>
<head lang="en">
<meta charset="UTF-8" / >
  <title>表格的跨行和跨列</title>
</head>
<body>

<table width="400" height="150" align="center" border="1" bordercolor="#000000" cellspacing
="1" cellpadding="0" >
   <tr>
        <td>计算机组成</td>
        <td colspan="3" align="center">中央处理器</td>
  </tr>
  <tr>
        <td>品牌</td>
        <td>英特尔</td>
         <td>AMD</td>
         <td>威盛</td>
    </tr>
     <tr>
         <td rowspan="2" align="center">计算机组成</td>
         <td >中央处理器</td>
          <td>硬盘</td>
```

```
            <td>显卡</td>
    </tr>
    <tr>
            <td>内存</td>
             <td>主板</td>
             <td>显示器</td>
        </tr>
</table>
</body>
</html>
```

执行上述代码后在浏览器中的预览效果如图 3.10 所示。

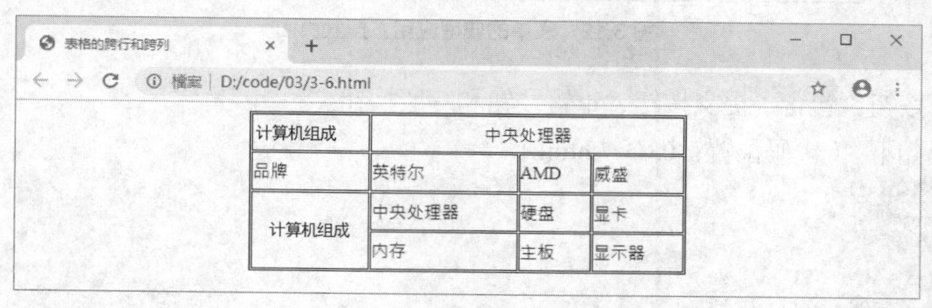

计算机组成	中央处理器		
品牌	英特尔	AMD	威盛
计算机组成	中央处理器	硬盘	显卡
	内存	主板	显示器

图 3.10　表格的跨行和跨列

3.2　表单

表单是块级元素，是 HTML5 的一个重要部分，作用是采集和提交用户输入的信息。表单在页面设计中的典型应用如图 3.11 和图 3.12 所示。表单主要由以下 3 个部分组成。

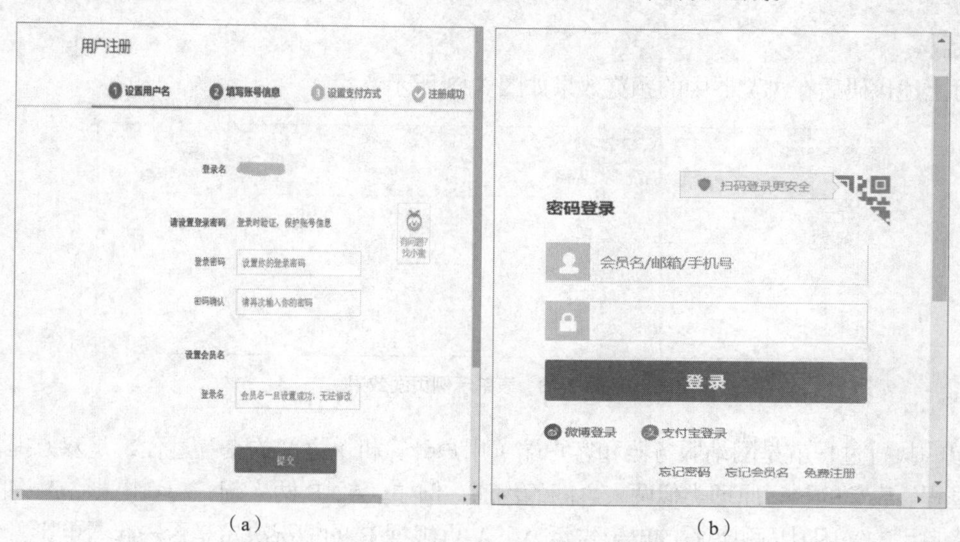

（a）　　　　（b）

图 3.11　表单的典型应用：用户注册和密码登录页面

（1）表单标签：包含了处理表单数据所用服务器端程序的 URL 及数据提交到服务器的方法。

（2）表单域：包含了文本框、密码框、隐藏域、多行文本框、复选框、单选按钮、选择框和文件上传框等表单输入控件。

图 3.12　表单的典型应用：搜索页面

（3）表单按钮：包含了提交按钮、重置按钮和一般按钮。

实例代码如下。（代码位置：03/3-7.html）

```
<!DOCTYPE html>
<html lang="en">
<head>
<meta charset="UTF-8" / >
<title>表单示例</title></head>
<body>
<form action="#" method="get">
用户名：
<input type="text" name="name" id="name"><br/>
密码：
<input type="password"  name="email" id="email"><br/>
<input type="submit" value="登录">
</form>
</body>
</html>
```

执行上述代码后在浏览器中的预览效果如图 3.13 所示。

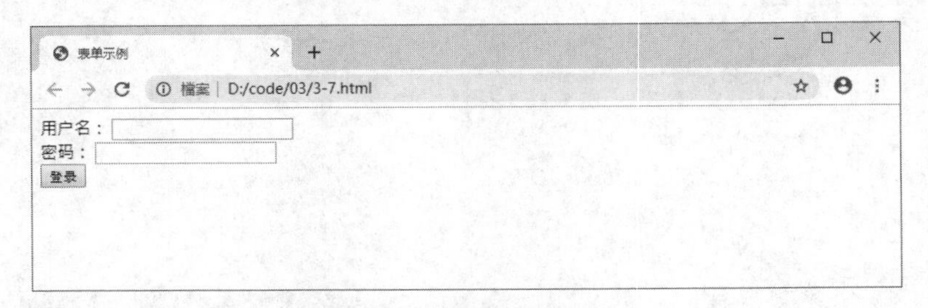

图 3.13　表单示例页面效果

表单的执行过程就是网站服务器和客户端（用户计算机）之间的交互过程，是双方提供需要的信息的过程。表单的执行原理类似两人之间的沟通，例如，A、B 两人想一起看电影，A 询问 B 的想法，B 将自己的空闲时间和想看的电影告诉 A，A 再根据 B 的情况决定是否一起看电影。使用表单描述此沟通过程如下。

（1）A 给 B 一张表单。

（2）B 将自己的想法填写在这张表单中，提交给 A。

（3）A 根据 B 提交的表单得出自己的想法。

3.2.1 表单标签

表单标签（<form>、</form>）用于声明表单，定义采集数据的范围，同时包含了处理数据的应用程序及数据提交到服务器的方法。其语法格式如下。

```
<form action="url 地址" method="提交方式" name="表单名称" target="目标页面" >
    各种表单控件
</form>
```

表单标签常用的属性如表 3.3 所示。

表 3.3 表单标签常用的属性

属性	值	描述
action	URL	规定当提交表单时向何处发送数据
method	get、post	规定用于发送数据的 HTTP 方法，默认为 get
name	form_name	规定表单的名称
target	_blank、_self、_parent _top、framename	规定在何处打开数据

action：指定处理表单中用户输入数据的 URL（URL 可为 Servlet、JSP 或 ASP 等服务器端程序），也可以将输入数据发送到指定的 E-mail 地址等。如不填，默认为当前页面。

method：指定传送数据的 HTTP 方法，主要有 get 和 post 两种方法。get 方法是将表单控制的 name/value 信息经过编码之后，通过 URL 发送可以在浏览器的地址栏中看到的值。用 post 方法传输信息则在地址栏中看不到。get 方法一般适用于安全性要求不高的场合，而 post 方法一般适用于安全性要求较高的场合。

name：指表单的名称，通过为表单命名可以控制表单与后台程序之间的关系。

target：是设置表单信息返回的窗口，主要有 5 种取值，5 种取值和每种取值的含义如下。

（1）_blank：将返回信息显示在浏览器的新窗口中。

（2）_self：将返回信息显示在当前浏览器窗口中，如果省略 target 属性，默认值为_self。

（3）_parent：将返回信息显示在浏览器的父级窗口中。

（4）_top：将返回信息显示在浏览器的顶级窗口中，并且清除当前所有的框架。

（5）framename：指在浏览器的指定窗口中打开。

3.2.2 表单域

表单元素中除下拉列表、多行文本域等少数表单元素外，大部分表单元素都使用<input>标签，只是它们的属性设置不同，它们的统一语法格式如下。

```
<input name="表单元素名称" type="类型" value="值" size="显示宽度" maxlength="能输入的最大字符长度" checked="是否选中"/>
```

<input>各属性的具体含义及用法分别如表 3.4 和表 3.5 所示。

表 3.4 <input>标签的属性

属性	描述
name	指定表单元素的名称，用于编程时对控件的引用
type	指定表单元素的类型，可用的选项有 text、password、checkbox、radio、submit、reset、file、hidden、image 和 button，默认为 text

续表

属性	描述
id	指定表单元素的唯一 id，用于编程时对控件的引用，常作为 CSS 的选择符使用
value	指定表单元素的初始值，由 type 属性的值决定它的值
size	指定表单元素的初始宽度。如果 type 为 text 或 password，则宽度以字符为单位；对于其他输入类型，宽度以像素为单位
maxlength	指定可在 text 或 password 类型中输入的最大字符数，默认不做限制
checked	此属性只有一个值，为“checked”，表示选中状态，如果不选中，则不需要添加此属性

表 3.5　<input/>标签的用法

类型	功能	例子
text	单行文本输入	<input type="text" name="username"/>
password	密码	<input type="password" name="password"/>
radio	单选	<input type="radio" name="sex"value="男"/>男<input type="radio" name="sex"value="女"/>女
checkbox	多选	<input type="checkbox" name="hobby"value="画"/>画 <input type="checkbox" name="hobby"value="琴"/>琴
submit	提交表单数据	<input type="submit" value="提交"/>
reset	重置表单数据	<input type="reset" value="重置"/>
image	图形提交按钮	<input type="button" value="播放音乐"/>
file	文件上传	<input type="file" name="files" />

表单元素有文本框、密码框、单选框、复选框、文件域、隐藏域、下拉列表、列表框、多行文本框、只读和禁用等。

下面将详细介绍表单元素的设置方法。

1. 文本框和密码框

文本框是一种用来输入内容的表单对象，通常被用来填写简单的内容，如姓名、地址等，其语法格式如下。

```
<input type="text" name ="……" size="……" maxlength="……" value="…… "/>
```

密码框是一种用于输入密码的特殊文本域。当用户输入文字时，文字会被星号（*）或者其他符号代替，从而隐藏输入的真实文字。其语法格式如下。

```
<input type="password" name="…… " size="……" maxlength="……"/>
```

其中，type=“password”定义密码框。密码框并不能保证安全，仅仅是使周围的人看不见用户输入的内容，在传输过程中还是以明文传输的，为了保证安全可以采用数据加密技术。

实例代码如下。（代码位置：03/3-8.html）

```
<!DOCTYPE html>
<html lang="en">
<head>
<meta charset="UTF-8" / >
  <title>表单域 1</title>
</head>
<body>
<center>
<form name="form_set" method="post" action="#">
```

```
单行文本框：<br />
  <input type="text" name="txt" size="25" value="请修改文本内容" /><br />
  密码框：<input type="password" name="pwd" size="10" maxlength="6" /><br />
  密码框字符宽度为 10，但只能输入 6 个字符。
</form>
</center>
</body>
</html>
```

执行上述代码后在浏览器中的预览效果如图 3.14 所示。

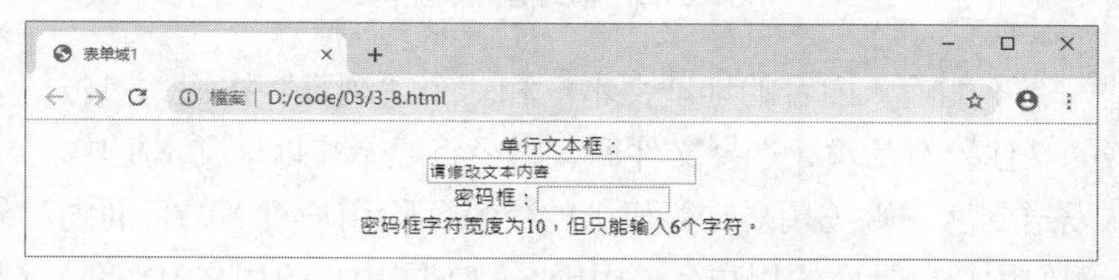

图 3.14　文本框和密码框

2. 单选框和复选框

单选框用于一组相互排斥的选项，组中的每个选项应具有相同的名称（name），以确保用户只能选择一个选项，单选框对应的 type 属性为 radio。

复选框用于选择多个选项，将 type 属性设为 checkbox 就可以创建一个复选框。

实例代码如下。（代码位置：03/3-9.html）

```
<!DOCTYPE html>
<html lang="en">
<head>
<meta charset="UTF-8" / >
  <title>表单域 3</title>
</head>
<body>
<center>
<form name="form_set" method="get" action="#">
      单选框（带有 label 标签）：<br />
     <label><input type="radio" name="radio" checked="checked" />选项 1（初始选定值）</label>
      <label><input type="radio" name="radio" />选项 2</label><label><input type="radio"
name="radio" />选项 3</label><hr />
      复选框：<br />
      <input type="checkbox" name="chk" checked="checked" />选项 1 （初始选定值）
      <input type="checkbox" name="chk"/>选项 2
      <input type="checkbox" name="chk"/>选项 3<hr />
      <input type="reset" value="复位按钮" />
</form>
</center>
</body>
</html>
```

执行上述代码后在浏览器中的预览效果如图 3.15 所示。

3. 文件域和隐藏域

文件域用于上传文件，设置时只需把 type 属性设为 file。语法格式如下。

```
<input type="file"/>
```

图 3.15　单选框和复选框

文件域会创建一个不能输入内容的地址文本框和一个“浏览”按钮。单击“浏览”按钮，将会弹出“选择要加载的文件”对话框，选择文件后，路径将显示在地址文本框中。

网站服务器端发送到客户端（用户计算机）的信息，除用户看到的页面内容外，可能还包含一些“隐藏”信息。例如用户登录后的用户名，用于区别不同用户的用户 ID 等。这些信息对于用户可能没用，但对网站服务器有用，所以一般“隐藏”起来，而不在页面中显示。将 type 属性设置为 hidden 隐藏类型即可创建一个隐藏域。语法格式如下。

```
<input type="hidden"/>
```

页面显示的结果中，隐藏域信息不显示，但能通过页面的 HTML5 代码查看到。

实例代码如下。（代码位置：03/3-10.html）

```
<!DOCTYPE html>
<html lang="en">
<head>
<meta charset="UTF-8" / >
  <title>表单域 4</title>
</head>
<body>
<center>
<form name="form_set" method="get" action="#">

        文件域（单击“浏览”按钮可以浏览本机文件）：<br />
        <input type="file" /><hr />
        隐藏域（在页面中不可见，但是可以装载须传输数据）：<br />
        <input type="hidden" name="txt" value="我是隐藏域中的值"  />
</form>
</center>
</body>
</html>
```

执行上述代码后在浏览器中的预览效果如图 3.16 所示。

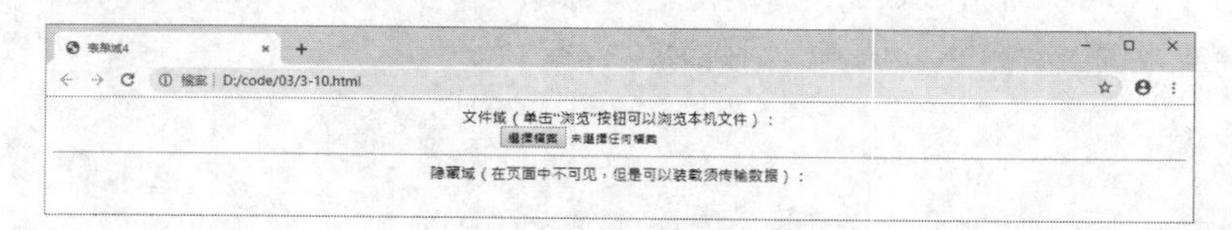

图 3.16　文件域和隐藏域

4. 下拉列表和列表框

下拉列表主要是为了使用户快速、方便、正确地选择一些选项，而且能节省页面空间，它是通过<select>和<option>标签来实现的，<select>标签用于显示可供用户选择的下拉列表，每个选项由一个<option>标签表示，<select>标签必须包含至少一个<option>标签。

<select>、</select>标签如果加上 multiple 属性，下拉列表即变为列表框，其 size 属性设置所显示数据项的数量。语法格式如下。

```
<select name="指定列表名称" size="行数"multiple>
    <option value="可选项的值" selected="selected">…</option>
    <option value="可选项的值">…</option>
    ……
</select>
```

其中，再有多种选项可供用户滚动查看时，size 属性确定列表中可同时看到的行数；selected 属性表示该选项在默认情况下是被选中的，而且一个列表框只能有一个列表项默认被选中，如同单选按钮组那样。

实例代码如下。（代码位置：03/3-11.html）

```
<!DOCTYPE html>
<html lang="en">
<head>
<meta charset="UTF-8" / >
  <title>表单域 5</title>
</head>
<body>
<center>
<form name="form_set" method="post" action="form_rec.asp">
        下拉列表：<br />
        <select name="select">
            <option value="HTML" selected>HTML 技术（初始值）</option>
            <option value="CSS">CSS 技术</option>
            <option value="JS">JavaScript</option>
        </select><hr />
          列表框：<br />
         <select name="select2" size="3"  multiple="multiple">
             <option>一月</option>
             <option selected>二月（初始值）</option>
             <option>三月</option>
      </select>
</form>
</center>
</body>
</html>
```

执行上述代码后在浏览器中的预览效果如图 3.17 所示。

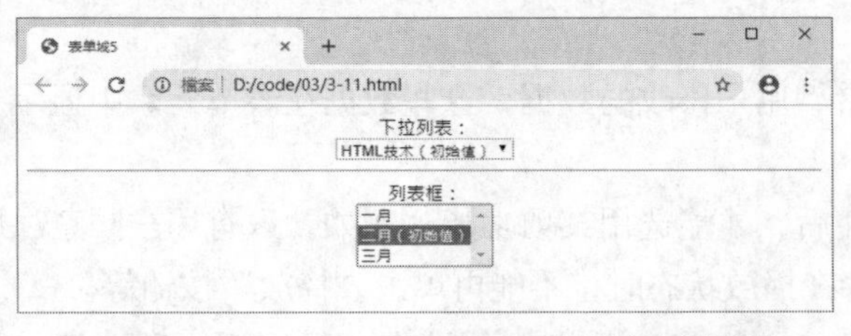

下拉列表：
HTML技术（初始值）
HTML技术（初始值）
CSS技术
JavaScript

图 3.17　下拉列表和列表框

5. 多行文本框

多行文本框（文本域）是一种用来输入较长内容的表单对象。其语法格式如下。

```
<textarea name="…" cols="…" rows="…" ></textarea>
```

其中，cols 用来指定多行文本域的列数，rows 用来指定多行文本域的行数。在<textarea>…</textarea>标签对中不能使用 value 属性来赋初始值。

实例代码如下。（代码位置：03/3-12.html）

```
<!DOCTYPE html>
<html lang="en">
<head>
<meta charset="UTF-8" / >
  <title>表单域 6</title>
</head>
<body>
<center>

<form name="form_set" method="get" action="#">
多行文本框：<br />
  <textarea name="txt" cols="45" rows="3" wrap="off">请修改文本内容（关闭自动换行）
</textarea><br />
  <textarea name="txt" cols="45" rows="3" wrap="physical">请修改文本内容（开启自动换行）
</textarea><br />
  <textarea name="txt2" cols="45" rows="2" readonly="true">无法修改的文本内容</textarea>
</form>
</center>
</body>
</html>
```

执行上述代码后在浏览器中的预览效果如图 3.18 所示。

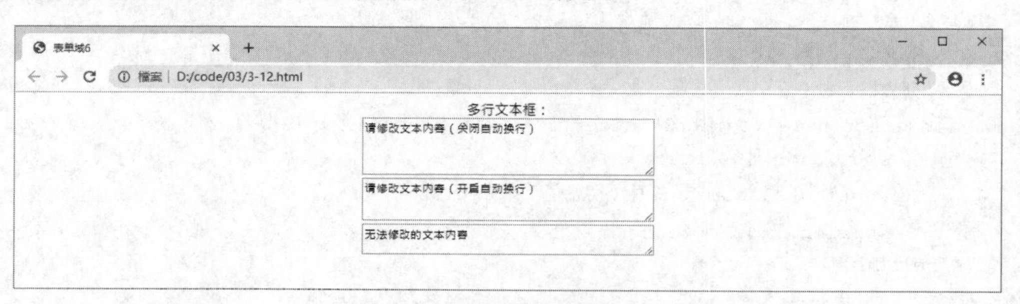

图 3.18　多行文本框页面效果

6. 只读和禁用

在某些情况下，我们需要对表单元素进行限制，设置表单元素为只读或禁用。它们常见的应用场景如下。

只读场景：网站服务器方不希望用户修改的数据，这些数据在表单元素中显示。例如，注册或交易协议、商品价格等。

禁用场景：只有满足某个条件后，才能选用某项功能。例如，只有用户同意注册协议后，才允许单击“注册”按钮；播放器控件在播放状态时，不能再单击“播放”按钮等。

只读和禁用效果分别通过设置 readonly 和 disabled 属性来实现。例如，要实现协议只读或禁用属性注册按钮的效果。

实例代码如下。（代码位置：03/3-13.html）

```
<!DOCTYPE html>
<html lang="en">
<head>
<meta charset="UTF-8" / >
<title>表单域 6</title>
</head>
<body>
<h2><img src="images/read.gif" width="35" height="26" />阅读服务协议 </h2>
<form action="" method="post">
 <textarea name="content" cols="60" rows="8" readonly="readonly">
     欢迎阅读服务条款协议，您的权利和义务……
     </textarea><br /><br />
   同意以上协议<input name="agree"  type="checkbox" />
     <input name="btn"  type="submit" value="注册" disabled="disabled" />
</form>
</body>
</html>
```

执行上述代码后在浏览器中的预览效果如图 3.19 所示。

图 3.19　表单元素的只读和禁用

3.2.3　表单按钮

按照功能划分，按钮可分为重置按钮、提交按钮和普通按钮。重置按钮用于清空现有表单数据；提交按钮用于提交表单数据；普通按钮一般用于调用 JavaScript 脚本。3 个按钮的语法格式相同（如下所示），只需设置 type 属性对应的类型。

```
<input type="submit"  value="提交按钮"  name="button"/>
<input type="reset"  value="重置按钮"  name="reset"/>
<input type="button"  value="普通按钮"  name="cancel"/>
```

实例代码如下。（代码位置：03/3-14.html）

```
<!DOCTYPE html>
<html lang="en">
<head>
<meta charset="UTF-8" / >
  <title>表单域 2</title>
</head>
<body>
<center>
```

```
<form name="form_set" method="get" action="#">
      <input type="button" value="表单内的普通按钮" /><br />
       <input type="text" name="txt" value="初始值" />
       <input type="reset" value="复位按钮" />
       <input type="submit" value="提交按钮" />
</form>
</center>
</body>
</html>
```

执行上述代码后在浏览器中的预览效果如图 3.20 所示。

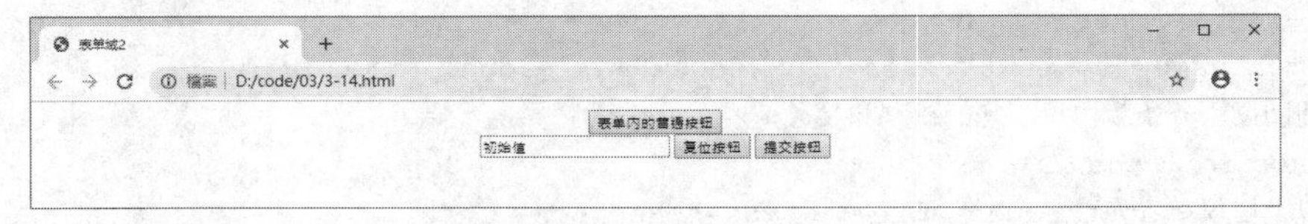

图 3.20　表单按钮

在实际应用中，经常将按钮设计成图片样式，实现的方法是 type 和 src 属性配合使用。代码示例如下。

```
<input type="image" src="image/login.gif"/>
```

这种方式实现的图片按钮比较特殊，虽然 type 属性没有设置为 submit，但仍然具备提交功能。

3.2.4　HTML5 新增的表单属性

1. autocomplete 属性

autocomplete 属性用于指定表单是否有自动完成功能。所谓“自动完成”，是指表单将输入的内容记录下来，当用户再次单击文本框时，表单会将输入的历史记录显示在一个下拉列表里。

autocomplete 属性有两个值，即 on 和 off。on：表单有自动完成功能。off：表单无自动完成功能。

实例代码如下。（代码位置：03/3-15.html）

```
<!DOCTYPE html>
<html lang="en">
<head>
<meta charset="UTF-8" / >
    <title>autocomplete 属性</title>
</head>
<body>
<form action="#" method="post" name="search"  autocomplete="on">
    <input name="save"/>
    <button>提交按钮</button>
</form>
</body>
</html>
```

执行上述代码后在浏览器中的预览效果如图 3.21 所示。

2. novalidate 属性

novalidate 属性用于指定在提交表单时取消对表单进行有效的检查。表单设置该属性后，整个表单的验证都可以被关闭，即<form>内的所有表单控件不被验证。

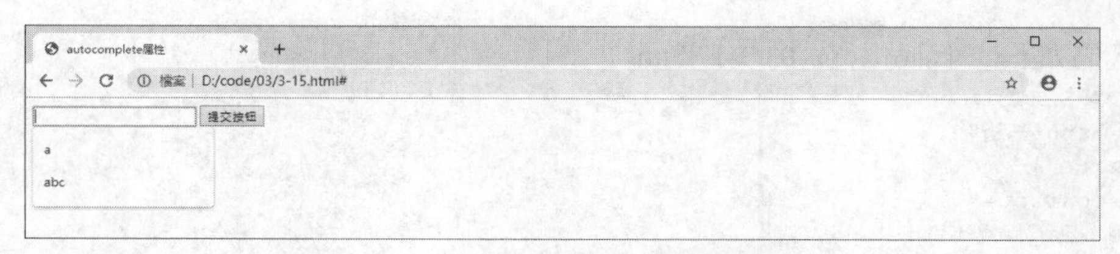

图 3.21　autocomplete 属性页面效果

3.2.5　HTML5 新增表单标签

1. <datalist>标签

<datalist>标签为<input>标签提供“自动完成”的功能。用户能看到一个下拉列表，里边的选项是预先定义好的数据，这些数据将作为用户的输入数据。下拉列表通过<datalist>标签内的<option>标签存储这些数据，可以使用<input>标签的 list 属性来绑定<datalist>标签。

实例代码如下。（代码位置：03/3-16.html）

```
<!DOCTYPE html>
<html lang="en">
<head>
<meta charset="UTF-8">
   <title>datalist</title>
</head>
<body>
<input id="url" list="urlList">
<datalist id="urlList">
    <option value="www.aaaaa.com">网址 1</option>
    <option value="www.bbbbb.com">网址 2</option>
    <option value="www.ccccc.cn">网址 3</option>
</datalist>
</body>
</html>
```

执行上述代码后在浏览器中的预览效果如图 3.22 所示。

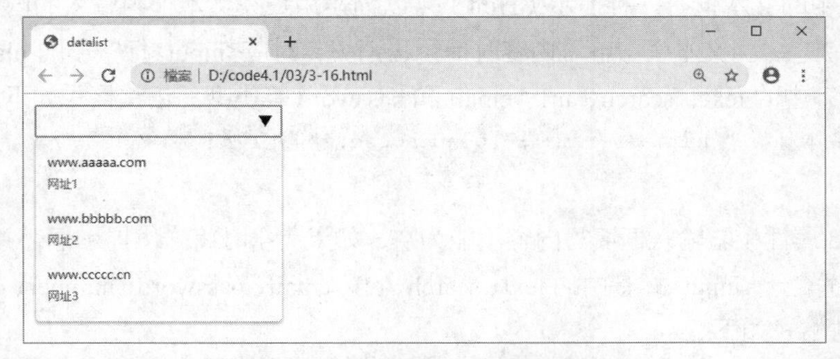

图 3.22　<datalist>标签效果

2. <keygen>标签

<keygen>标签是密钥对生成器（Key-Pair Generator）。当提交表单时，会生成一个私钥和一个公钥。私钥（Private Key）存储于客户端，公钥（Public Key）则被发送到服务器。公钥可用于之后验证用户的客户端证书（Client Certificate）。

实例代码如下。（代码位置：03/3-17.html）

```
<!DOCTYPE html>
<html lang="en">
<head>
<meta charset="UTF-8"/>
<title>keygen</title>
</head>
<body>
<form action="#" method="get">
    用户名：<input type="text" name="usr_name" />
    加密：<keygen name="security" />
    <input type="submit" />
</form>
</body>
</html>
```

执行上述代码后在浏览器中的预览效果如图 3.23 所示。

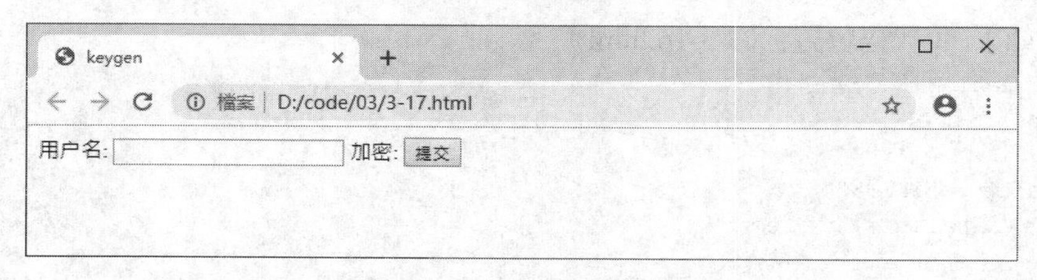

图 3.23　<keygen>标签效果

3.2.6　表单验证

表单验证是一套系统，它为终端用户检测无效的数据并标记这些错误，让 Web 应用更快地抛出错误，大大优化了用户体验。换言之，表单验证就是在表单提交服务器前对其进行一系列的检查并通知用户纠正错误。HTML5 自带的表单验证功能有以下 3 种。

1. placeholder

<input>标签中的文本框有一种提示（Hint）可以描述用户在文本框内输入的内容的类型，提示语默认是显示的状态，当文本框中输入内容时提示语消失，对应<input>标签中的 placeholder 属性，适合于<input>标签中的 text、search、url、email 和 password 等类型。语法格式如下。

```
<input type="email" name="formmail" placeholder="请输入要搜索的关键字"/>
```

2. required

通过 required 属性校验输入框填写内容不能为空，如果为空时将弹出提示框，并阻止表单提交。该表单验证功能适合于<input>标签中的 text、search、url、email、password、number、checkbox、radio、file 等类型。语法格式如下。

```
<input type="text" name="username"  required/>
```

3. pattern

通过 pattern 属性规定用于验证<input>标签的模式（Pattern），它接受一个正则表达式。当表单提交时正则表达式会被用于验证表单内非空的值，如果控件的值不匹配正则表达式则会弹出提示框，并阻止表单提交。type 属性为 email 或 url 的输入控件内置相关正则表达式，如果 value 的值不符合其正则表达式，那么表单将验证失败，无法提交。

实例代码如下。（代码位置：03/3-18.html）

```
<!DOCTYPE html>
<html lang="en">
<head>
    <meta charset="UTF-8"/>
    <title>HTML5 表单验证</title>
</head>
<body>
<form action="#" method="get">
    请输入您的邮箱：<input type="email" name="formmail" placeholder="请输入要搜索的关键字"/><br/><br/>
    请输入个人网址：<input type="url" name="user_url" required/><br/><br/>
    <!--pattern 属性用于验证输入的内容是否与定义的正则表达式匹配，正则表达式[1-9]d{5}(?!d)代表六位数中国邮编-->
    请输入中国邮编：<input type="text" pattern="[1-9]d{5}(?!d)" name="postcode" required/><br/><br/>
    <input type="submit" value="提交"/>
</form>
</body>
</html>
```

执行上述代码后在浏览器中的预览效果如图 3.24 所示。

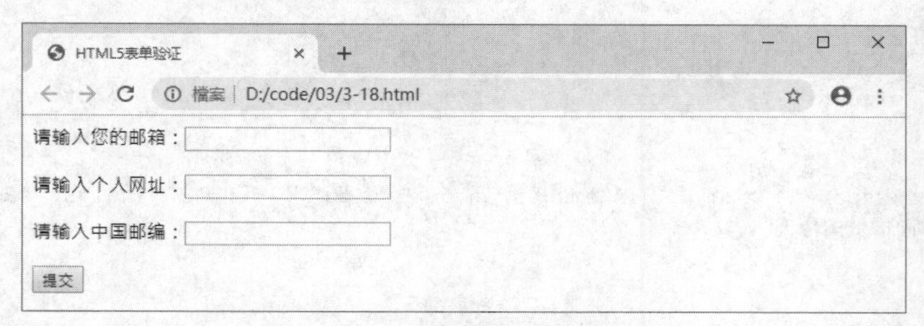

图 3.24　表单验证页面效果

3.3　表格布局

随着表格应用的深入，表格除用来显示数据外，还用于搭建网页的结构，也就是通常所说的网页布局。下面介绍使用表格实现页面布局。

3.3.1　应用场景

表格布局最典型的应用有两种，即图文布局和表单布局。

表格的图文布局是将图像和文本都看成单元格的组成内容，然后设置它们所占的行数或列数。

表单布局是把注册的各项看成一行，每项的标题显示在同一列，而所填信息也显示在同一列的布局方式。整体看起来较为规整。

3.3.2　图文布局

图文布局是最常用的局部布局，公告栏是典型的应用之一。下面介绍如何使用表格实现公告栏的图文布局。具体步骤如下。

（1）分析并确定表格的行列数。当我们分析行列数时，总是以最小单元格作为依据。只要该单元格不存在跨行或跨列即为最小单元格。

（2）写出一个 5 行 2 列的表格。为显示效果，设置 border="2"。

（3）确定合并单元格位于第几行第几列并跨了几行几列。例如，公告栏标题图片位于第一行第一列跨了两列；左侧图片位于第二行第一列跨了 4 行。

（4）增加 colspan 及 rowspan 属性。设置跨行列属性后要删除多余单元格以达到合并效果。

公告栏标题图片跨两列，即横向合并两个单元格，在第一行第一列单元格<td>里加入跨列属性 colspan="2"，然后删除右边的一个单元格。左侧图片跨 4 行，则在第二行第一列单元格里加入跨行属性 rowspan="4"，再删除下方的 3 个单元格。

布局完以后，我们再来考虑诸如边框 border 及总宽度 width 的修饰设置。

实例代码如下。（代码位置：03/3-19.html）

```
<!DOCTYPE html>
<html lang="en">
<head>
<meta charset="UTF-8" / >
<title>表格布局</title>
</head>
<body>
<table border="2px">
  <tr>
     <td colspan="2"><img src="images/a_title.jpg" alt="公告栏" /></td>
  </tr>
  <tr>
     <td rowspan="4"><img src="images/computer.jpg" width="90" height="90"  /></td>
     <td>网页常用技术</td>
  </tr>
  <tr>
     <td>HTML</td>
  </tr>
  <tr>
     <td>CSS</td>
  </tr>
  <tr>
     <td>JavaScript</td>
  </tr>
</table>
</body>
</html>
```

执行上述代码后在浏览器中的预览效果如图 3.25 所示。

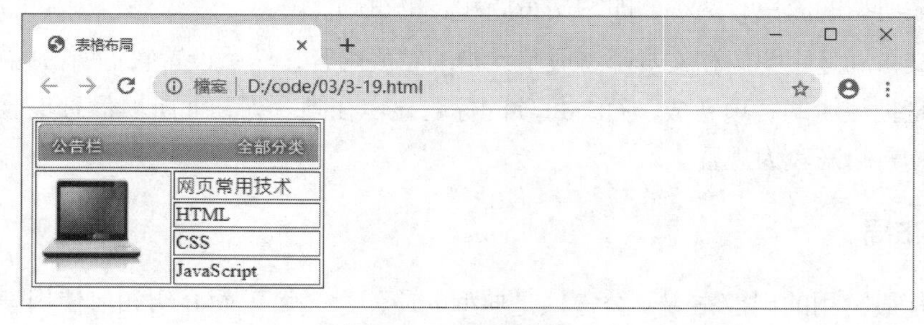

图 3.25　图文布局效果

3.3.3　表单布局

表单主要用于搜集用户信息，实现与服务器交互的目的。由于表单元素和相应的提示标题一一对应，因此我们可以把标题和表单输入元素各归入相邻的两列中，再根据信息数决定行数，以实现使用表格对表单的基本布局。

我们先考虑简单的表单布局，和图文布局类似，使用表格布局表单只需关注以下 3 点。

（1）需要多少列。结合表单的数据信息，只需标题及输入框两列。

（2）各列的跨度是多少。标题“会员名”“密码”的宽度够容纳四五个汉字即可。

（3）特殊元素的跨行跨列数。“登录”按钮需要跨两列，登录页面的标题图片也跨两列。

实例代码如下。（代码位置：03/3-20.html）

```
<!DOCTYPE html>
<html lang="en">
<head>
<meta charset="UTF-8" / >
  <title>注册表单</title>
</head>
<body>
<form name="form_set" method="post" action="form_rec.asp">
<table width="450" border="0" align="center" cellpadding="0" cellspacing="0">
  <tr>
     <th scope="col">用户注册</th>
  </tr>
  <tr>
     <td>
        <fieldset><!--与 legend 绑定使用，会使表单有特殊边界，legend 为 fieldset 定义的标题。-->
           <legend>必填信息</legend>
            <table width="85%" border="0" align="center" cellpadding="0" cellspacing="2">
             <tr>
                <td width="25%" align="right">用户名</td>
                <td><input type="text" size="16" name="txt" /></td>
             </tr>
             <tr>
                <td width="25%" align="right">密  码</td>
                <td><input type="password" size="16" /></td>
             </tr>
           </table>
        </fieldset>
     </td>
     </tr>
     <tr>
        <td>
         <fieldset>
               <legend>选填信息</legend>
                <table width="85%" border="0" align="center" cellpadding="0" cellspacing="2">
                 <tr>
                     <td width="25%" align="right">所在城市</td>
                     <td><input type="text" size="16" /></td>
                 </tr>
                 <tr>
```

```
                    <td width="25%" align="right">所在学校</td>
                    <td><input type="text" size="30" /></td>
                  </tr>
                </table>
          </fieldset>
        </td>
      </tr>
      <tr>
        <td>
          <fieldset>
                <legend>其他个人信息</legend>
                <table width="85%" border="0" align="center" cellpadding="0" cellspacing="2">
                 <tr>
                <td width="25%" align="right">性别</td>
                <td>
                    <select>
                  <option selected="selected">男孩</option>
                    <option>女孩</option>
                    </select>
                </td>
              </tr>
              <tr>
                <td width="25%" align="right">爱好</td>
                <td><label><input type="checkbox" name="fav" />音乐</label>
                      <label><input type="checkbox" name="fav" />体育</label>
                       <label><input type="checkbox" name="fav" checked="checked" />计算
机</label>
                  </td>
              </tr>
                <tr>
                <td width="25%" align="right">喜欢的公司</td>
                <td><label><input type="radio" name="fav2" />公司 1</label>
                      <label><input type="radio" name="fav2" />公司 2</label>
                       <label><input type="radio" name="fav2" />公司 3</label>
                  </td>
              </tr>
                <tr>
                <td width="25%" align="right" valign="top">个人简介</td>
                <td><textarea cols="30" rows="4" wrap="physical" title="请写下您的个人介绍
"></textarea>
                   </td>
                </tr>
              </table>
        </fieldset>
      </td>
    </tr>
    <tr>
         <td><table width="85%" border="0" cellspacing="2" cellpadding="0">
            <tr>
              <td align="right"><input type="submit" value="提交" /></td>
              <td><input type="reset" value="重填" /></td>
            </tr>
```

```
            <tr>
            <td align="right"><input type="button" value="无效按钮" disabled="disabled" /></td>
            <td></td>
         </tr>
      </table> </td>
   </tr>
</table>
</form>
</body>
</html>
```

执行上述代码后在浏览器中的预览效果如图 3.26 所示。

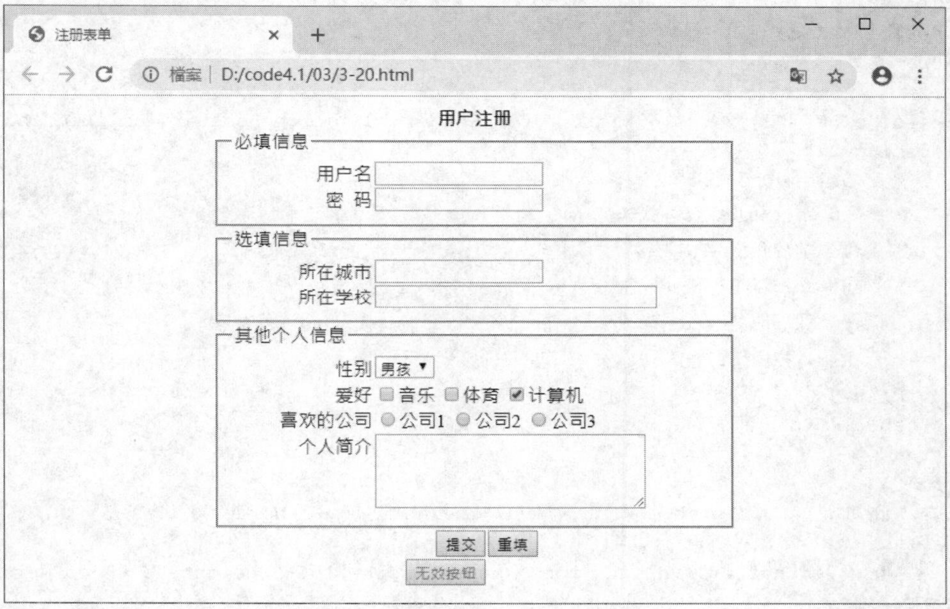

图 3.26　表单布局效果

3.3.4　表格的嵌套布局

表格嵌套是将一个表格嵌套在另一个表格的单元格中。多重嵌套表格多用于网页布局，构建网页的框架结构。因为嵌套表格比单个表格更利于复杂布局结构的处理。

下面我们通过表格的嵌套来实现一个简单学校网站的基本布局。

实例代码如下。（代码位置：03/3-21.html）

```
<!DOCTYPE html>
<html lang="en">
<head>
<meta charset="UTF-8" / >
  <title>表格布局</title>
</head>
<body topmargin="0" bottommargin="0">
<table width="500" height="400" border="1" align="center" cellpadding="0" cellspacing="0"
bordercolor="#999999">
  <tr>
     <td height="100"><table width="100%" height="100%" border="0" cellspacing="2">
```

```
        <tr>
          <td width="112" align="center">Logo</td>
          <td align="center">宣传动画</td>
          <td width="120"><table width="100%" height="100" border="0">
            <tr>
              <td>E-mail</td>
            </tr>
            <tr>
              <td>电话：</td>
            </tr>
          </table></td>
        </tr>
      </table></td>
    </tr>
    <tr>
      <td height="20"><table width="80%" border="0" align="center" cellpadding="0"
cellspacing="2">
        <tr align="center">
          <td>学校首页</td>
          <td>学校介绍</td>
          <td>学校新闻</td>
          <td>课程信息</td>
          <td>学校论坛</td>
        </tr>
      </table></td>
    </tr>
    <tr>
      <td valign="top"><table width="100%" height="100%" border="0">
        <tr>
          <td width="20%" valign="top"><table width="100%" height="200" border="0" >
            <tr>
              <td align="center">文章列表</td>
            </tr>
            <tr>
              <td>1.文章标题 1</td>
            </tr>
            <tr>
                <td>2.文章标题 2</td>
            </tr>
            <tr>
                <td>3.文章标题 3</td>
            </tr>
          </table></td>
          <td valign="top"><table width="100%" height="200" border="0" cellspacing="0">
            <tr>
              <td height="45" align="center"><strong>文章标题</strong></td>
            </tr>
            <tr>
              <td valign="top" bgcolor="#cccccc">文章内容</td>
            </tr>
                </table></td>
```

```
        </tr>
      </table></td>
    </tr>
    <tr>
      <td height="75"><table width="200" border="0" align="center">
        <tr>
        <td>网站备案：</td>
      </tr>

      </table></td>
  </tr>
  </table>
  </body>
  </html>
```

执行上述代码后在浏览器中的预览效果如图 3.27 所示。

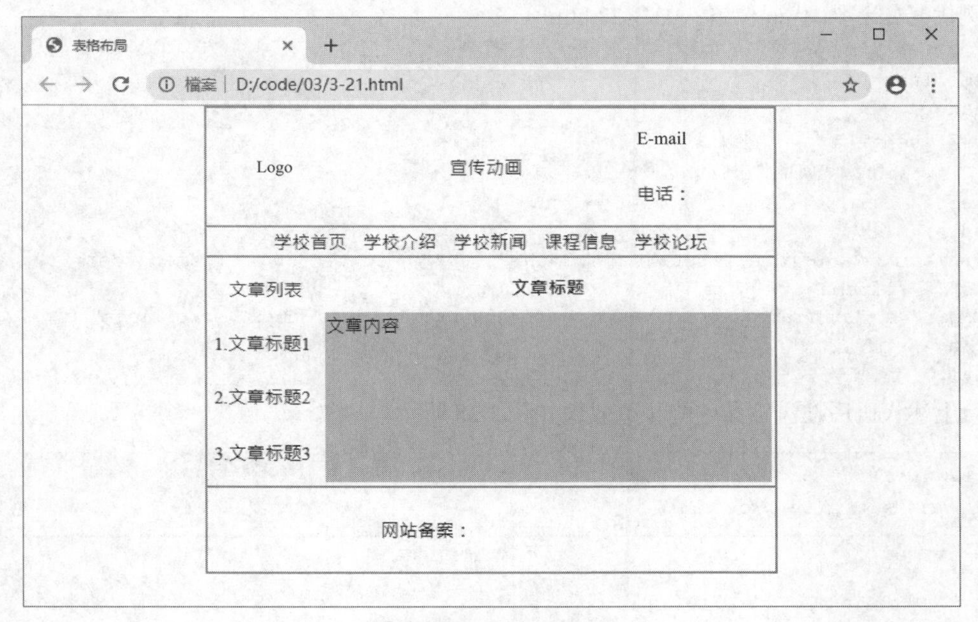

图 3.27　表格的嵌套布局

可以看出，只要先把表格的结构与多个表格的嵌套关系理顺，然后逐步设置不同单元格的高度和宽度实现表格的嵌套布局。表格布局具有结构相对稳定、简单通用的优点，所以表格布局仅适用于页面中数据规整的局部布局。

但是使用嵌套表格布局页面，HTML 层次结构复杂，代码量非常大，并且 HTML 结构的语义化差，所以页面的整体布局一般采用主流的 DIV+CSS 布局，这将在后面进行详细讲解。

3.4　<iframe>框架

框架是 HTML 早期的应用技术，但目前还有部分网站在使用。使用框架技术具有以下好处。

（1）在同一个浏览器窗口显示多个页面。使用框架能有机地把多个页面组合在一起，但各个页面间相互独立。

（2）可以实现页面复用，例如，为了保证统一的网站风格，网站每个页面的底部和顶部一般相同。因此，可以利用框架技术，将网站的顶部或底部单独作为一个页面，方便其他页面复用。

（3）实现典型的“目录结构”，即左侧目录，右侧内容，当用户单击左侧窗口的目录时，在右侧窗口中显示具体内容，如后台管理、产品介绍等网页都是这样的页面结构。

内嵌框架（<iframe>）的主要作用是使页面中的部分内容用框架实现，一般用于在页面中引用站外的页面内容，使用比较方便、灵活。

3.4.1 <iframe>的用法

<iframe>的语法格式如下。

```
<iframe src="引用页面地址" name="框架标识名" frameborder="边框" scrolling="是否出现滚动条"></iframe>
```

实例代码如下。（代码位置：03/3-22.html）

```
<!DOCTYPE html>
<html lang="en">
<head>
<meta charset="UTF-8" / >
  <title>iframe 简单使用</title>
</head>
<body>
<iframe src="subframe/first.html" width="500px" height="350px" frameborder="1" scrolling="no" ></iframe>
<iframe src="subframe/second.html" width="500px" height="350px" scrolling="no" ></iframe>
</body>
</html>
```

执行上述代码后在浏览器中的预览效果如图 3.28 所示。

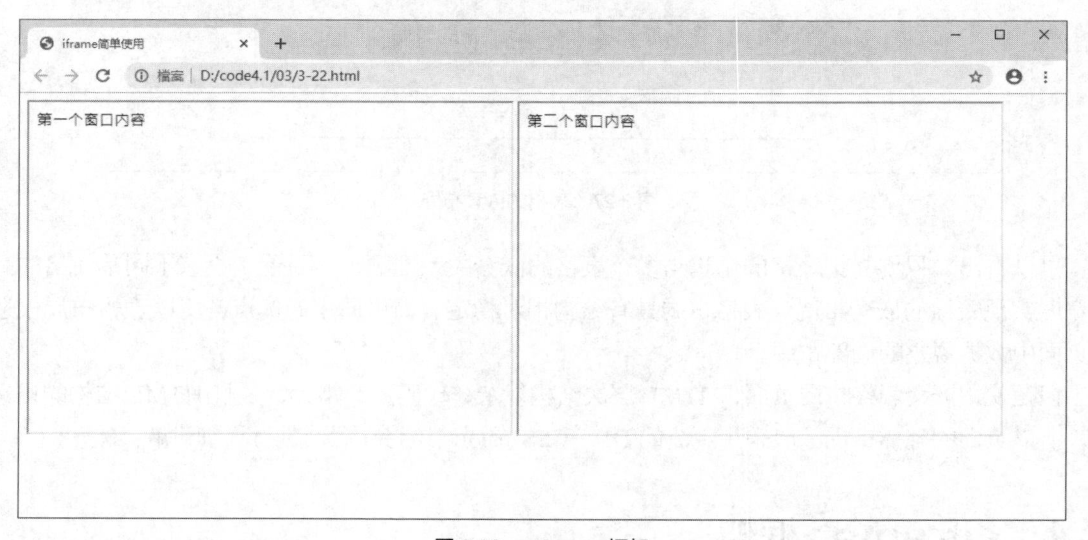

图 3.28 <iframe>框架

3.4.2 设置<iframe>常用属性

<iframe>内嵌框架的常用属性包括 frameborder、name、scrolling、width 和 height，如表 3.6 所示。

表 3.6　　框架<iframe>的常用属性

属性名	作用	举例
frameborder	是否显示框架周围的边框	frameborder="1"
name	框架标识名	name="mainFrame"
scrolling	是否显示滚动条	scrolling="no"
width	框架的宽度	width=400
height	框架的高度	height=400

实例代码如下。（代码位置：03/3-23.html）

```
<!DOCTYPE html>
<html lang="en">
<head>
<meta charset="UTF-8" / >
  <title>iframe 常用属性</title>
</head>
<body>
      <h1>导航条</h1>
      <p><a href="subframe/first.html" target="mainFrame">下边显示第一页</a><br /><br />
      <a href="subframe/second.html" target="mainFrame">下边显示第二页</a><br /><br />
      <a href="subframe/third.html" target="mainFrame">下边显示第三页</a><br />
      </p>
      <iframe name="mainFrame" width="800px" height="150px" scrolling="yes" noresize=
"noresize"  src="subframe/second.html" />
</body>
</html>
```

执行上述代码后在浏览器中的预览效果如图 3.29 所示。

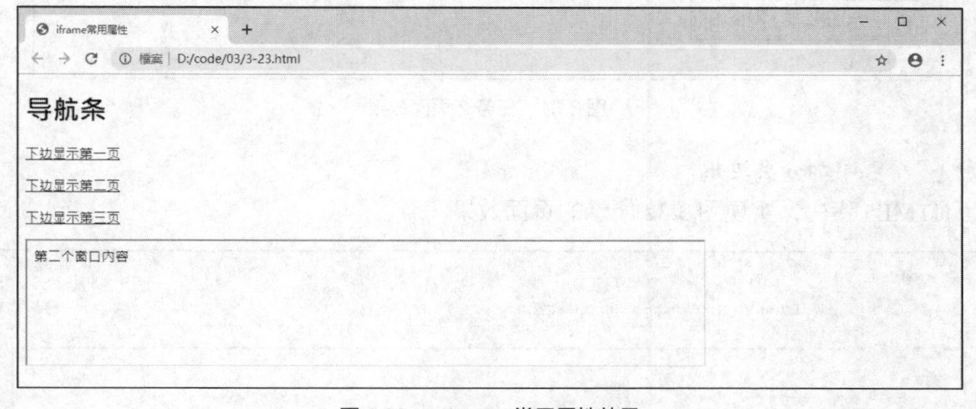

图 3.29　<iframe>常用属性效果

3.5　实践指导

1.　实践要求

（1）掌握表格的基本结构，熟悉表格标签的使用。

（2）会使用表格标签属性修饰美化表格。

（3）了解表单的基本形式，掌握表单元素的使用方法。

（4）会使用<iframe>实现页面重用。

2. 实践任务

任务 1　使用表格嵌套和表格内的标签

编写 HTML5 代码，实现图 3.30 所示的页面效果。

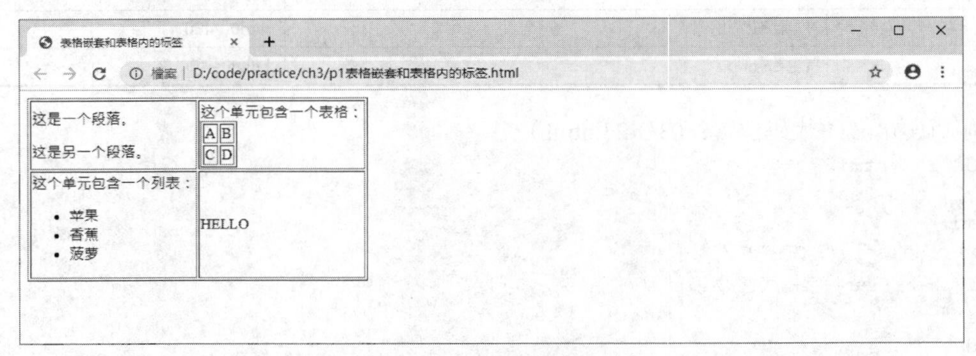

图 3.30　任务 1 页面效果

任务 2　使用跨多行多列的表格

编写 HTML5 代码，实现图 3.31 所示的页面效果。

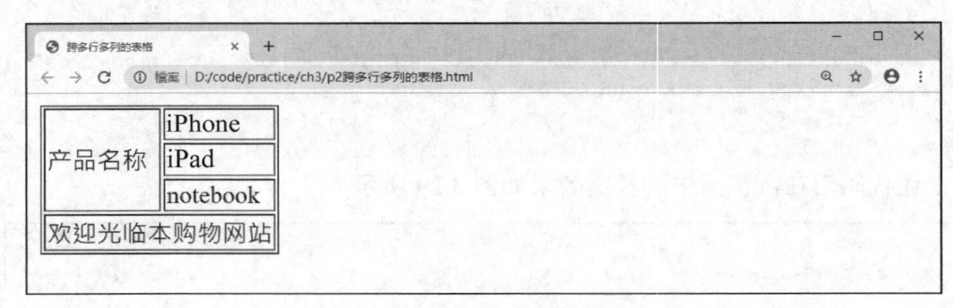

图 3.31　任务 2 页面效果

任务 3　给表单加分类边框

编写 HTML5 代码，实现图 3.32 所示的页面效果。

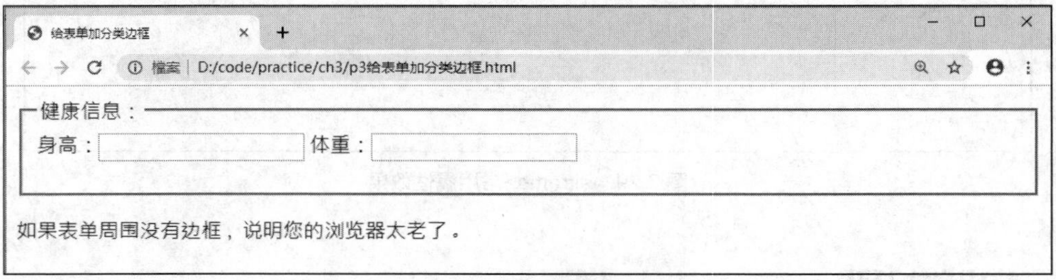

给表单加分类边框
D:/code/practice/ch3/p3给表单加分类边框.html
健康信息：
身高：　体重：
如果表单周围没有边框，说明您的浏览器太老了。

图 3.32　任务 3 页面效果

任务 4　注册表单布局

编写 HTML5 代码，实现图 3.33 所示的页面效果。

任务 5　使用<iframe>标签

编写 HTML5 代码，实现图 3.34 所示的页面效果。

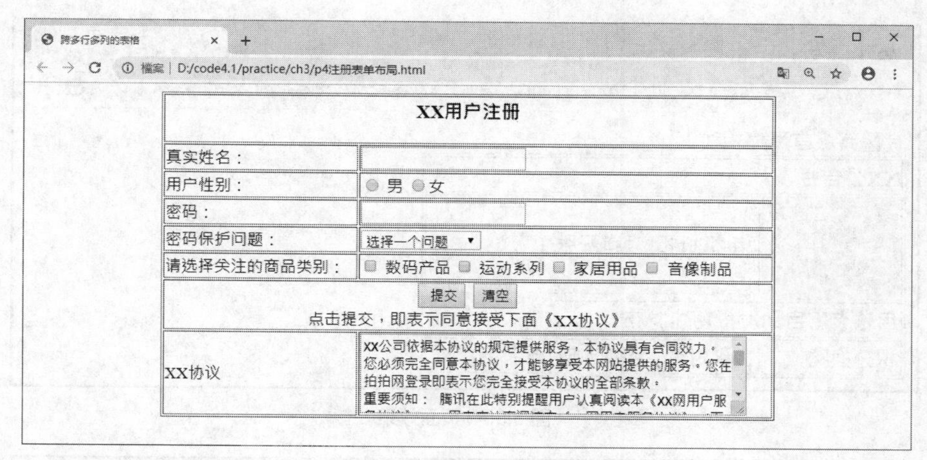

图 3.33　任务 4 页面效果

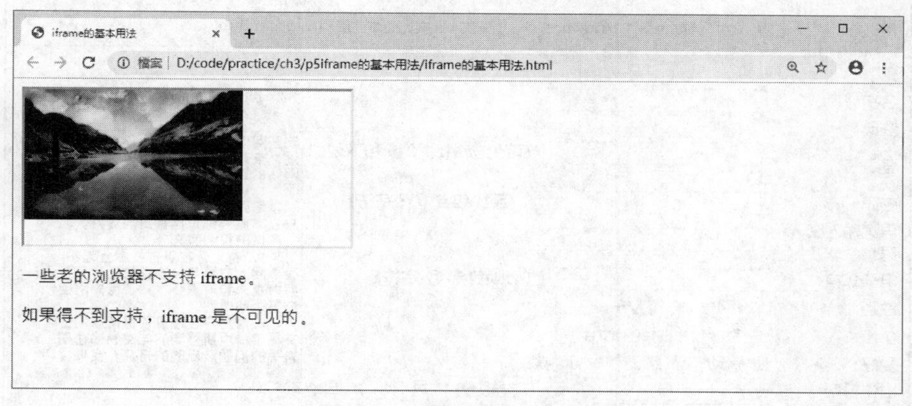

图 3.34　任务 5 页面效果

小结

（1）超链接标签<a>用于建立页面间的导航链接，链接可分为页面间链接、锚链接、功能性链接。

（2）表单<form>的常用属性包括 action 和 method。大部分的表单元素使用<input>标签表示，通过设置属性 type 的值来实现。属性 type 的取值类型如下。

① 文本框、密码框、隐藏域。

② 提交按钮、重置按钮、普通按钮、图片提交按钮。

③ 单选按钮、复选框。

（3）表单的高级用法是设置表单元素的只读、禁用、隐藏状态。

拓展训练

1. 编写 HTML5 代码，实现图 3.35 所示的页面效果。
2. 使用所学的表单标签相关知识，制作商城网站注册页，实现图 3.36 所示的页面效果。
3. 编写 HTML5 代码，实现图 3.37 所示的页面效果。

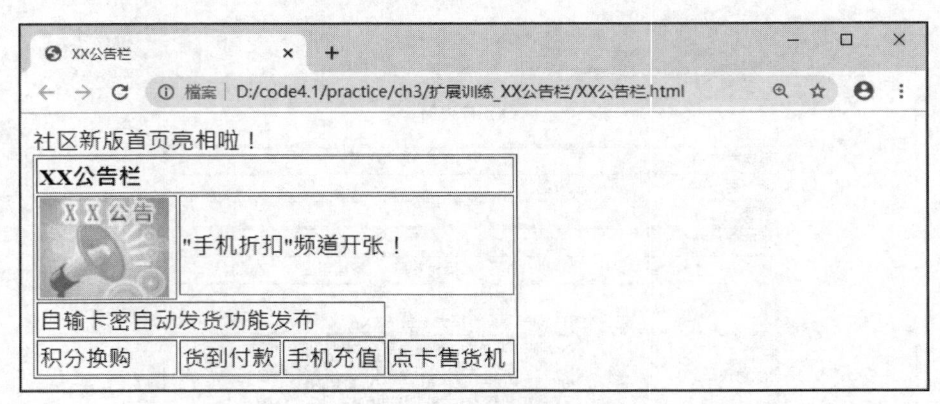

图 3.35　页面效果

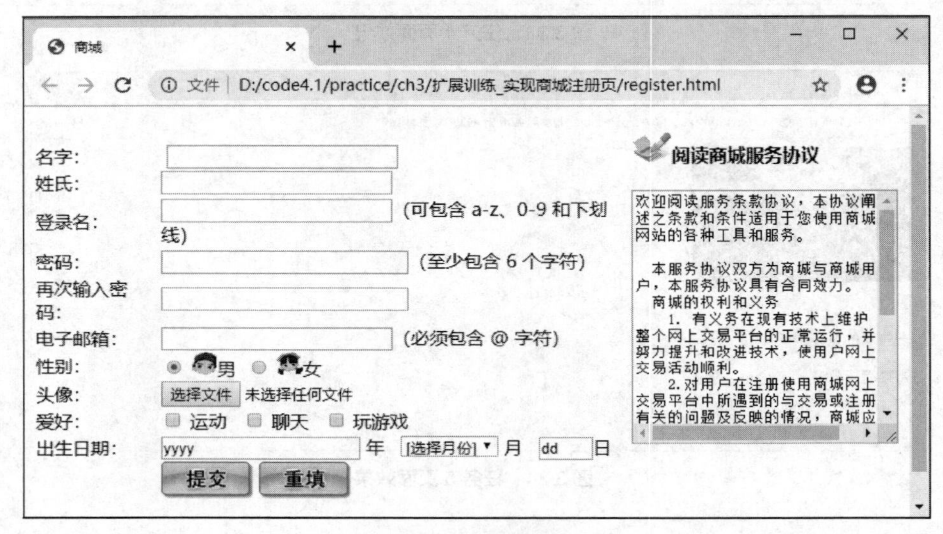

图 3.36　页面效果

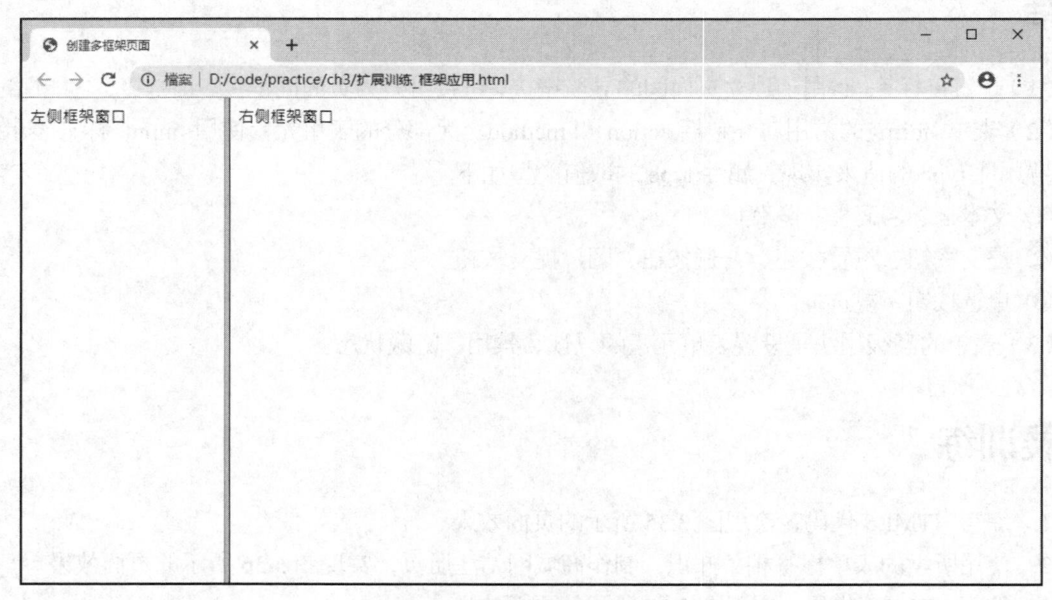

图 3.37　页面效果

4. 编写 HTML5 代码，实现图 3.38 和图 3.39 所示的页面效果。

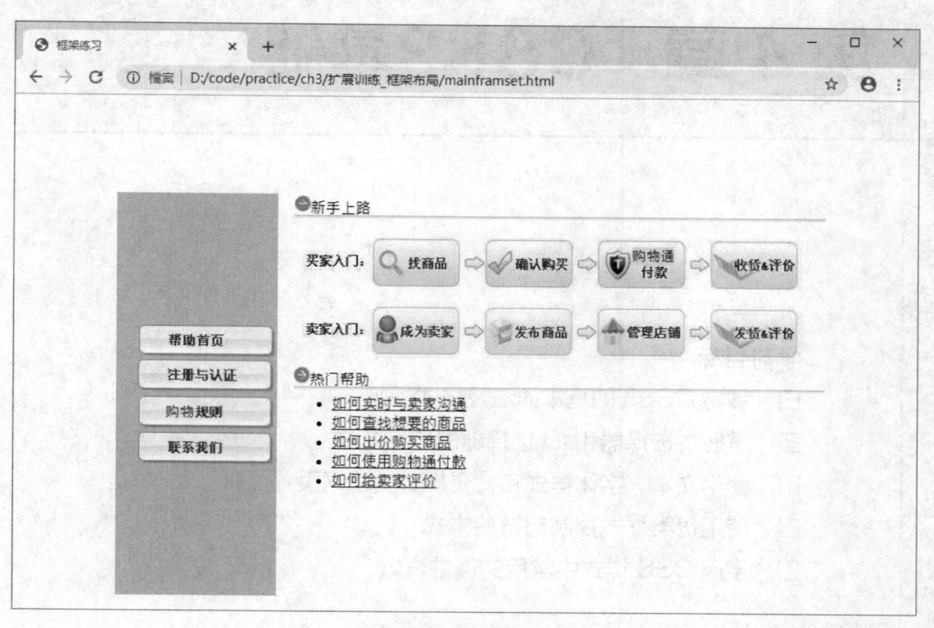

图 3.38　页面效果

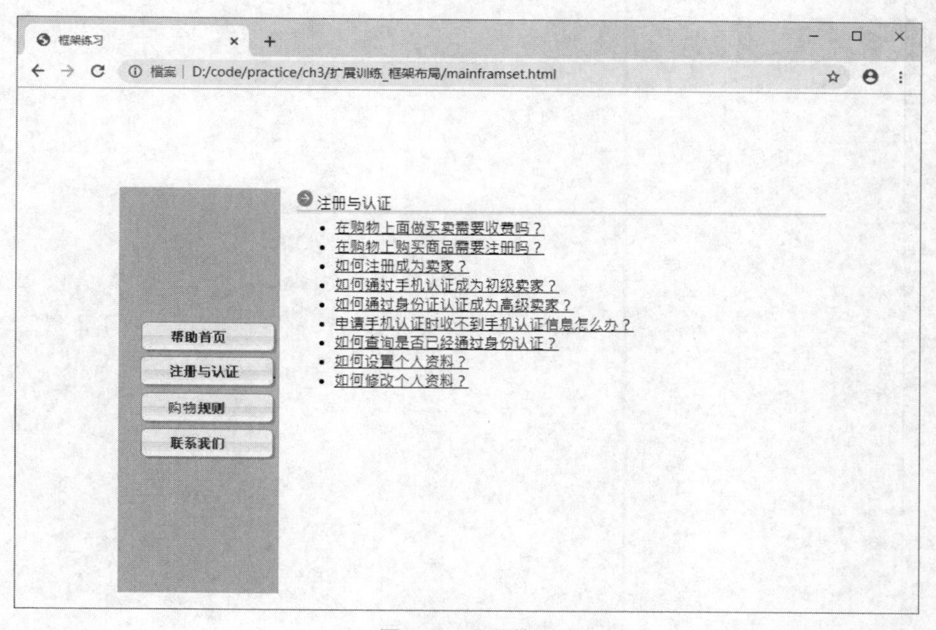

图 3.39　页面效果

04

第 4 章　CSS3基础

学习目标

☐ 掌握 CSS3 的基本语法及样式规则

☐ 掌握类选择器和 ID 选择器的定义方式

☐ 使用文本、字体样式和背景样式美化网页

☐ 使用伪类样式控制超链接样式

☐ 掌握 CSS 样式中常用的属性设置

4.1 CSS3 简介

W3C 提倡的 Web 页面结构是内容和样式分离，其中 XHTML 负责组织内容结构，CSS 负责表现样式，前面我们学会了如何使用 HTML5 标签组织内容结构，并要求结构具有语义化，本章将介绍使用 CSS3 的好处以及基本语法、文本、背景等常见的样式修饰，重点是理解内容和样式分离的思想，掌握 CSS3 的基本语法和各类常用的修饰。

CSS3 主要用于设置 HTML5 页面中的文本内容（字体、大小、对齐方式等）、图片的外形（宽高、边框样式、边距等）以及版面的布局等外观显示样式，解决了网页界面排版的问题。

相较 CSS 而言，CSS3 提供了更加丰富的样式规范，如列表、模块、超链接、语言模块、背景和边框、颜色、文字特效、多栏布局、动画等。

HTML5 的标签主要用于定义网页的内容（Content），而 CSS3 则侧重于网页内容如何显示（Layout）。借助 CSS3 的强大功能，网页设计人员就可以把丰富多彩的网页设计出来。

CSS3 的优点如下。

（1）实现内容和样式的分离，利于程序员开发：样式美化可以由美工人员负责，而软件开发人员主要负责页面内容的开发，如图 4.1 所示。

（2）实现样式复用，提高开发效率：同一网站的多个页面可以共用同一个样式表，提高了网站的开发效率，同时也方便对网站的更新和维护。如果需要更新页面外观，则修改页面的样式表文件即可。

（3）实现页面的精确控制：和带有样式的 HTML5 标签相比，CSS3 具有强大的样式控制能力和排版能力。CSS3 包含文本（含字体）、背景、列表、超链接、外边距等丰富的各类样式，可以实现各种复杂、精美的页面效果。

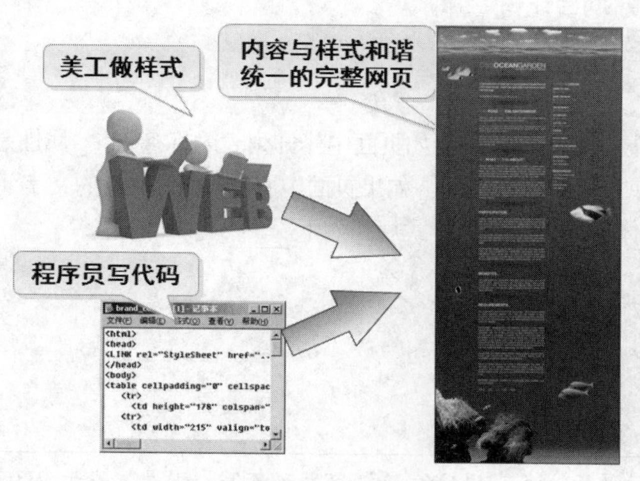

图 4.1 使用 CSS3 实现内容和样式分离

（4）便于搜索引擎的搜索：与同时包含内容和样式的 Web 页面相比，内容和样式分离后，减少了 Web 页面的代码量，使 Web 页面的内容结构清晰，提高了搜索引擎搜索 Web 页面的效率。因此，W3C 不推荐使用带样式的 HTML5 标签，以及 HTML5 标签中含有样式属性。图 4.2 所示为使用 CSS3 样式前后的效果对比。

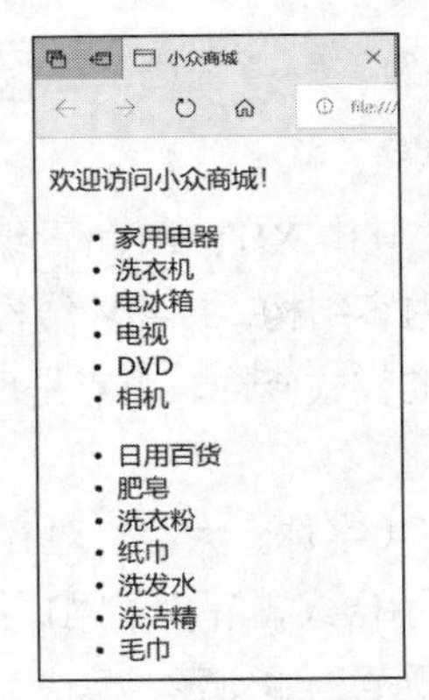

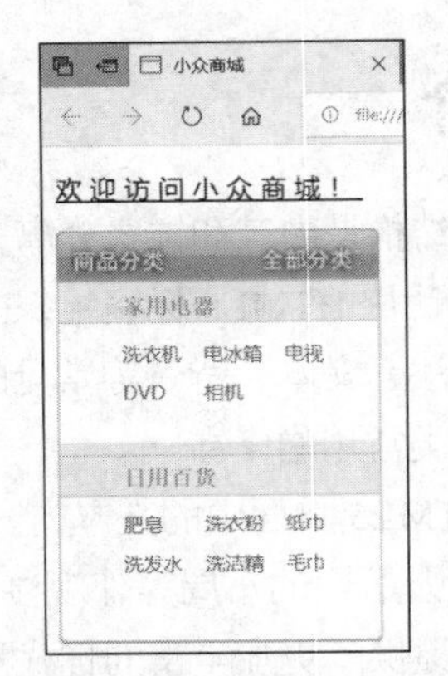

图 4.2　使用 CSS3 样式前后的效果对比

CSS3 样式常用的两大用途是页面内容（元素）修饰和页面布局。下面先介绍 CSS3 基本语法，再介绍 CSS3 的常用属性，页面布局将在下一章讲解。

4.2　CSS3 基本语法

样式表由样式规则组成，这些规则告诉浏览器如何显示页面内容。

4.2.1　CSS3 基本结构

CSS3 一般用<style>标签来声明样式规则，其基本语法格式如下。

```
<style type="text/css">
        选择器{
                对象的属性 1：属性值 1;
                对象的属性 2：属性值 2;
                }
</style>
```

其中选择器表示被修饰的对象，例如页面中修饰列表的标签<li>。属性是希望改变的样式，例如颜色 color。属性和属性值用冒号隔开。如果页面中所有的标签<li>的文字颜色为红色，字体大小为 30px，字体类型为宋体，那么对应的样式规则如下。

```
<style type="text/css">
   li{ color:red;
           font-size:30px;
           font-family:宋体;
   }
</style>
```

注意

CSS3 的最后一条声明后的“;”可写可不写，但是，基于 W3C 标准规范考虑，建议在最后一条声明的结束写上“;”。

4.2.2　在 HTML5 中引入 CSS3 样式表

1. 行内样式表

行内样式表就是任何 HTML5 标签都拥有<style>标签，用来设置行内样式，其基本语法格式如下所示。

```
<标签名 style="属性 1:属性值 1; 属性 2:属性值 2; 属性 3:属性值 3;">
        内容
</标签名>
```

下面通过实例来实现行内样式表的语法规则。

```
<h1 style="color:red;">style 属性的应用</h1>
<p style="font-size:14px; color:green;">直接在 HTML 标签中设置的样式</p>
```

2. 内嵌样式表

内嵌样式表是将 CSS3 代码集中写在 HTML5 文档的<head>标签中，并且用<style>标签定义，这样做方便在同页面中修改样式，但不利于在多页面间共享复用代码及维护，对内容与样式的分离也不够彻底。其基本语法格式如下。

```
<style>
      选择器 {属性 1:属性值 1; 属性 2:属性值 2; 属性 3:属性值 3;}
</style>
```

下面通过实例来实现内嵌样式表的语法规则。

```
<style>
        h1{color: green; }
</style>
```

3. 外部样式表

在 HTML5 中引入外部样式表有两种方式，分别是链入式和导入式。

（1）链入式。

链入式是将所有的样式放在一个或多个以.css 为扩展名的外部样式表文件中，通过<link>标签将外部样式表文件链接到 HTML5 文档中，其基本语法格式如下。

```
<link href="CSS 文件的路径" type="text/css" rel="stylesheet" />
```

<link>标签需要放在<head>标签中，并且指定<link>标签的 3 个属性，具体如下。

① href：定义所链接外部样式表文件的 URL，可以是相对路径，也可以是绝对路径。

② type：定义所链接的文档类型，“text/css”表示链接的外部文件为 CSS 样式表。

③ rel：定义当前文档与被链接文档之间的关系，在这里需要指定为 stylesheet，表示被链接的文档是一个样式表文件。

实例代码如下。（代码位置：04/4-1.html）

```
<!DOCTYPE html>
<html lang="en">
<head>
  <meta charset="UTF-8">
<title>链接外部样式表</title>
<link href="css/common.css" rel="stylesheet" type="text/css" />
</head>
<body>
  <h1>再别康桥</h1>
  <p >轻轻的我走了，正如我轻轻的来；</p>
  <p >我轻轻的招手，作别西边的云彩。</p>
</body>
```

```
</html>
```

执行上述代码后在浏览器中的预览效果如图 4.3 所示。

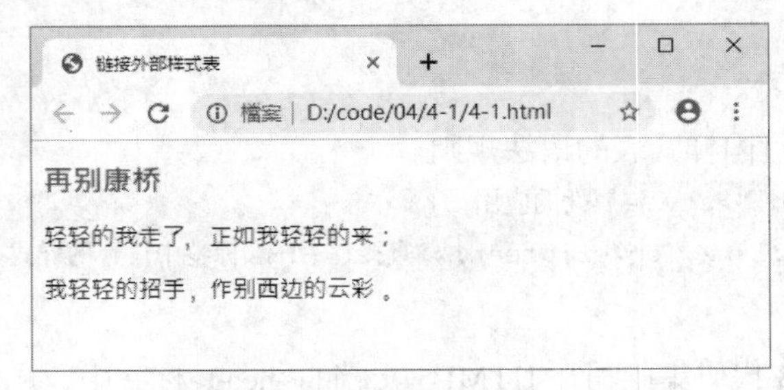

图 4.3　链入式效果

（2）导入式。

导入式就是在 HTML5 中使用@import 导入外部样式表，其基本语法格式如下。

```
<head>
……
<style type="text/css">
<!--
@import url("CSS 文件的路径");
-->
</style>
</head>
```

实例代码如下。（代码位置：04/4-2.html）

```
<!DOCTYPE html>
<html lang="en">
<head>
    <meta charset="UTF-8"/>
    <title>导入外部样式表</title>
    <style >
        @import url("css/common.css");
    </style>
</head>
<body>
    <h1>再别康桥</h1>
    <p >轻轻的我走了，正如我轻轻的来；</p>
    <p >我轻轻的招手，作别西边的云彩。</p>
</body>
</html>
```

执行上述代码后在浏览器中的预览效果如图 4.4 所示。

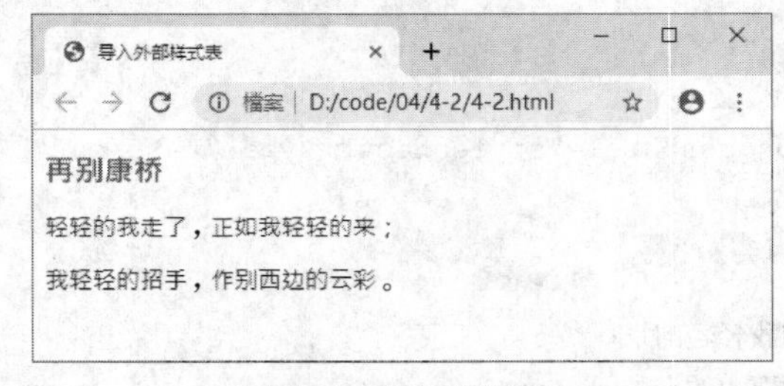

图 4.4　导入式效果

链入式和导入式本质上都是为了加载 CSS3 文件，但是存在细微的差别。<link>标签属于 XHTML，@import 属于 CSS2.1。使用<link>标签链接的 CSS3 文件先加载到网页当中，再进行编译显示；使用@import 导入的 CSS3 文件，客户端显示 HTML5 结构，再把 CSS3 文件加载到网页当中。@import 是 CSS2.1 特有的，对不兼容 CSS2.1 的浏览器是无效的。

4. 样式优先级

对于页面中的某个元素，CSS3 允许同时应用多类样式（即叠加），页面元素最终的样式即为多类样式的叠加效果，但存在一个问题：当同时应用上述 3 类样式表时，页面元素将同时继承这些样式，这时样式之间如果有冲突，应继承哪种样式？即存在样式优先级的问题。CSS3 中规定的优先级规则：行内样式表>内嵌样式表>外部样式表，即“就近原则”。

实例代码如下。（代码位置：04/4-3.html）

```
<!DOCTYPE html>
<html lang="en">
<head>
<meta charset="UTF-8" / >
 <title>样式优先级</title>
        <style>
  .nav ul li a:link{color:blue;}
 </style>
 <link rel="stylesheet" href="css/layout.css" type="text/css"  />

</head>
<body>
<div class="nav">
  <ul>
   <li><a href="#">家用电器</a></li>
   <li><a href="#">手机数码</a></li>
   <li><a href="#" style="color:red;font-size:10px;">日用百货</a></li>
  </ul>
</div>   <!--nav  end-->
</body>
</html>
```

本例的“日用百货”，同时应用了外部样式表、内嵌样式表和行内样式表，这 3 类样式表在字体颜色（color）、字号（font-size）方面定义的规则有冲突，因为行内样式表距离被修饰对象<a>最近，所以最终的样式以行内样式表定义的为准。执行上述代码后在浏览器中的预览效果如图 4.5 所示。

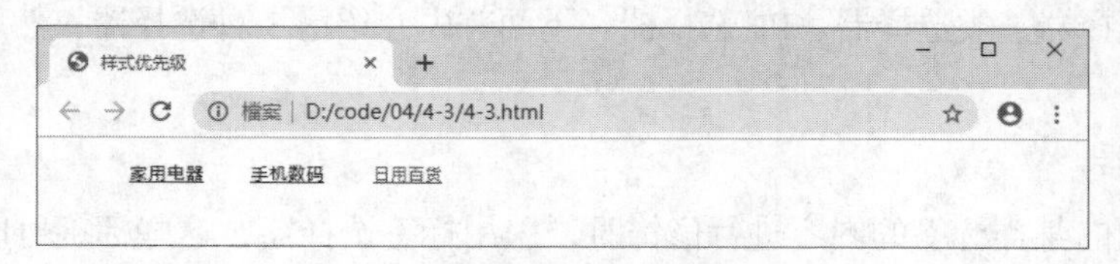

图 4.5　样式优先级效果

同理，从选择器角度考虑，当某个元素同时应用标签选择器、ID 选择器、类选择器定义的样式时，也存在样式优先级的问题。CSS3 中规定的优先级规则：ID 选择器>类选择器>标签选择器。如果在<div>、</div>标签内同时使用了 ID 选择器（#nav_id）、类选择器（.nav）、标签选择器（div），仔细比较各类选择器定义的样式规则，发现背景色定义有冲突，那么最终的背景色以 ID 选择器定义的

#ccc（灰色）为准，而对于其他不冲突的样式规则，则将全部应用到被修饰对象<div>上。

实例代码如下。（代码位置：04/4-4.html）

```
<!DOCTYPE html>
<html lang="en">
<head>
<meta charset="UTF-8" / >
<title>同级元素的优先级：id>class>标签</title>
<style>
  #nav_id{width:300px;
      background:#ccc;}
  .nav{height:100px;
      background:red;}
  div{border:5px solid green;
      background:blue;}
</style>
</head>
<body>
<div class="nav" id="nav_id">
  <ul>
     <li><a href="#">购物车</a></li>
  </ul>
</div>
</body>
</html>
```

执行上述代码后在浏览器中的预览效果如图 4.6 所示。

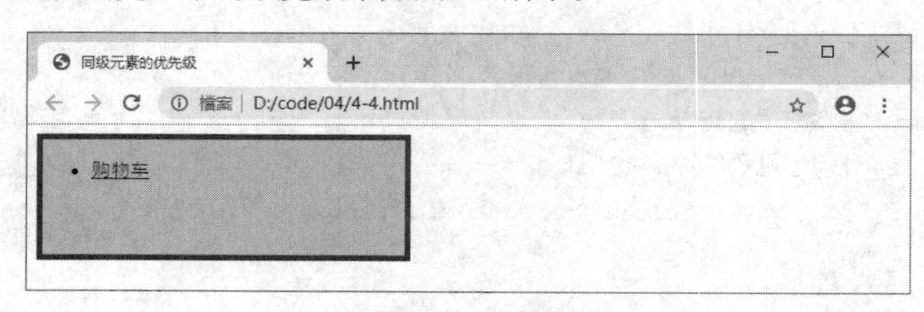

图 4.6　预览效果

4.2.3　CSS3 基本选择器

CSS3 选择器的作用就是从 HTML5 页面中找出特定的某类元素。根据选择器所修饰的内容类别，选择器分为标签选择器、类选择器、ID 选择器。下面首先介绍这 3 种选择器，然后介绍一些常用的 CSS 选择器。

1. 标签选择器

当需要对页面内某类标签的内容进行修饰时，采用标签选择器，这些标签可以是前面学过的所有 HTML5 标签，将 HTML5 标签作为标签选择器的名称，如<h1>…<h6>、<p>、<img>，语法格式如下。

```
标签名{属性名 1：属性值 1;
      属性名 2：属性值 2;
      …
      }
```

实现页面中的所有项目列表项（<li>）的样式：字体大小为 28px、红色、宋体。

实例代码如下。（代码位置：04/4-5.html）

```
<!DOCTYPE html>
<html lang="en">
<head>
<meta charset="UTF-8" / >
<title>标签选择器</title>
 <style>
    li{color:red;font-size:28px;font-family:宋体; }
 </style>
</head>
<body>
    <div>
        <ul>
            <li>服装城</li>
            <li>食品</li>
            <li>团购</li>
        </ul>
    </div>
</body>
</html>
```

执行上述代码后在浏览器中的预览效果如图 4.7 所示。

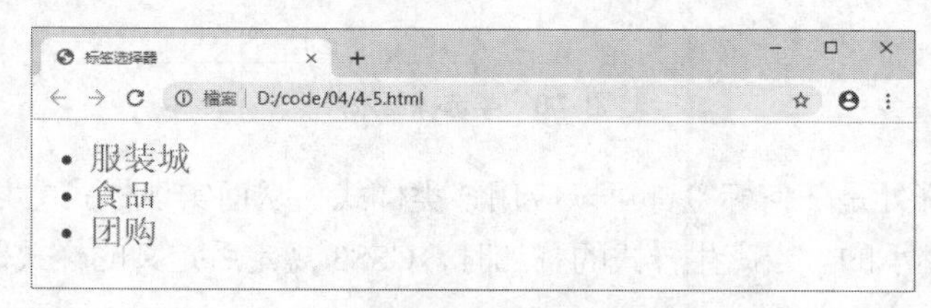

图 4.7　标签选择器效果

2. 类选择器

使用类选择器可以把相同的元素分类定义为不同的样式。先定义样式，然后应用样式。其基本语法格式如下。

```
.类名{属性名 1：属性值 1;
属性名 2：属性值 2;
...
}
```

当应用样式时使用标签的 class 属性引用类样式，其基本语法格式如下。

```
<标签名 class="类名">标签内容</标签名>
```

定义时类名前有个点号（.），应用样式时则不需要点号。

实例代码如下。（代码位置：04/4-6.html）

```
<!DOCTYPE html>
<html lang="en">
<head>
<meta charset="UTF-8" / >
```

```
<title>类选择器</title>
<style>
  li{color:red;font-size:26px;font-family:宋体; }
  .blue{color:blue;}
</style>
</head>
<body>
    <div>
        <ul>
            <li class="blue">服装城</li>
            <li>食品</li>
            <li class="blue">团购</li>
        </ul>
    </div>
</body>
</html>
```

执行上述代码后在浏览器中的预览效果如图 4.8 所示。

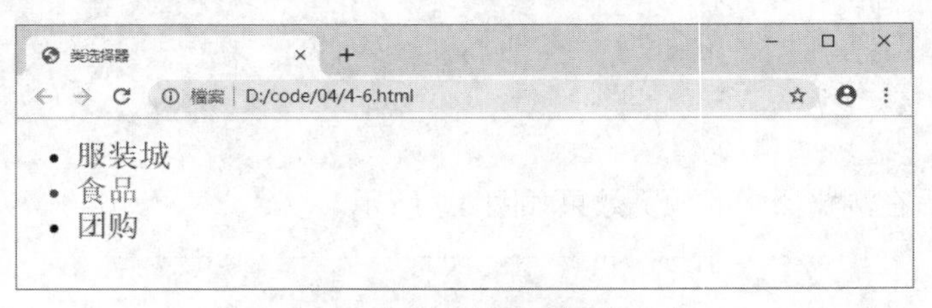

图 4.8　类选择器效果

定义类选择器的好处是任何标签都可以应用该类样式，从而实现样式的共享和代码复用，需要注意，样式是叠加和继承的。当产生样式的叠加时，CSS3 规定后定义的样式覆盖前面定义的样式。

3. ID 选择器

ID 标识类似我们的身份证，ID 标识作为 HTML5 元素的唯一标识，要求页面内不能有重复的 ID 标识。对应的 ID 选择器一般用于修饰对应 ID 标识的 HTML5 元素内容，常和<div>标签配合使用，表示修饰对应 ID 标识的某个 div 区块。定义 ID 选择器样式，基本语法格式如下。

```
#ID 标识名{属性名 1：属性值 1;
属性名 2：属性值 2;
…
}
```

需要注意，定义 ID 选择器时有个“#”，但给 HTML5 标签设置 ID 属性时不需要。ID 选择器用于修饰某个指定的页面区块，这些样式是对应 ID 标识的 HTML5 标签所独占的；而类选择器是定义某类样式让多个 HTML5 标签共享，这些样式是可以共享和代码复用的。

实例代码如下。（代码位置：04/4-7.html）

```
<!DOCTYPE html>
<html lang="en">
<head>
<meta charset="UTF-8" / >
<title>ID 选择器</title>
 <style>
   #emphasis{font:bold 18px 宋体;}
```

```
    </style>
</head>
<body>
    <div id="emphasis">
        <ul>
            <li>服装城</li>
            <li>食品</li>
            <li>团购</li>
        </ul>
    </div>
    <div>
        <ul>
            <li>服装城</li>
            <li>食品</li>
            <li>团购</li>
        </ul>
    </div>
</body>
</html>
```

执行上述代码后在浏览器中的预览效果如图 4.9 所示。

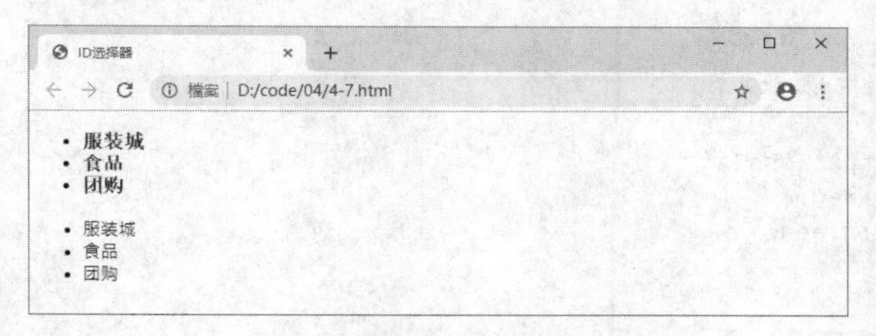

图 4.9　ID 选择器效果

（1）标签选择器直接应用于 HTML5 标签，类选择器可在页面中多次使用，而 ID 选择器在同一个页面中只能使用一次。

（2）基本选择器的优先级顺序是 ID 选择器>类选择器>标签选择器。

（3）标签选择器不遵循“就近原则”，无论是哪种方式引入 CSS3 样式，一般遵循 ID 选择器>类选择器>标签选择器的优先级规则。

4. 常用的 CSS 选择器

除了上面介绍的 3 种基本选择器，还有一些常用的 CSS 选择器，如表 4.1 所示。

表 4.1　常用的 CSS 选择器

选择器	代码	示例代码	说明
通用选择器	*	*{}	选择所有元素
属性选择器	[<条件>]	[href]{}、[attr="val"]{}	根据属性选择元素
并集选择器	<选择器>,<选择器>	em,strong{}	同时匹配多个选择器，取多个选择器的并集
后代选择器	<选择器> <选择器>	.asideNav li {}	先匹配第二个选择器的元素，并且属于第一个选择器内

续表

选择器	代码	示例代码	说明
子代选择器	<选择器> > <选择器>	ul>li{}	匹配第二个选择器，并且为第一个选择器的元素的后代
兄弟选择器	<选择器>+ <选择器>	p+a{}	匹配紧跟第一个选择器并匹配第二个选择器的元素，如紧跟 p 元素后的 a 元素
伪选择器	::<伪元素> 或 :<伪类>	p::first-line{}、a:hover{}	伪选择器不是直接对应 HTML 中定义的元素，而是向选择器增加特殊的效果

4.2.4 CSS 层叠性、继承性和重要性

1. CSS 层叠性

CSS 层叠性是指当有相同权重的样式存在时，会根据这些 CSS 样式的前后顺序来决定，处于最后面的 CSS 样式会被应用。

实例代码如下。（代码位置：04/4-8.html）

```
<!DOCTYPE html>
<html lang="en">
<head>
    <meta charset="UTF-8"/>
    <title>层叠性</title>
</head>
<style type="text/css">
      p{color:red;}
      p{color:green;}
</style>
<body>
<p>小红是一个胆小如鼠的女孩。</p>
</body>
</html>
```

上述代码首先设置<p>、</p>标签中文字为红色，然后设置<p>、</p>标签中文字为绿色，最后“小红是一个胆小如鼠的女孩。”应显示为绿色。执行上述代码后在浏览器中的预览效果如图 4.10 所示。

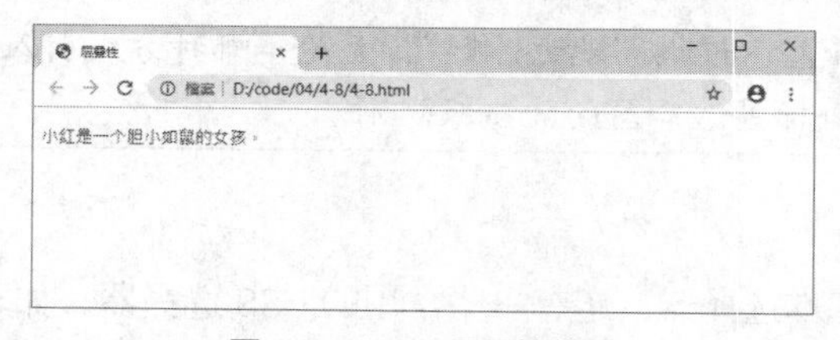

图 4.10　CSS 层叠性效果

2. CSS 继承性

CSS 的继承性是指具有继承性的 CSS 样式可以被应用于某个特定 HTML 标签及其后代。

实例代码如下。（代码位置：04/4-9.html）

```
<!DOCTYPE html>
<html lang="en">
<head>
    <meta http-equiv="Content-Type" content="text/html; charset=UTF-8"/>
    <title>CSS 继承性</title>
```

```
</head>

<style type="text/css">
      p{color:pink;}
</style>

<body>
<p>小红是一个<span>胆小如鼠</span>的女孩。</p>
</body>
</html>
```

上述代码中“小红是一个胆小如鼠的女孩”应显示为粉色，“胆小如鼠”4 个字也为粉色的原因是<p>标签的颜色设置被它的后代<span>标签继承了。执行上述代码后在浏览器中的预览效果如图 4.11 所示。

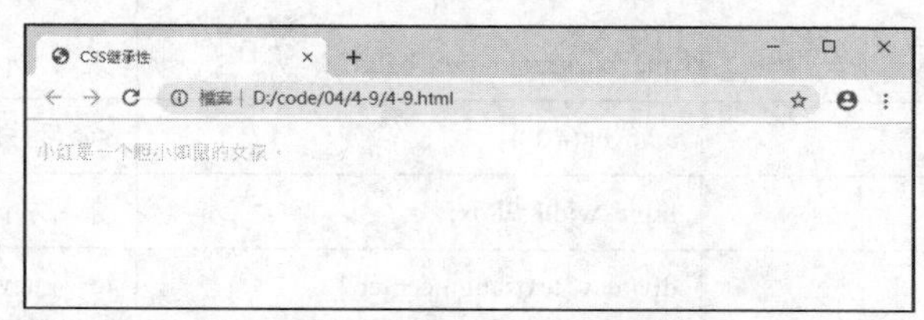

图 4.11　CSS 继承性效果

3. CSS 重要性

CSS 重要性是指在同一组属性设置中标有“!important”的样式优先级最大，将会覆盖其他属性设置。

实例代码如下。（代码位置：04/4-10.html）

```
<!DOCTYPE html>
<html lang="en">
<head>
    <meta http-equiv="Content-Type" content="text/html; charset=UTF-8"/>
    <title>CSS 重要性</title>
</head>

<style type="text/css">
      p{color:red!important;}
      p{color:green;}
</style>

<body>
<p>小红是一个胆小如鼠的女孩。</p>
</body>
</html>
```

上述代码“小红是一个胆小如鼠的女孩。”应显示为红色。执行上述代码后在浏览器中的预览效果如图 4.12 所示。

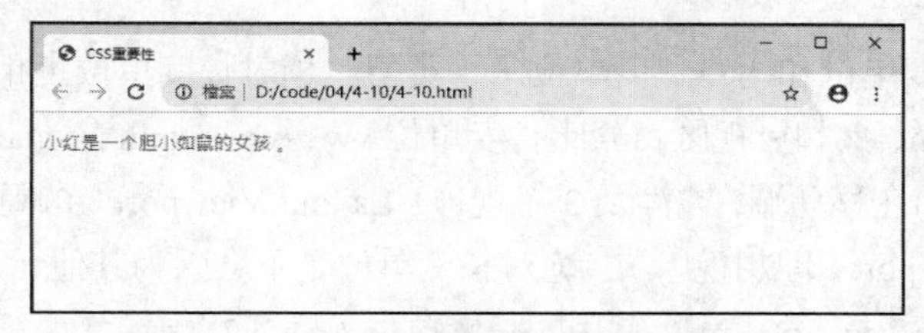

图 4.12　CSS 重要性效果

4.2.5 多选择器的常用符号及组合

通过前面的学习我们用到了各种 CSS 选择器相关的常用符号，并且可以相互组合，多选择器的常用符号及组合如表 4.2 所示。

表 4.2　　多选择器的常用符号及组合

	符号	说明	示例	含义
基本符号		空格	div ul{list-style:none;}	<div>内的<ul>元素样式
	,	逗号	div,ul{text-align:center;}	<div>和<ul>元素采用相同样式
	#	id 标识符	#nav{width:100%;}	id 为 nav 的元素样式
	.	类标识符	.pic{background:url(bg.gif);}	类名为 pic 的元素样式
	:	冒号	a:hover{#ff0;}	<a>标签的 hover 伪类样式
组合符号	li.	标签+类	li.pic{width:28px;}	类名为 pic 的<li>标签样式
	div #	标签+id	div#nav{text-align:center;}	id 为 nav 的<div>标签样式
	# .	id+空格+类	#nav .pic{border:1px;}	id 为 nav 元素内的 pic 类样式
	# . ,	id+空格+类+逗号	#nav .pic,#nav .text{height:26px;}	id 为 nav 元素内的 pic 和 text 类都采用相同样式

4.3 CSS 的常用属性

在介绍 CSS 的属性之前，我们先了解<span>标签。<span>标签用于对文档中的行内元素进行组合，简单来说，就是让需要凸显的文字更加醒目。该标签没有固定的格式表现。当对它应用样式时，它才会产生视觉上的变化。如果不对<span>应用样式，那么<span>元素中的文本与其他文本不会有任何视觉上的差异。<span>标签提供了一种将文本的一部分或者文档的一部分独立出来的方式。具体示例如下。

```
<p>我的母亲有 <span style="color:blue">蓝色</span> 的眼睛。</p>
```

下面将介绍 CSS3 中常用的样式属性，如属性单位、字体属性、文本属性、背景属性、列表的常用属性、超链接伪类样式等。

4.3.1 CSS 的属性单位

CSS3 的属性包含长度单位和颜色单位。

1. 长度单位

长度单位有相对长度单位和绝对长度单位两种类型。相对长度单位指相对于另一长度的长度，主要有 em、ex、ch、rem、%和可视区百分比长度单位 vw、vh、vmin、vmax，在桌面端，视口指的是浏览器的可视区域；而在移动端，它涉及 3 个视口：Layout Viewport（布局视口），Visual Viewport（视觉视口），Ideal Viewport（理想视口）。绝对长度单位是不会因为其他元素的尺寸变化而变化的，主要有 cm、mm、Q、in、pc、pt、px。常用的长度单位如表 4.3 所示。

表 4.3　　常用的长度单位

长度单位	简介	示例	长度单位类型
em	相对于当前对象内字符“M”的宽度	div{font-size:1.2em}	相对长度单位
ex	相对于当前对象内字符“x”的高度	div{font-size:1.2ex}	相对长度单位
px	像素（Pixel）。像素是相对于显示器屏幕分辨率而言的	div{font-size:12px}	相对长度单位
pt	点（Point）。1pt=1/72in	div{font-size:12pt}	绝对长度单位
in	英寸（Inch）。1in=2.54cm=25.4mm=72pt=6pc	div{font-size:0.13in}	绝对长度单位
cm	厘米（Centimeter）	div{font-size:0.33cm}	绝对长度单位
mm	毫米（Millimeter）	div{font-size:3.3mm}	绝对长度单位
rem	HTML 元素字体大小，这是 CSS3 新增的字体长度单位	div{font-size:14px; font-size:1.4rem}	相对长度单位
vw	1vw 等于视口宽度的 1%	.left { width: 50vw}	相对长度单位
vh	1vh 等于视口高度的 1%	.left { height: 20vh}	相对长度单位
vmin	选取 vw 和 vh 中最小的那个	h1 {font-size: 8vm; font-size: 8vmin}	相对长度单位
vmax	选取 vw 和 vh 中最大的那个	h1 {font-size: 8vm; font-size: 8vmax}	相对长度单位
%	以百分比为单位的长度值是基于具有相同属性的父元素的长度值	hr{ width: 80% }	相对长度单位

2. 颜色单位

（1）用十六进制数方式表示颜色值。

在 HTML 中，要使用 RGB 概念指定颜色时，使用一个“#”号，加上 6 个十六进制的数字表示，表示方法为：#RRGGBB。

（2）用 rgb()函数方式表示颜色值。

在 CSS3 中，可以用 rgb()函数设置出所要的颜色。语法格式为：rgb(R,G,B)。实例代码如下。

```
div { color: rgb(132,20,180) }
```

（3）用 rgba()函数方式表示颜色值。

CSS3 中的颜色支持 Alpha 透明通道，于是就有了 rgba 颜色，a 表示透明度，表示范围是 0～1，0 表示完全透明，1 表示实色无透明。如果使用小数，前面的 0 可以省略，节约一个字符大小。语法格式为：rgba(R,G,B,m)，m 为 0～1 的数，表示透明度。实例代码如下。

```
div{color: rgba(255,0,0,.7)}
```

（4）用 hsl()函数方式表示颜色值。

hsl()函数是 CSS3 才出现的颜色表现格式，和 rgb 分别表示 Red、Green、Blue 一样，hsl 颜色 3 个字母也有自己的含义，其中，h 表示 Hue，是色调的意思，取值为 0～360；s 表示 Saturation，饱和度的意思，用 0～100%表示，值越大，饱和度越高，颜色越亮。语法格式为：hsl(颜色(色轮值),饱和度，亮度)。实例代码如下。

```
div{color: hsl(120,50%,50%)}
```

（5）用颜色名称方式表示颜色值。

CSS3 提供了用颜色名称表示颜色的功能。实例代码如下。

```
div {color: red }
```

4.3.2　字体属性

字体属性用于设置字体的外观，包括字体、字号等，常用的字体属性如表 4.4 所示。

表 4.4 常用的字体属性

CSS 字体属性	功能	值
font-family	设置文本字体	文字字体取值可以为 Arial、宋体等多种字体
font-size	文字字号	small、medium、large 等，或直接指定字号大小
font-style	文字样式	normal 为正常的字体，italic 为斜体……
font-weight	文字加粗	normal 为正常的字体，bold 为粗体，lighter 为细体，100，200……
font	文字样式简写设置	选择器{font: font-style || font-weight || font-size ||line-height || font-family;}

实例代码如下。（代码位置：04/4-11.html）

```
<!DOCTYPE html>
<html lang="en">
    <head>
    <meta charset="UTF-8" / >
        <title>文字属性设置</title>
        <style type="text/css">
                    /*文字属性设置*/
            h3{font-family:隶书;font-weight:bolder;color:green;margin:auto}
            p{font-size:14px;font-style:italic;color:#8B008B;font-weight:bold}
            </style>
    </head>
    <body>
        <div>
        <h3>再别康桥</h3>
        <p>
            轻轻的我走了，正如我轻轻的来；<br>
            我轻轻的招手，作别西边的云彩。<br>
        </p>
        </div>
    </body>
</html>
```

执行上述代码后在浏览器中的预览效果如图 4.13 所示。

图 4.13 设置字体属性效果图

CSS3 未发布时，程序员必须使用计算机上安装好的字体，但在 CSS3 中，程序员可以使用他们喜欢的任意字体。自定义的字体是通过 CSS3 的@font-face 模块嵌入网页中的，这就使程序员能使用计算机未安装的字体。@font-face 的语法格式如下。

```
@font-face {
      font-family: <YourWebFontName>;
         src: <source> [<format>][,<source> [<format>]]*;
          [font-weight: <weight>];
```

```
    [font-style: <style>];
}
```

语法说明如下。

YourWebFontName：自定义的字体名称，最好是使用下载的默认字体（下载下来的叫什么字体，这里就填什么字体名）。

source：此值指的是自定义的字体的存放路径，可以是相对路径，也可以是绝对路径。

format：此值指的是自定义的字体的格式，主要用来帮助浏览器识别，其值主要有 truetype、opentype、truetype-aat、embedded-opentype、svg 等类型。

4.3.3　文本属性

文本属性主要用来对网页中的文字进行控制，如控制文字的大小、类型、样式、颜色以及对齐方式等，从而使页面中的文本达到我们想要的外观。常用的文本属性如表 4.5 所示。

表 4.5　常用的文本属性

文本属性	功能	取值方式
text-indent	实现文本首行缩进	长度（length），可以用绝对单位（cm、px）；百分比（%）
text-align	设置文本的对齐方式	left：左对齐；center：居中对齐；right：右对齐；justify：两端对齐
line-height	设置行高	数字或百分比，具体可参考文本缩进的取值方式
word-spacing	文字间隔，用来修改段落中文字之间的距离	用于增加或者减少单词间的空白。默认值为 0。值可以为负数，为正数时，文字间的间隔会增加，反之会减少
letter-spacing	字母间隔，控制字母或字符之间的间隔	取值与文字间间隔类似
text-transform	文本转换，主要是对文本中字母大小写的转换	none：不转换，默认值；uppercase：将整个文本变为大写；lowercase：将整个文本变为小写；capital：首字母大写
text-decoration	文本修饰，修饰强调段落中一些主要的文字	none（没有修饰，即正常文本默认值）、underline（下画线）、overline（上画线）、line-through（删除线）和 blink（闪烁）
white-space	空白符处理	normal（常规，默认值）、pre（预格式化）、nowrap（合并所有空白符为一个空白符）
text-overflow	标示对象内溢出文本	clip（修剪溢出文本）、ellipsis（标示被修剪文本）

实例代码如下。（代码位置：04/4-12.html）

```
<!DOCTYPE html>
<html lang="en">
    <head>
    <meta charset="UTF-8" / >
        <title>文本属性设置</title>
        <style type="text/css">
                p{line-height:40px;word-spacing:4px; text-indent:30px
                ;text-decoration:underline;text-transform:lowercase;margin:auto}
        </style>
    </head>
    <body>
        <div>
        <h3>再别康桥</h3>
        <p>
                轻轻的我走了，正如我轻轻的来；
```

```
                我轻轻的招手，作别西边的云彩。
            </p>
            </div>
        </body>
</html>
```

执行上述代码后在浏览器中的预览效果如图 4.14 所示。

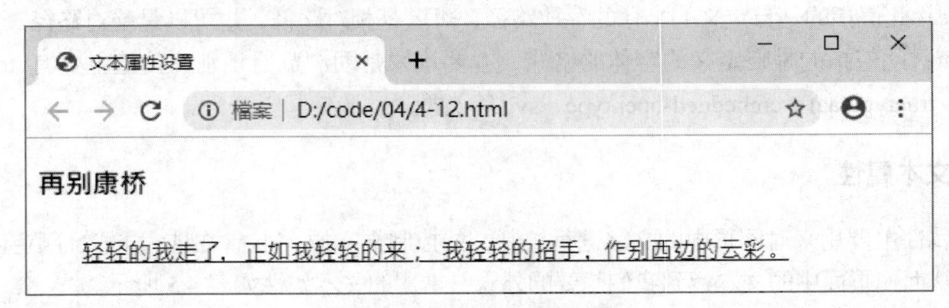

图 4.14　常用的文本属性效果

在 CSS3 中，文字阴影的 text-shadow 属性可以给 Web 页面上的文字添加阴影效果，因此可以替换掉一些烦琐的图片，从而实现多种效果的样式。其基本语法格式如下。

```
选择器{text-shadow: h-shadow v-shadow blur color;}
```

其中，h-shadow 是水平阴影距离，v-shadow 是垂直阴影距离，blur 是模糊半径，color 是模糊颜色。实例代码如下。（代码位置：04/4-13.html）

```
<!DOCTYPE html>
<html lang="en">
<head>
    <meta charset="UTF-8"/>
<title>文本阴影</title>
<style type="text/css">
    h2{  font-size: 18px;  text-shadow: blue 10px 10px 2px;  }
</style>
</head>
<body>
    <h2>再别康桥</h2>
     <p >轻轻的我走了，正如我轻轻的来；</p>
     <p >我轻轻的招手，作别西边的云彩。</p>
</body>
</html>
```

执行上述代码后在浏览器中的预览效果如图 4.15 所示。

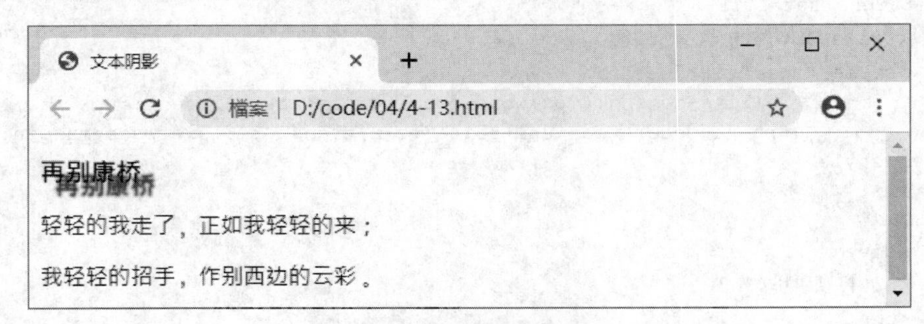

图 4.15　文字阴影效果

4.3.4 背景属性

背景属性包括背景颜色、背景图像以及背景图像以何种方式平铺在指定的区域内。常用的背景属性如表 4.6 所示。

表 4.6 常用的背景属性

背景属性	功能	取值方式
background-color	设置对象的背景颜色	属性的值为有效的色彩数值
background-image	设置背景图像	可以通过 URL 指定值来设定绝对或相对路径，指定网页的背景图像，例如，background-image:url（图像路径）
background-repeat	背景平铺，设置指定背景图像的平铺方式	repeat：背景图像平铺（有横向和纵向两种取值，repeat-x 为图像横向平铺，repeat-y 为图像纵向平铺。norepeat：不平铺
background-attachment	背景附加	scroll：背景图像是随内容滚动的。fixed：背景图像固定，即内容滚动而图像不动
background-position	背景位置，确定背景的水平和垂直位置	该属性可取 Xpos 和 Ypos，单位是 px，分别表示水平位置和垂直位置。还可以使用百分比表示背景的位置，即 X%和 Y% 。可以用 X、Y 方向关键词来表示，水平方向的关键词有左对齐（left）、右对齐（right）和水平居中（center），垂直方向的关键词有顶部（top）、底部（bottom）和垂直居中（center）
background	该属性是复合属性，即上面几个属性的随意组合，它用于设定对象的背景样式	该属性实际上对应上面几个具体属性的取值，如 background:url（xxx.jpg）就等价于 background-image:url（xxx.jpg）
background-size	规定背景图像的尺寸	auto（默认值，使用背景图像保持原样），percentage（当使用百分值时，不是相对于背景的尺寸大小来计算的，而是相对于元素宽度来计算的），cover（整个背景图像放大填充整个元素），contain（让背景图像保持本身的宽高比例，将背景图像缩放到宽度或者高度正好适应所定义背景的区域）

实例代码如下。（代码位置：04/4-14.html）

```
<!DOCTYPE html>
<html lang="en">
    <head>
    <meta charset="UTF-8" / >
        <title>CSS 属性演示</title>
        <style type="text/css">
            /*文本属性设置*/
            p{line-height:40px;word-spacing:4px;
                ;text-decoration:none;text-transform:lowercase;margin:auto}
            /*文字属性设置*/
            h3{font-family:隶书;font-weight:bolder;color:green;margin:auto}
            p{font-size:14px;font-style:italic;color:#8B008B;font-weight:bold}
            /*背景属性设置*/
            body{background:url(images/background.jpg);background-repeat:repeat-x}
        </style>
    </head>
    <body>
        <div>
        <h3>再别康桥</h3>
        <p>
            轻轻的我走了，正如我轻轻的来；<br>
```

```
            我轻轻的招手，作别西边的云彩。<br>
        </p>
        </div>
    </body>
</html>
```

执行上述代码后在浏览器中的预览效果如图 4.16 所示。

图 4.16　常用的背景属性效果

4.3.5　列表的常用属性

常见的各类商品分类列表或导航菜单一般使用<ul>-<li>结构实现，如图 4.17 所示。和实际应用的导航菜单（图）相比，样式方面不美观。下面通过设置列表属性实现图 4.18 所示效果。

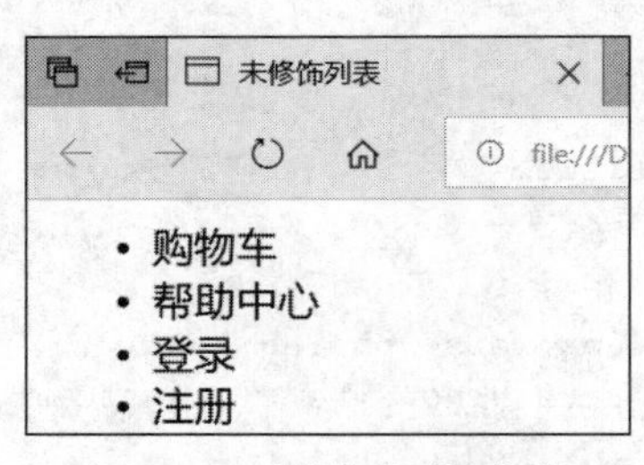

图 4.17　未修饰的导航菜单

1. list-style 属性

list-style 属性用于定义列表项的各类风格，常用的属性值如表 4.7 所示。

表 4.7　列表项常用属性值

属性值	方式	语法	示例
none	无风格	list-style:none;	刷牙 洗脸
disc	实心圆（<ul>默认类型）	list-style:disc;	● 刷牙 ● 洗脸

续表

属性值	方式	语法	示例
circle	空心圆	list-style:circle;	○ 刷牙 ○ 洗脸
square	实心正方形	list-style:square;	■ 刷牙 ■ 洗脸
decimal	数字（<ol>默认类型）	list-style:decimal	1. 刷牙 2. 洗脸

2. float 属性

float 属性用于定义元素的浮动方向，所有元素都支持该属性，它可以改变块级元素默认的换行显示方式。下面的实例将纵向排列的列表项改为横向排列，设置为“float：left”表示列表项都向左浮动，从而实现该效果。

实例代码如下。（代码位置：04/4-15.html）

```
<!DOCTYPE html>
<html lang="en">
<head>
<meta charset="UTF-8" / >
<title>导航菜单列表</title>
<style>
   li{width:120px;color:red;font:24px 隶书;list-style:none;float:left;}
 </style>
</head>
<body>
<div>
    <ul>
        <li>购物车</li>
        <li>帮助中心</li>
        <li>登录</li>
        <li>注册</li>
    </ul>
</div>
</body>
</html>
```

执行上述代码后在浏览器中的预览效果如图 4.18 所示。

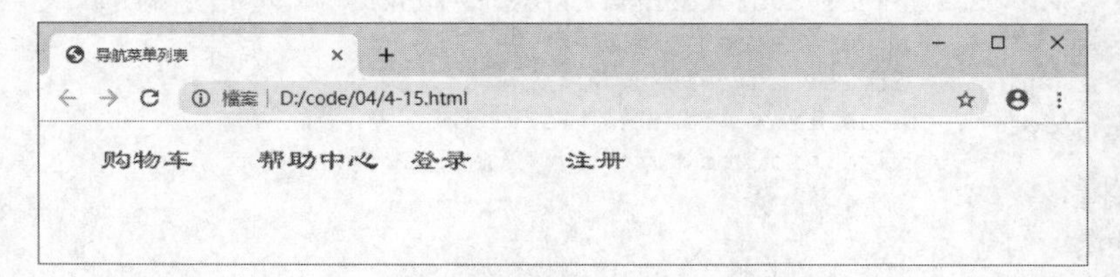

图 4.18　列表常用属性效果

4.3.6　超链接伪类样式

超链接的样式比较特殊，当为某文本或图片设置超链接时，文本或图片标签将继承超链接的默认样式，标签的默认样式将失效。

伪类就是不根据名字、属性、内容而根据标签处于某种行为或状态时的特征来修饰样式，伪类可以对用户与文档交互时的行为做出响应。伪类样式的基本语法格式如下。

```
标签名:伪类名{属性:属性值;}
```

最常用的伪类是超链接伪类，如表 4.8 所示。

表 4.8　超链接伪类

伪类	示例	含义	应用场景
a:link	a:link{color:#333}	未单击访问时的超链接样式	常用，超链接主样式
a:visited	a:visited{color:#999}	单击访问后的超链接样式	需区分是否已被访问
a:hover	a:hover {color:#ff7300}	鼠标悬浮其上的超链接样式	常用，实现动态效果
a:active	a:active {color:#999}	鼠标单击未释放的超链接样式	少用，一般与 link 一致

上述表格的 4 种状态是按照 link、visited、hover、active 的顺序进行的。

实例代码如下。（代码位置：04/4-16.html）

```
<!DOCTYPE html>
<html lang="en">
<head>
    <meta charset="UTF-8" / >
    <title>选项卡容器</title>
    <style type="text/css">
    *{margin:0px;  padding:0px;}
    h3{text-align:center;}
    #all{width:400px;    height:180px;
          margin:0px auto;      padding:10px;
          line-height:1.8em;    font-size:12px;
          background-color:#eee;    border:1px solid #000;}
          a{text-decoration:none;  position:relative;
                color:#00f;  font-size:12px;}
                .content{display:none;}
                a:hover{cursor:hand;       background:#fff;}
                a:hover .content,a#aa:link .content,a#aa:visited .content{
                     color:#f00;            display:block;
                     position:absolute;           top:25px;
                     width:350px;               height:150px;
                     text-decoration:none;   color:#000;
                     background-color:#ffc;           border:1px dashed #fc6;}
                     a#bb:hover .content{left:-30px;}
                     a#cc:hover .content{left:-60px;}
                     a:active{color:#00f;}
                     a:visited{color:#00f;}
                     a#aa:link .content{left:0px;}
                     a#aa:visited .content{left:0px;}
    </style>
    </head>
    <body>
        <h3>门户网站</h3>
        <div id="all">
              <a href="#" id="aa">新闻
                   <span class="content">这是新闻的内容 1<hr />
                      这是新闻的内容 2<hr />   这是新闻的内容 3<hr />
                   </span>
```

```
                </a>
                <a href="#" id="bb">讨论
                    <span class="content">  这是讨论的内容 1<hr />
                       这是讨论的内容 2<hr />  这是讨论的内容 3<hr />
                    </span>
                </a>
                <a href="#" id="cc">留言
                    <span class="content">  这是留言的内容 1<hr />
                       这是留言的内容 2<hr />  这是留言的内容 3<hr />
                    </span>
                </a>
            </div>
        </body>
</html>
```

执行上述代码后在浏览器中的预览效果如图 4.19 所示。

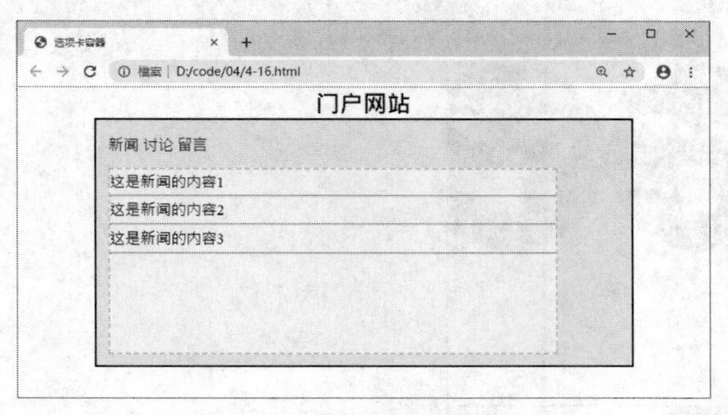

图 4.19　超链接伪类效果

在实际应用中，可以利用 CSS 样式的继承特点，先定义 4 种状态统一的样式，然后根据需要定义个别状态的样式，关键代码如下。

```
a{color:#333; }/*4 个伪类采用同一样式（含 link）*/
a:hover{color:#ff0;}/*再单独为鼠标悬浮定义特殊样式*/
/*如还有需要，则可以再写 a:visited 和 a:active*/
```

4.4　实践指导

1. 实践要求

（1）会使用类选择器和 ID 选择器。

（2）会使用文本和字体样式美化网页。

（3）会使用背景样式美化网页。

（4）会使用伪类样式控制超链接样式。

2. 实践任务

任务 1　使用 ID 选择器

使用 HTML5 编辑工具，编写 HTML5 代码，实现图 4.20 所示的页面效果。

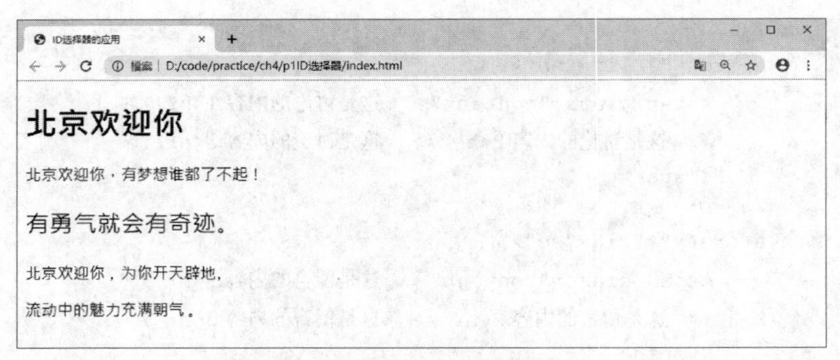

图 4.20　ID 选择器效果

任务 2　设置单一背景和重复背景

使用 CSS3 进行页面修饰，页面效果如图 4.21 所示。

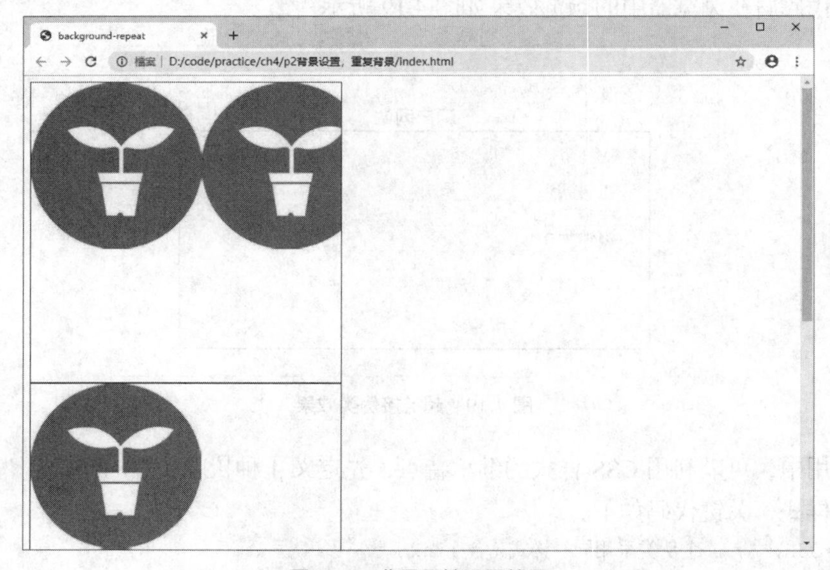

图 4.21　背景属性设置效果

任务 3　使用 CSS 进行无序列表的修饰

使用 CSS 进行无序列表的修饰，页面效果如图 4.22 所示。

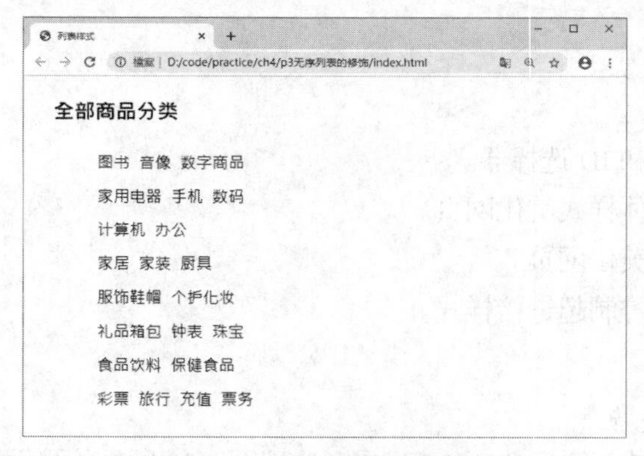

图 4.22　无序列表修饰效果

任务 4　使用超链接

使用 CSS3 进行超链接样式设置，页面效果如图 4.23 所示。

图 4.23　超链接样式效果

小结

（1）使用 CSS3 可以实现 W3C 提倡的结构和样式分离的思想。

（2）CSS3 样式规则采用选择器、属性、属性值进行描述。

（3）CSS3 中的基本选择器如下。

① 标签选择器：直接用标签名方式定义。

② 类选择器：先为标签设置属性 class="类别名"，后用.+类别名方式定义。

③ ID 选择器：先为标签设置属性 id="id 名"，后用#+类别名方式定义。

（4）样式的两大用途是页面元素修饰和布局，采用页面元素修饰的 CSS 属性包括以下 4 项。

① 文本属性。

② 字体属性。

③ 背景属性。

④ 列表属性。

（5）超链接伪类有以下 4 种。

① .a:link。

② .a:hover。

③ .a:visited。

④ .a:active。

拓展训练

1. 使用 CSS 进行页面修饰，实现图 4.24 所示效果。

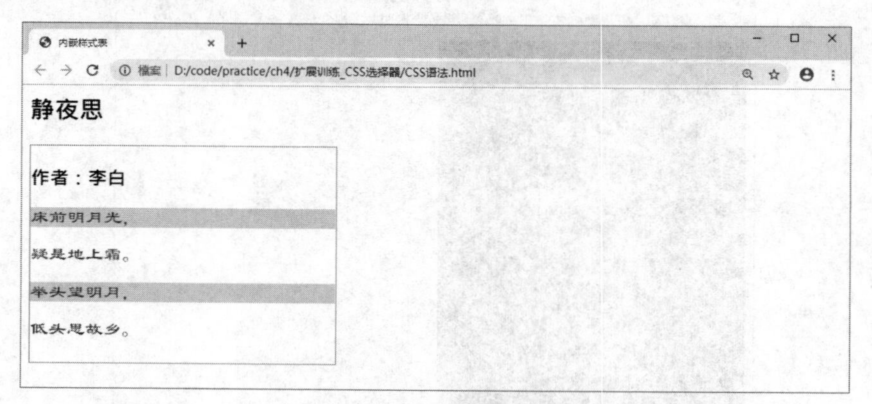

图 4.24　CSS 选择器效果

2. 使用 CSS 进行列表修饰，实现图 4.25 所示效果。

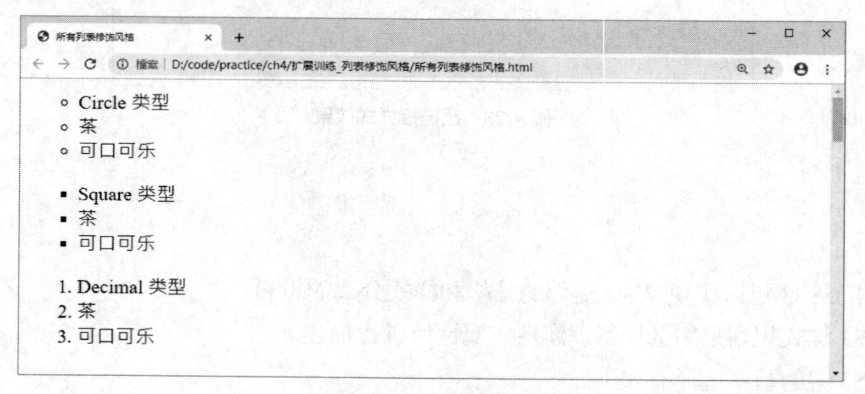

图 4.25　列表修饰效果

3. 使用 CSS 进行页面超链接样式设置，实现图 4.26 所示效果。

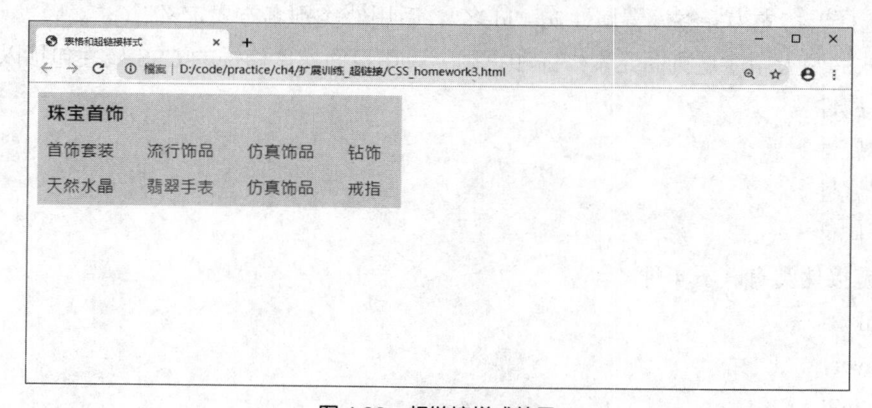

图 4.26　超链接样式效果

05 第 5 章　CSS3布局

学习目标

- ☐ 理解盒子模型相关属性并实现页面布局
- ☐ 掌握 div 标签的浮动及定位的应用
- ☐ 掌握常用的 DIV+CSS3 布局方式

5.1 盒子模型及应用

5.1.1 盒子模型

盒子模型（Box Model）是实现页面布局的基础，盒子的概念在我们的生活中并不陌生，例如礼品的包装盒。CSS3 中盒子模型的概念与此类似，将网页中元素看成盒子。盒子由外边距（margin）、边框（border）、内边距（padding）、内容（content）4 个部分组成。盒子的属性及其含义如下。

（1）外边距（margin）：位于边框外部，是边框外面周围的间隙，也可称其为“边界”。

（2）边框（border）：类似包装盒的纸壳，它一般具有一定的厚度。

（3）内边距（padding）：位于边框内部，是内容与边框的距离，对应包装盒的填充部分，也可称其为“填充”。

（4）内容（content）：位于边框中间，它呈现盒子的主要信息。

margin、border、padding 这些属性都分别对应有上（top）、下（bottom）、左（left）、右（right），如图 5.1 所示。除边框、内边距、外边距之外，还应包括元素内容本身，所以完整的盒子模型的结构如图 5.2 所示。

由此可知对于页面元素来说：

（1）元素的实际占位尺寸=元素尺寸+填充+边框；

（2）元素实际占位高度=height 属性+上下填充高度+上下边框高度；

（3）元素实际占位宽度=width 属性+左右填充高度+左右边框高度。

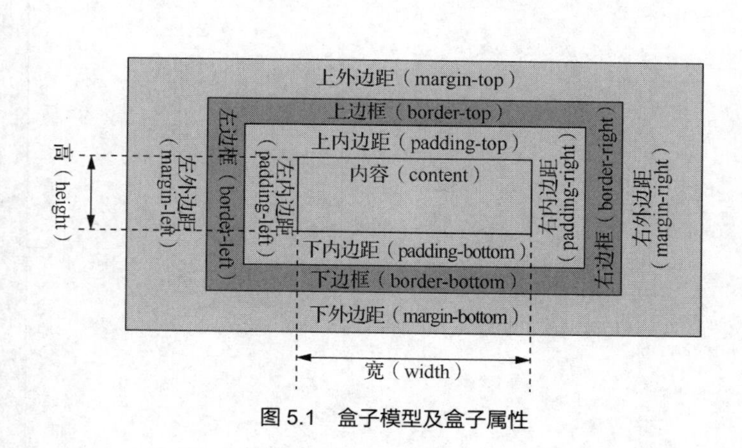

图 5.1　盒子模型及盒子属性

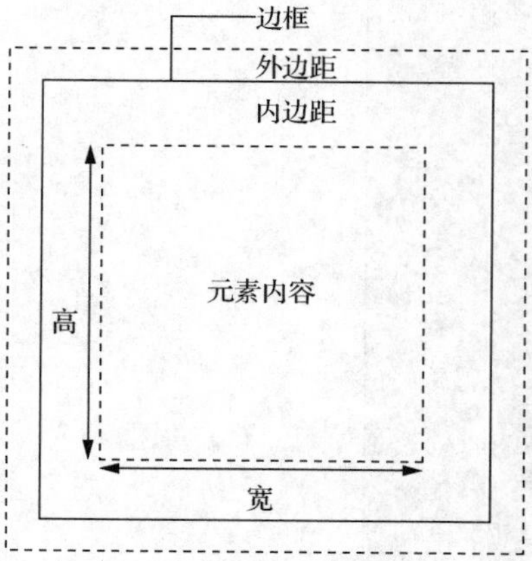

边框
外边距
内边距
元素内容
高
宽

图 5.2　盒子模型的结构

5.1.2 盒子属性

下面将具体介绍盒子模型的属性。

1. margin 设置

外边距 margin 指与其他盒子之间的距离。margin 可细分为上外边距、下外边距、左外边距、右外边距，常用的 margin 属性如表 5.1 所示。

表 5.1 **margin 的属性**

属性	含义	举例
margin-top	上外边距	margin-top:1px
margin-right	右外边距	margin-right:2px
margin-bottom	下外边距	margin-bottom:2px
margin-left	左外边距	margin-left:1px
margin	缩写形式，在一个声明中统一设置 4 个方向的外边距	1px,2px,3px,4px

（1）可以使用 margin 属性一次设置 4 个方向的属性，也可以分别设置上、下、左、右 4 个方向的属性。需要设为带单位的长度值，常用的长度单位一般是像素（px）。

（2）如果使用 margin 一次设置 4 个方向的值的时候，必须按顺时针方向（上、右、下、左），如果省略，则按上下、左右同值处理。

• margin:1px,2px,3px,4px 表示上外边距为 1px，右外边距为 2px，下外边距为 3px，左外边距为 4px。

•marin:1px,2px 等同于 1px,2px,1px,2px，表示上下外边距各为 1px，左右外边距各为 2px。

•margin:1px 等同于 1px,1px,1px,1px，表示 4 个方向都为 1px。

•特殊设置：使用 auto 设置水平位。

（3）利用 margin 属性实现某个段落的缩进以及位置的居中，语法格式如下。

```
margin: 0px auto;
```

实例代码如下。（代码位置：05/5-1.html）

```
<!DOCTYPE html>
<html lang="en">
<head>
<meta charset="UTF-8" / >
<title>margin 外边距</title>
<style type="text/css">
  .margin {
   width:500px;
   margin:30px 10px 40px 60px
   }
  .automargin {
  width:300px;
  margin:0px auto
  }

</style>
</head>
<body>
<p>没有设置外边距的普通段落。</p>
<p class="margin">带缩进的段落。外边距设置：按顺时针方向，上-右-下-左分别为：30px-10px-40px-60px。</p>
<p class="automargin">设置位置水平居中的段落，不是指里面的内容,margin:0px auto</p>
</body>
</html>
```

执行上述代码后在浏览器中的预览效果如图 5.3 所示。

2. border 设置

border 的 CSS 样式设置不仅影响盒子的尺寸，还影响盒子的外观。常用的 border 属性如表 5.2 所示。

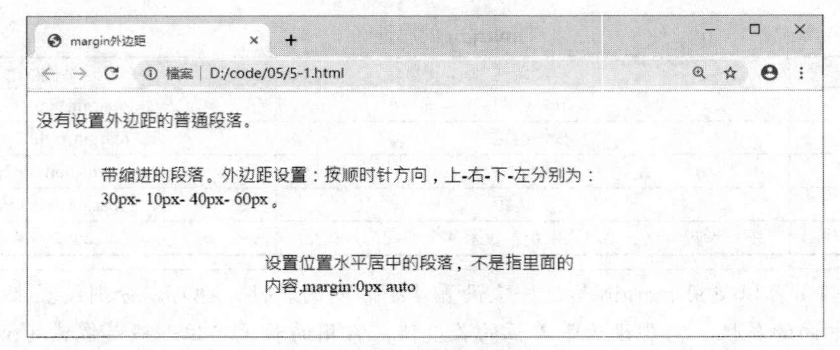

图 5.3　margin 属性效果

表 5.2　　常用的 border 属性

属性	作用	值	举例
border	缩写形式	在一个声明中统一设置 4 个方向的边框属性	border:1px solid red
border-style	边框样式	none，hidden，dotted，dashed，solid，double	border-style:solid
border-width	边框宽度	像素值，thick，medium，thin	border-width:2px
border-color	边框颜色	#RRGGBB，颜色名称	border-color:#ff00ff（4 个边框为同一种颜色），border-color:#369#000（上、下边框颜色为#369，左、右边框颜色为#000）
border-top	上边框	度量或%	border-top:5px solid
Border-right	右边框	度量或%	border-right:5px
border-bottom	下边框	度量或%	border-bottom:5px
border-left	左边框	度量或%	border-left:5pxdotted

实例代码如下。（代码位置：05/5-2.html）

```
<!DOCTYPE html>
<html lang="en">
<head>
<meta charset="UTF-8" / >
<title>边框样式设置</title>
<style type="text/css">
* {  margin: 0px;}
#all{width:420px;     height:240px;
      margin:0px auto;      background-color:#ccc;}
#a,#b,#c,#d,#e{width:160px;              height:50px;
                text-align:center;              line-height:50px;
                background-color:#eee;}
#a{width:380px;   margin:5px;
   border:1px solid #333;}
#b{border:20px solid #333;   float:left;}
#c{margin:5px;
   border-left:2px solid #fff;  border-top:4px solid red;
   border-right:6px solid #333;  border-bottom:8px solid #333;
   float:left;}
#d{margin-left:5px;   border:2px dashed #000;
   float:left;}
#e{margin-left:5px;   border:2px dotted #000;
   float:left;}
</style>
</head>
<body>
```

```
<div id="all">
    <div id="a">a 盒子</div>
    <div id="b">b 盒子（solid 类型）</div>
    <div id="c">c 盒子（分别设置）</div>
    <div id="d">d 盒子（dashed 类型）</div>
    <div id="e">e 盒子（dotted 类型）</div>
</div>
</body>
</html>
```

执行上述代码后在浏览器中的预览效果如图 5.4 所示。

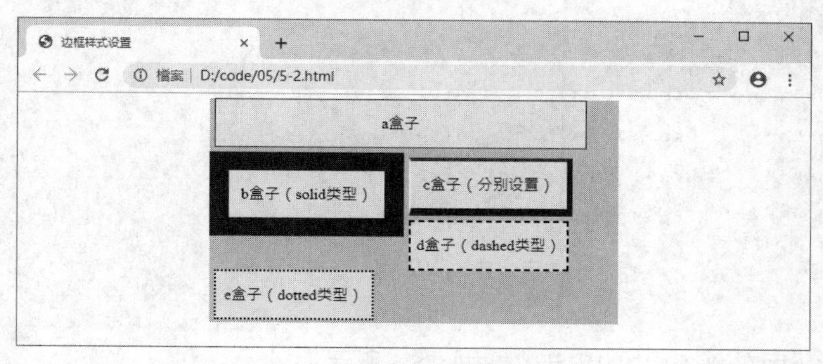

图 5.4　边框样式效果

3. padding 设置

border 确定后一般需要设置边框与内容之间的距离，以便精确控制内容在盒子中的位置。常用的 padding 属性如表 5.3 所示。

表 5.3　内边距常用属性

属性	说明	值	举例
padding	缩写形式	统一设置 4 个方向的填充属性	padding:5px 10px 20px 40px 按顺时针方向填充
padding-top	设置内容与上边框之间的距离	度量或%	padding-top:5px
padding-right	设置内容与右边框之间的距离	度量或%	padding-right:5px
padding-bottom	设置内容与下边框之间的距离	度量或%	padding-bottom:5px
padding-left	设置内容与左边框之间的距离	度量或%	padding-left:5px

实例代码如下。（代码位置：05/5-3.html）

```
<!DOCTYPE html>
<html lang="en">
<head>
<meta charset="UTF-8" / >
<title>内边距的设置</title>
<style type="text/css">
* {  margin: 0px;}
#all{width:360px;     height:260px;
     margin:0px auto;      padding:25px;
     background-color:#ccc;}
```

```
#a,#b,#c,#d{width:160px;        height:50px;
                 border:1px solid #000;
                 background-color:#eee;}
p{width:80px;  height:30px;
  padding-top:15px;  background-color:red;}
#a{padding-left:30px;}
#b{padding-top:30px;}
#c{padding-right:30px;}
#d{padding-bottom:30px;}
</style>
</head>
<body>
<div id="all">
    <div id="a">     <p>a 盒子</p>   </div>
    <div id="b">     <p>b 盒子</p>   </div>
    <div id="c">     <p>c 盒子</p>   </div>
    <div id="d">     <p>d 盒子</p>   </div>
</div>
</body>
</html>
```

执行上述代码后在浏览器中的预览效果如图 5.5 所示。

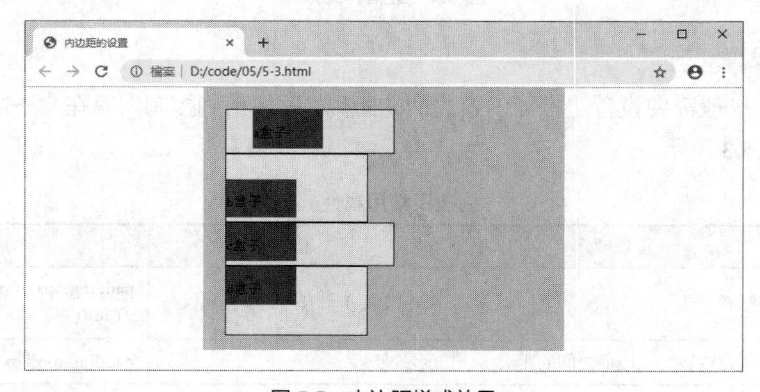

图 5.5　内边距样式效果

5.2　DIV+CSS3 布局

W3C 提倡结构和样式分离的思想，所以一般采用的页面布局思路是：先对页面进行版块划分并使用 HTML5 描述内容结构，然后使用 CSS3 样式描述各版块的位置、尺寸等样式。CSS3 中，将各版块看作一个个盒子，利用盒子属性设置各版块的尺寸、外边距、内边距等样式，而位置方面一般由浏览器自动控制。各版块采用表示“块”“分区”含义的<div>标签进行描述，即采用 DIV+CSS3 布局。

5.2.1　<div>标签的样式设置

使用 CSS3 可以灵活设置<div>标签的样式。width 属性用于设置其宽度，height 属性用于设置其高度。一般用像素（px）作为固定尺寸的单位。当单位设置为百分比时，<div>标签的宽度和高度为自适应状态，宽度、高度随浏览器窗口尺寸而变化。

实例代码如下。（代码位置：05/5-4.html）

```
<!DOCTYPE html>
<html lang="en">
<head>
<meta charset="UTF-8" / >
<title>设置 div 样式</title>
<style type="text/css">
html,body{height:100%;  }
#first {
     background-color: #eee;
     border:1px solid #000;
     width:300px; height:200px;
}
#second {
    background-color: #eee;
    border:1px solid #000;
    width:50%; height:25%;
}
</style></head>
<body>
<div id="first">这是固定尺寸的宽度和高度</div>
<hr />
<div id="second">这是自适应尺寸的宽度和高度</div>
</body>
</html>
```

如图 5.6 所示，第二个盒子的高度仅和文本高度相当，高度设置没有起作用。原因是<div>的高度自适应是相对于父容器的高度而言的。

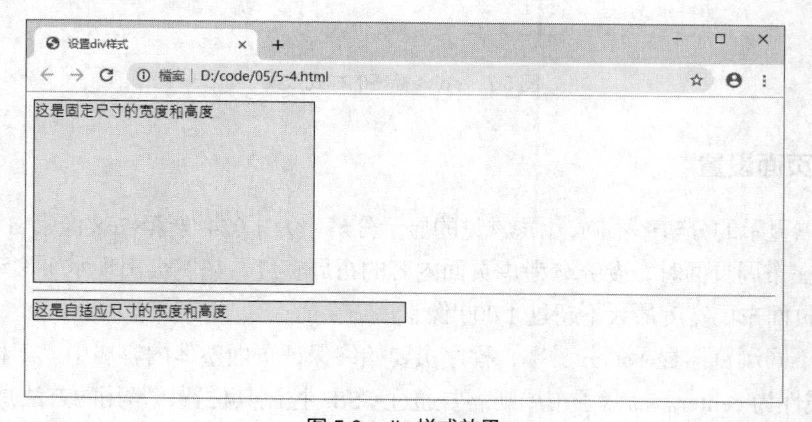

图 5.6　div 样式效果

如果没有参照物，自适应无法生效。所以在此例中设置<body>和<html>的高度，以解决<div>的高度自适应问题。

实例代码如下。（代码位置：05/5-5.html）

```
<!DOCTYPE html>
<html lang="en">
<head>
<meta charset="UTF-8" / >
```

```
<title>设置 div 样式</title>
<style type="text/css">

#first {
      background-color: #eee;
      border:1px solid #000;
      width:300px;    height:200px;
}
#second {
    background-color: #eee;
    border:1px solid #000;
    width:235px; height:75px;
}
</style></head>
<body>
<div id="first">这是固定尺寸的宽度和高度</div>
<hr />
<div id="second">这是自适应尺寸的宽度和高度</div>
</body>
</html>
```

执行上述代码后在浏览器中的预览效果如图 5.7 所示。

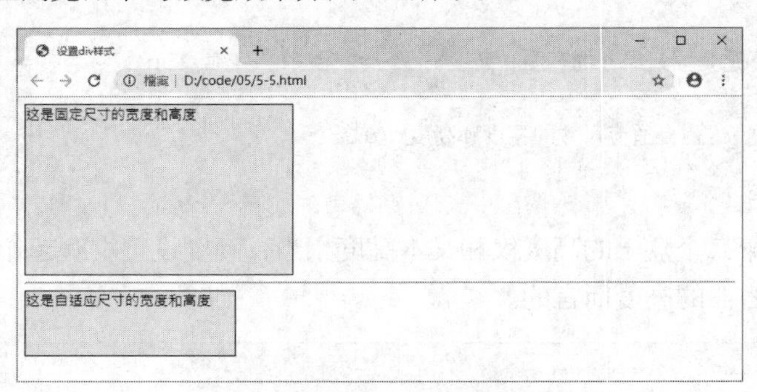

图 5.7　<div>标签的样式效果

5.2.2　布局页面设置

由于浏览器显示的分辨率不同，用户常见的显示分辨率为 1 024 像素×768 像素、1 280 像素×1 024 像素等。所以在布局页面时，要充分考虑页面内容的布局宽度，超宽会出现水平滚动条，用户体验会下降。一般页面布局宽度最大不超过 1 000 像素。

为了适应不同浏览器显示的分辨率，程序员要始终保证页面整体内容居中。表格布局只需设置表格的 align 属性为 center。而盒子布局则需要通过 CSS3 控制其位置，常用的方法是设置<div>的左右边距，当值为 auto 时，左右边距相等，达到水平居中的效果。实例代码如下。

```
margin-left:auto;margin-right:auto
```

或

```
margin:0px auto;
```

另外，在布局前要把页面的默认边距清除，常结合通配符*使用。示例如下。

```
* {  margin: 0px;padding: 0px;}
```

实例代码如下。（代码位置：05/5-6.html）

```
<!DOCTYPE html>
```

```
<html lang="en">
<head>
<meta charset="UTF-8" / >
<title>设置 div 水平居中</title>
<style type="text/css">
*{margin:0px;  padding:0px;  }
#all{width:75%;     height:200px;
       background-color:#eee;
       border:1px solid #000;
       margin:0px auto;
       }
</style></head>
<body>
<div id="all">布局页面内容</div>
</body>
</html>
```

执行上述代码后在浏览器中的预览效果如图 5.8 所示。

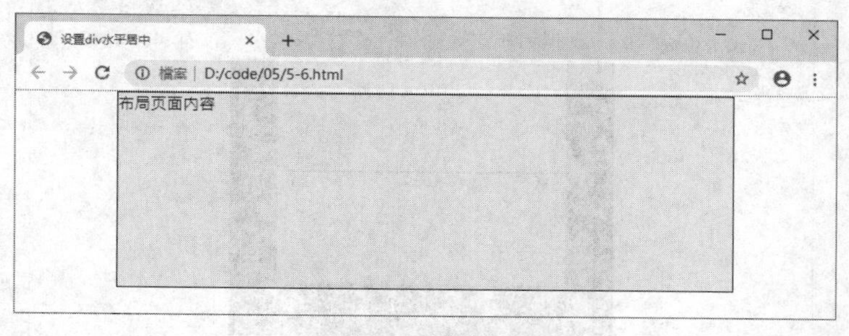

图 5.8　布局效果

5.2.3　<div>标签的嵌套

如果需要使用类似表格布局页面，则需要使用<div>标签嵌套。但是多种嵌套会影响浏览器对代码的解析速度。

实例代码如下。（代码位置：05/5-7.html）

```
<!DOCTYPE html>
<html lang="en">
<head>
<meta charset="UTF-8" / >
<title>div 嵌套</title>
<style type="text/css">
*{margin:0px;  padding:0px;  }
#all{width:400px;     height:300px;
      background-color:#600;    margin:0px auto;
      }
#one{width:300px;     height:120px;
     background-color:#eee;     border:1px solid #000;
     margin:0px auto;
     }
#two{width:300px;      height:120px;
       background-color:#eee;     border:1px solid #000;
       margin:0px auto;
       }
</style></head>
<body>
```

```
<div id="all">
  <div id="one">顶部</div>
  <div id="two">底部</div>
</div>
</body>
</html>
```

执行上述代码后在浏览器中的预览效果如图 5.9 所示。

网页是由多个元素构成的盒子排列而成的。而多个盒子之间会出现外边距合并的现象，具体如下。

（1）上下相邻的块元素垂直外边距合并，如果上面的元素有下外边距，下面的元素有上外边距，则垂直边距为二者中的较大者，如图 5.10 所示。

（2）嵌套块级元素的垂直外边距合并，父元素没有上内边距和边框，则父元素与子元素的上外边距合并为较大者，如图 5.11 所示。

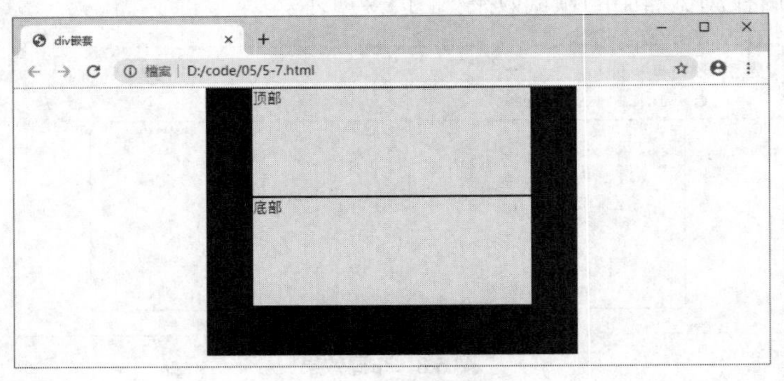

图 5.9　<div>标签嵌套效果

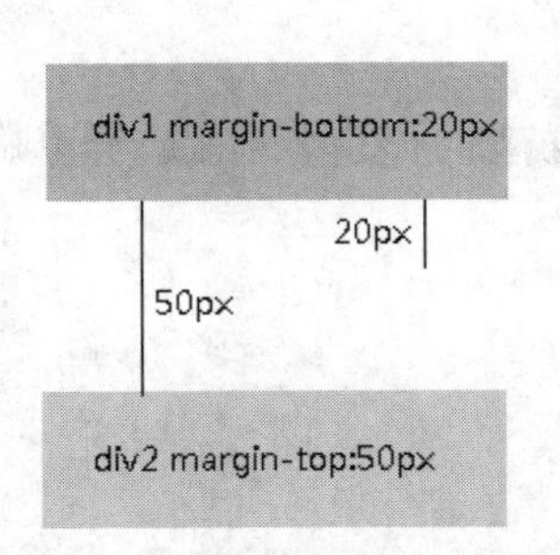

图 5.10　上下相邻块元素垂直外边距合并效果

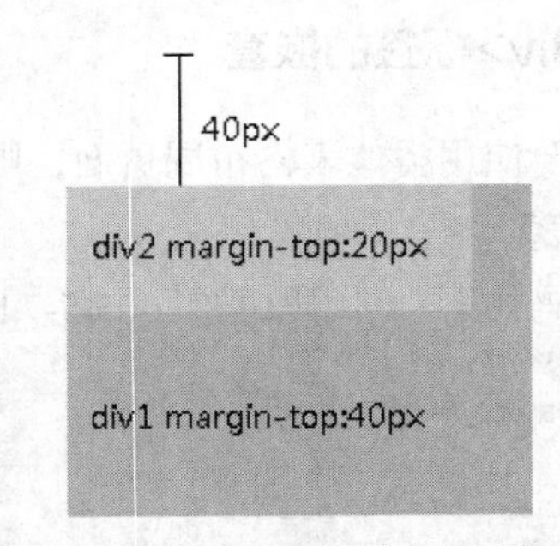

图 5.11　嵌套块级元素的垂直外边距合并效果

5.2.4　display 属性

标准文档流指元素根据块级标签或行内标签的特性按从上到下、从左到右的方式自然排列。这也是标签默认的排列方式。

标准文档流的组成内容如下。

块级标签（block），有<h1>…<h6>、<p>、<div>、列表等。

内联标签（inline），有<span>、<a>、<img>、<strong>等。

在实际的网页布局中往往需要改变这种单调的排列方式，使网页内容变得丰富多彩，CSS 的 display、浮动和定位完美地解决了这个问题。display 属性常用值如表 5.4 所示。

表 5.4　　display 属性常用值

属性值	说明
block	块级标签的默认值，该元素前后会带有换行符
inline	内联标签的默认值，该元素前后没有换行符
inline-block	行内块标签，元素既具有内联标签的特性，又具有块标签的特性
none	设置元素不会被显示

block、inline 可以实现块级元素与行级元素的转变。

当 display 属性值设置为 block 时，显示效果如图 5.12 所示。

当 display 属性值设置为 inline 时，显示效果如图 5.13 所示。

inline-block 可以控制块级元素排到一行，显示效果如图 5.14 所示。

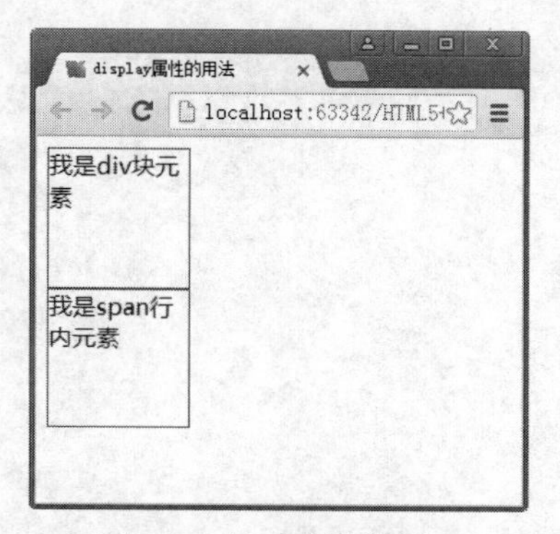

图 5.12　block 显示效果

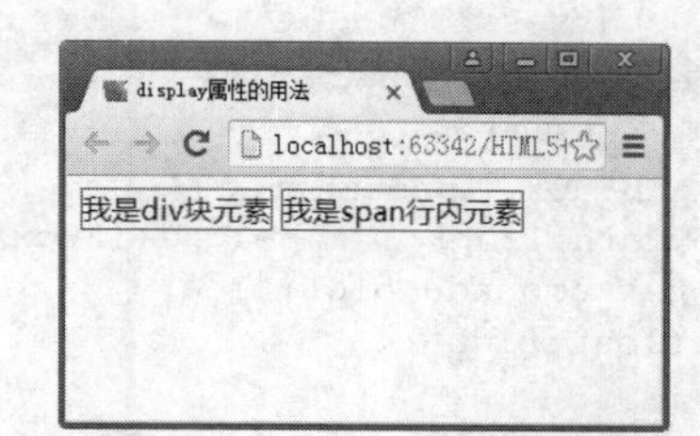

图 5.13　inline 显示效果

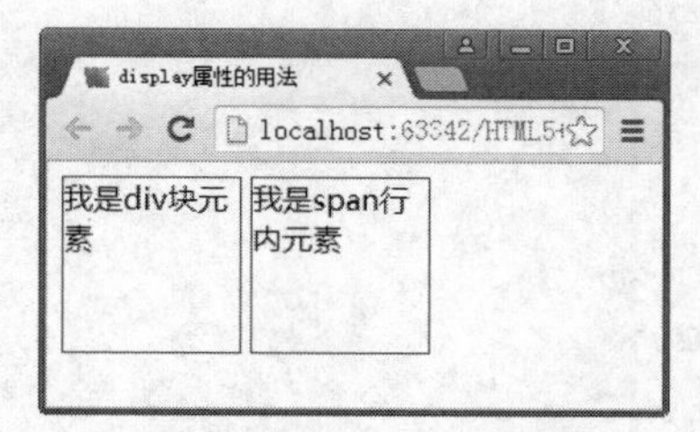

图 5.14　inline-block 显示效果

none 可以控制元素的显示和隐藏，显示效果如图 5.15 所示。

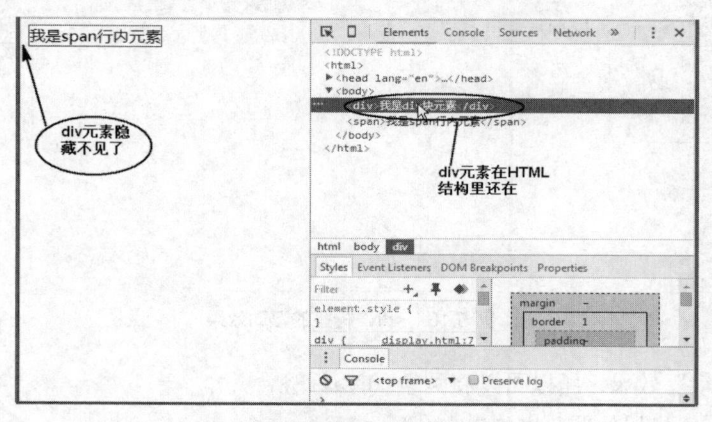

图 5.15　none 显示效果

5.2.5 <div>标签的浮动

float 属性可以让<div>标签浮动，布局中可以使两块并列显示。float 属性的值有 left、right、none 和 inherit。float 属性常用值如表 5.5 所示。

表 5.5 **float 属性常用值**

属性值	描述
left	元素向左浮动
right	元素向右浮动
none	默认值。元素不浮动，并会显示在其文本中出现的位置
inherit	继承父容器

实例代码如下。（代码位置：05/5-8.html）

```
<!DOCTYPE html>
<html lang="en">
<head>
<meta charset="UTF-8" / >
<title>设置 div 浮动</title>
<style type="text/css">
*{margin:0px;  padding:0px;  }
#one{width:125px;     height:120px;
     background-color:#eee;     border:1px solid #000;
     float:right;
     }
#two{width:200px;       height:120px;
       background-color:#eee;
       border:1px solid #000;
       float:left;
       }
</style></head>
<body>
<div id="one">第 1 个 div</div>
<div id="two">第 2 个 div</div>
</body>
</html>
```

执行上述代码后在浏览器中的预览效果如图 5.16 所示。

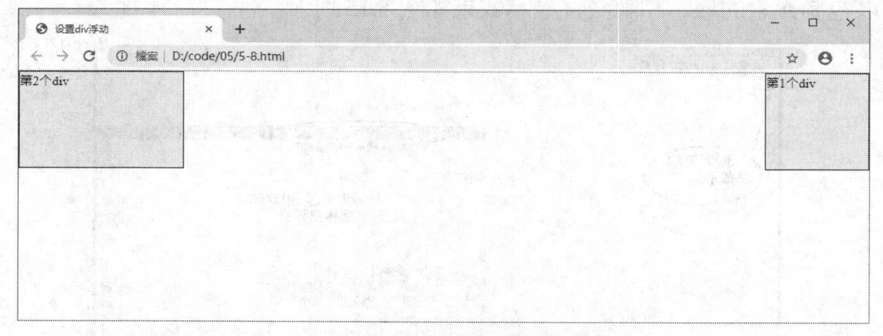

图 5.16 <div>标签的浮动效果

由于具备“浮动”效果，所以可以将两个<div>标签合并。

实例代码如下。（代码位置：05/5-9.html）

```
<!DOCTYPE html>
<html lang="en">
<head>
<meta charset="UTF-8" / >
<title>设置 div 浮动</title>
<style type="text/css">
*{margin:0px;  padding:0px;  }
#one{width:125px;    height:120px;
     background-color:#eee;    border:1px solid #000;
     float:left;
     }
#two{width:200px;      height:120px;
        background-color:#eee;
        border:1px solid #000;
        float:left;
        }
</style></head>
<body>
<div id="two">第 2 个 div</div>
<div id="one">第 1 个 div</div>
</body>
</html>
```

执行上述代码后在浏览器中的预览效果如图 5.17 所示。

图 5.17　合并效果

float 属性是 CSS3 布局的最佳利器，可以通过不同的 float 属性值定位<div>标签，以达到灵活布局网页的目的。float 属性的 3 大显著特征如下。

（1）<div>标签的块级元素失去块状换行显示特征，变为行内元素。

（2）紧贴上一个浮动元素（同方向）或父级元素的边框，如宽度不够将换行显示，如图 5.18 所示。

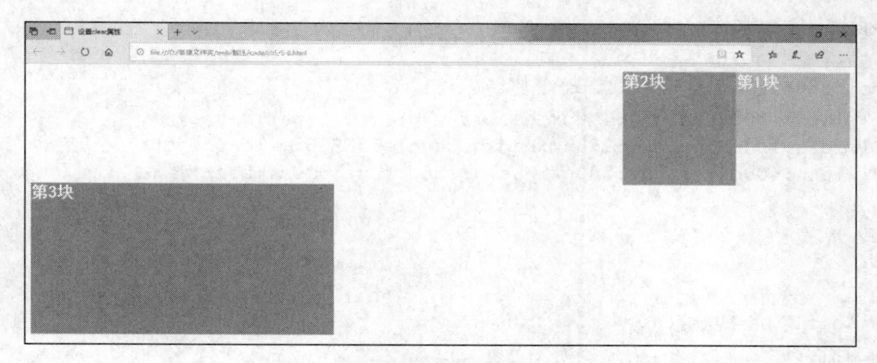

图 5.18　浮动效果

（3）占据行内标签的空间，导致行内标签围绕显示，如图 5.19 所示。

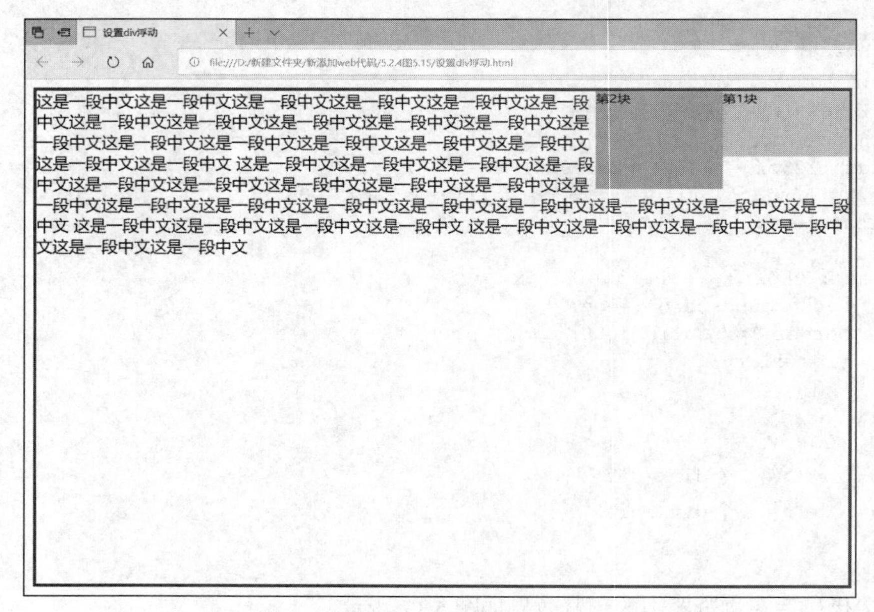

图 5.19　浮动效果

为了更加灵活地定位<div>标签，CSS3 提供了 clear 属性。clear 属性的作用是如果前一个元素存在左浮动或右浮动，则换行以区隔，只对块级元素有效。clear 属性的值有 left、right、none 和 both，默认值为 none。clear 属性常用值如表 5.6 所示。

表 5.6　clear 属性常用值

属性值	描述
left	在左侧不允许浮动元素
right	在右侧不允许浮动元素
both	在左、右两侧不允许浮动元素
none	默认值。允许浮动元素出现在两侧

实例代码如下。（代码位置：05/5-10.html）

```
<!DOCTYPE html>
<html lang="en">
<head>
<title>设置 clear 属性</title>
<style type="text/css">
  div{color:#fff;font:bold 22px 黑体;}
  #div1{width:150px;height:100px;background:#ccc;float:right;}
  #div2{width:150px;height:150px;background:#33FF33; float:right;}
  #div3{width:400px;height:200px;background:#3cc;clear:both;}
                                                /*可以分别用 clear:right、left 看效果*/
</style>
</head>
<body>
<div id="div1">第 1 块</div>
<div id="div2">第 2 块</div>
<div id="div3">第 3 块</div>
```

```
</body>
</html>
```

执行上述代码后在浏览器中的预览效果如图 5.20 所示。

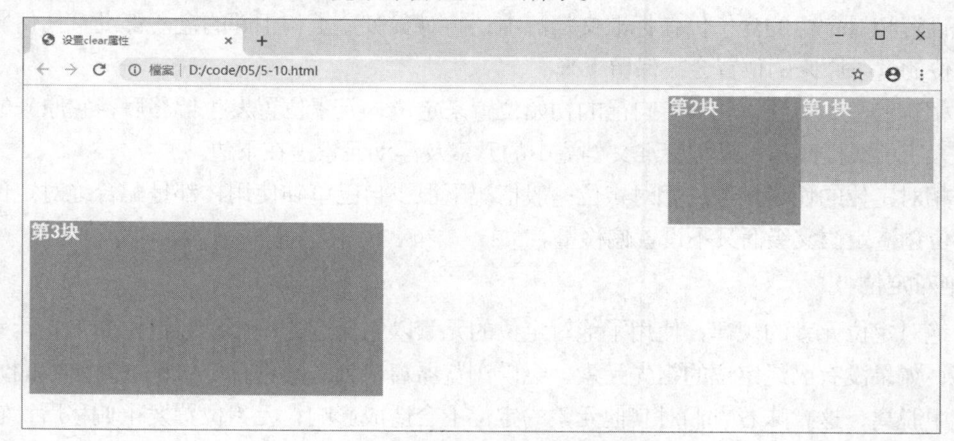

图 5.20　设置 clear 属性效果

5.2.6　<div>标签的定位

在网页开发中，如果需要网页中的某个元素在网页的特定位置出现，例如弹出菜单，这时可以通过 CSS 的 position 属性进行设置，示例如下。

```
position:relative;      /*相对定位方式*/
left:30px;              /*距左边线 30px*/
top:10px;               /*距顶部边线 10px*/
```

用于设置菜单定位方式的常用属性值和用于设置元素具体位置的常用属性值分别如表 5.7 和表 5.8 所示。

表 5.7　菜单定位方式的常用属性值

属性值	描述
static	静态定位（默认定位方式）
relative	相对定位，相对于其原文档流的位置进行定位
absolute	绝对定位，相对于 static 定位以外的第一个上级元素进行定位
fixed	固定定位，相对于浏览器窗口进行定位

表 5.8　元素具体位置的常用属性值

偏移属性	描述
top	顶端偏移量，定义元素相对于其参照元素上边线的距离
bottom	底部偏移量，定义元素相对于其参照元素下边线的距离
left	左侧偏移量，定义元素相对于其参照元素左边线的距离
right	右侧偏移量，定义元素相对于其参照元素右边线的距离

表 5.7 中给出了定位的 4 种方式，其中 static 没有特殊定位，即我们不设定标签的 position 属性时，默认的值就是 static，它遵循正常的文档流对象，对象占用文档空间，在该定位方式下，top、right、bottom、left 等属性是无效的。下面将详细介绍后 3 种定位，并且最后通过一个实例描述浮动与定位的使用区别。

1. 相对定位

（1）相对定位元素的规律：设置相对定位的盒子会相对它原来的位置，通过指定偏移，到达新的位置；设置相对定位的盒子仍在标准文档流中，它对父级盒子和相邻的盒子都没有任何影响；设置相对定位的盒子原来的位置会被保留下来。

（2）相对定位的特性：相对于自己的初始位置来定位，元素位置发生偏移后，它原来的位置会被保留下来，层级提高，可以把标准文档流中的元素及浮动元素盖在下边。

（3）相对定位的使用场景：相对定位一般情况下很少自己单独使用，都是配合绝对定位使用，为绝对定位创造定位父级而又不设置偏移量。

2. 绝对定位

（1）绝对定位元素的规律：使用了绝对定位的元素以它最近的一个已经定位的祖先元素为基准进行偏移；如果没有已经定位的祖先元素，会以浏览器窗口为基准进行定位；绝对定位的元素从标准文档流中脱离，这意味着它们对其他元素的定位不会造成影响；元素位置发生偏移后，它原来的位置不会被保留下来。

（2）绝对定位的特性：绝对定位是相对于它的定位父级的位置来定位的，如果没有设置定位父级，则相对浏览器窗口来定位；元素位置发生偏移后，原来的位置不会被保留；层级提高，可以把标准文档流中的元素及浮动元素盖在下边；设置绝对定位的元素脱离文档流。

（3）绝对定位的使用场景：一般情况下，绝对定位用在下拉菜单、焦点图轮播、弹出数字气泡、特别花边等场景。

3. 固定定位

（1）固定定位元素的规律：类似绝对定位，不同之处在于定位的基准不是祖先元素，而是浏览器窗口。元素固定在浏览器的某个位置，不会随着进度条的改变而改变位置。

（2）固定定位的特性：相对浏览器窗口来定位；偏移量不会随滚动条的移动而移动。

（3）固定定位的使用场景：一般在网页中被用于窗口左右两边的固定广告、返回顶部图标、吸顶导航栏等。

4. 浮动与定位的使用区别

浮动是用来解决图片和文字排版问题的，由于它的实用性，被多数程序员应用到了网页布局，从而成为公认布局的一种方式。

实例代码如下。（代码位置：05/5-11.html）

```
<!DOCTYPE html>
<html lang="en">
<head>
    <meta charset="UTF-8"/>
    <title>浮动和定位</title>
</head>
<style type="text/css">
    /*给类名为 header、aside、main、footer 的元素设置背景颜色和边框*/
    .header,.aside,.main,.footer{
        background-color: pink; /*背景色为粉色*/
        border: 1px solid yellow; /*边框为 1px 的黄色的实线*/
    }
    .header{
        height: 100px;
```

```
        }
        .aside,.main{
            height: 200px;
        }
        .aside{
            width: 200px;
            float:left;  /*类名为 aside 的元素左浮动*/
        }
        .main{
            margin-left: 202px; /*元素左边距为 202px*/
        }
        .footer{
            height: 50px;
        }
        /*给类名为 float-div 的元素设置背景颜色、边框、宽高以及绝对定位*/
        .float-div{
            background-color: paleturquoise; /*背景色为苍白的宝石绿*/
            border: 1px solid yellow; /*边框为 1px 的黄色实线*/
            width: 100px;
            height:100px;
            position: absolute; /*绝对定位*/
            top: 160px; /*距父元素顶部边线 160px*/
            left: 500px; /*距父元素左边线 500px*/
        }
    </style>
    <body>
        <header class="header">header</header>
        <aside class="aside">aside</aside>
        <section class="main">section</section>
        <footer class="footer">footer</footer>
        <div class="float-div">floatdiv</div>
    </body>
    </html>
```

执行上述代码后在浏览器中的预览效果如图 5.21 所示。该图中 4 个粉色部分使用浮动的知识对页面进行布局，然后使用绝对定位知识创建了一个浮动的 div 元素。需要注意的是 position:absolute 会导致元素脱离文档流，被定位的元素等于在文档中不占据任何位置，在另一个层呈现。float 也会导致元素脱离文档流，但还在文档或容器中占据位置，把文档流和其他 float 元素向左或向右挤，并可能导致换行。

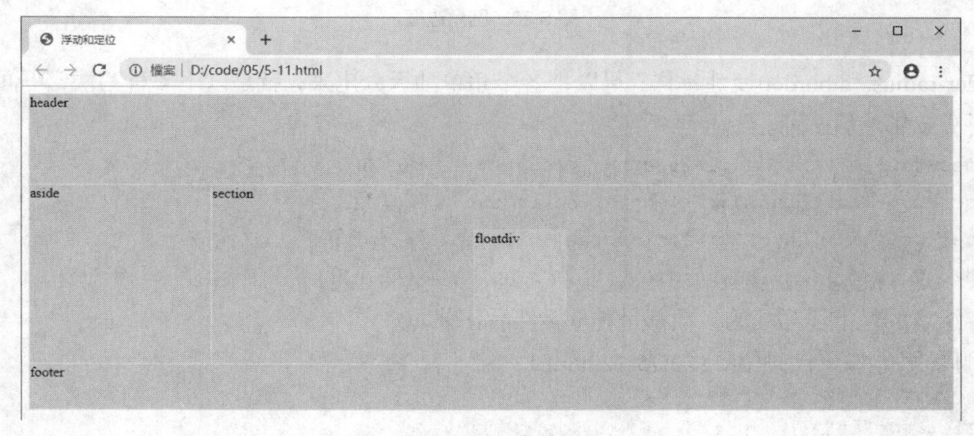

图 5.21 浮动和定位的效果

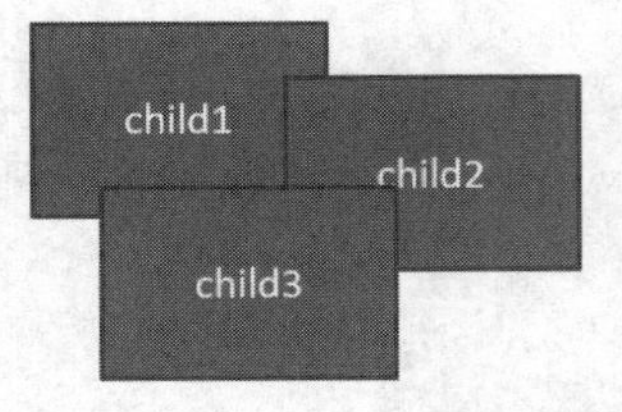

图 5.22　多个子元素同时定位发生重叠

当一个父元素中的多个子元素同时被定位时，定位元素之间有可能会发生重叠。z-index 值可以控制定位元素在垂直于显示屏方向（*z* 轴）上的堆叠顺序，值大的元素发生重叠时会在值小的元素上面，其取值可为正整数、负整数和 0，默认值为 0。显示器使用 *x* 轴和 *y* 轴来表示二维平面的位置属性，为了表示三维立体的概念，图 5.22 中上下层的立体关系，引入了 z-index 属性来表示 *z* 轴的深度。

z-index 只能在 position 属性值为 relative 或 absolute 或 fixed 的元素上有效，*z* 轴可以理解为屏幕的深度，z-index 值越大的元素越靠近用户。

5.2.7　圆角边框

CSS3 的圆角边框实际上是在矩形的 4 个角分别做内切圆，然后通过设置内切圆的半径来控制圆角的弧度，如图 5.23 所示。CSS3 的圆角边框使用 border-radius 属性来实现，基本语法格式如下。

```
border-radius: 1-4  length | % /1-4  length | %;
```

其中，length 用于设置对象的圆角半径长度，不可为负值。如果"/"前后的值都存在，那么"/"前面的值用于设置其水平半径，"/"后面的值用于设置其垂直半径。如果没有"/"，则表示水平和垂直半径相等。另外，其 4 个值是按照 top-left、top-right、bottom-right、bottom-left 的顺序来设置的。如果省略 bottom-left，则与 top-right 相同，如果省略 bottom-right，则与 top-left 相同，如果省略 top-right，则与 top-left 相同。

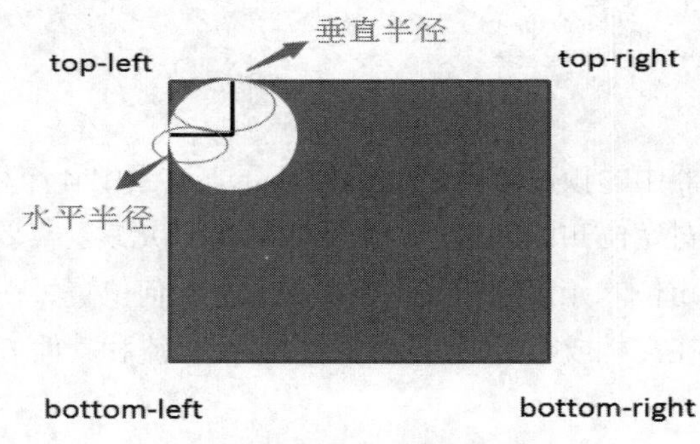

图 5.23　圆角边框

border-radius 和 border 属性一样，可以把各个角单独拆分出来，就是以下 4 种写法，下面写法的参数都是先 *y* 轴然后 *x* 轴。

```
border-top-left-radius: <length>  <length>   //左上角
border-top-right-radius: <length>  <length>  //右上角
border-bottom-right-radius:<length>  <length>  //右下角
border-bottom-left-radius:<length>  <length>   //左下角
```

需要注意的是上述写法的参数都是先 *y* 轴然后 *x* 轴。

实例代码如下。（代码位置：05/5-12.html）

```
<!DOCTYPE html>
<html lang="en">
<head>
```

```
    <meta charset="UTF-8"/>
    <title>CSS3 圆角边框</title>
    <style>
        body {
            padding: 0;
            background-color: #F7F7F7;
        }
        div{
            margin:20px;
            float: left;
        }
        /*饼环*/
        .border-radius {
            width: 40px;
            height: 40px;
            border: 70px solid #93baff;
            border-radius: 90px;
        }
        /*四边不同色*/
        .border-radius1 {
            width: 0px;
            height: 0px;
            border-width: 90px;
            border-style: solid;
            border-color: #ff898e #93baff #c89386 #ffb151;
        }
    </style>
</head>
<body>
    <div class="border-radius"></div>
    <div class="border-radius1"></div>
</body>
</html>
```

执行上述代码后在浏览器中的预览效果如图 5.24 所示。

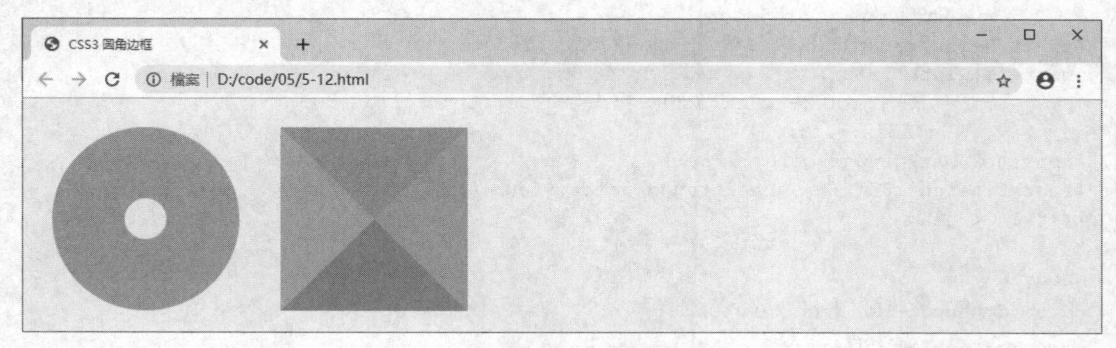

图 5.24　预览效果

5.2.8　典型的 DIV+CSS3 整体页面布局

典型的网页布局要求有广告区、导航区、主体区和版权信息区。主体区分为左右 2 个区，左区域用于文章列表，右区域用于 8 个主体内容区。下面通过一个实例展现网页的整体布局，执行下面代码后在浏览器中的预览效果如图 5.25 所示。

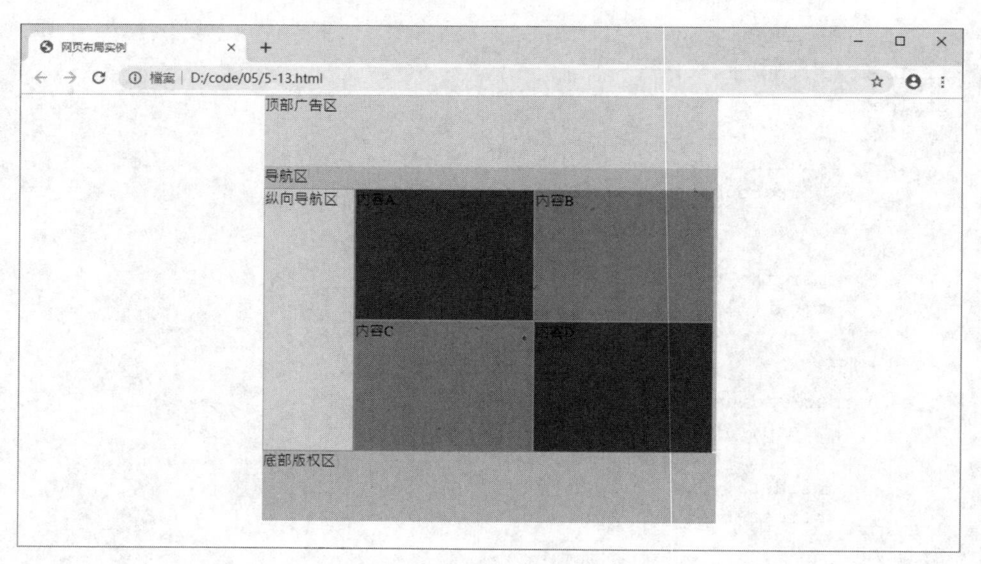

图 5.25　典型网页布局效果

实例代码如下。（代码位置：05/5-13.html）

```
<!DOCTYPE html>
<html lang="en">
<head>
     <meta charset="UTF-8"/>
<title>网页布局实例</title>
<style type="text/css">
* {margin:0px;   padding:0px;  }
#top,#nav,#mid,#footer{width:500px;  margin:0px auto;}
#top{height:80px; background-color:#ddd;}
#nav{height:25px; background-color:#fc0;}
#mid{height:300px;}
#left{width:98px;     height:298px;
        border:1px solid #999;  float:left;
       background-color:#ddd;}
#right{height:298px;      background-color:#ccc;}
.content{width:196px;         height:148px;
            background-color:#c00;      border:1px solid #999;
            float:left;}
#content2{background-color:#f60;}
#footer{height:80px;     background-color:#fc0;}
</style></head>

<body>
<div id="top">顶部广告区</div>
<div id="nav">导航区</div>
<div id="mid">
   <div id="left">纵向导航区</div>
   <div id="right">
        <div class="content">内容 A</div>
         <div class="content" id="content2">内容 B</div>
         <div class="content" id="content2">内容 C</div>
         <div class="content" >内容 D</div>
```

```
    </div>
</div>
<div id="footer">底部版权区</div>
</body>
</html>
```

5.3　典型的局部布局

到目前为止，我们已学习了 CSS3 方面样式的基本语法、3 类样式的应用方式及优先级、常用的 CSS3 页面修饰、盒子模型以及使用 DIV+CSS3 实现页面布局。通过对这些技能的综合应用，我们可以实现页面的整体布局，类似于报纸的排版，目前我们只完成了版面的整体规划，但各版块内部的具体结构，特别是对于某些复杂的版块，还需进一步规划，即局部布局，下面将介绍如何使用 DIV+CSS3 来实现页面的局部布局。典型的局部结构在第 2 章就已提及。

（1）<div>–<ul(ol)>–<li>：常用于分类导航或菜单等场合。

（2）<div>–<dl>–<dt>–<dd>：常用于图文混排场合。

（3）<table>–<tr>–<td>：常用于规整数据的显示场合。

（4）<form>–<table>–<tr>–<td>：常用于表单布局的场合。

其中前两类比较常用，也相对复杂，后两类的样式美化比较简单。下面详细介绍<div>–<ul>–<li>局部布局和<div>–<dl>–<dt>–<dd>局部布局。

5.3.1　<div>–<ul>–<li>局部布局

假定要实现小众商城网站首页顶部中的导航菜单局部效果，如图 5.26 所示，页面效果要求如下。

（1）整个导航菜单横向排列，向右靠齐。

（2）菜单文字和图标有一定的空白间隙。

（3）菜单文字在菜单项中居中对齐。

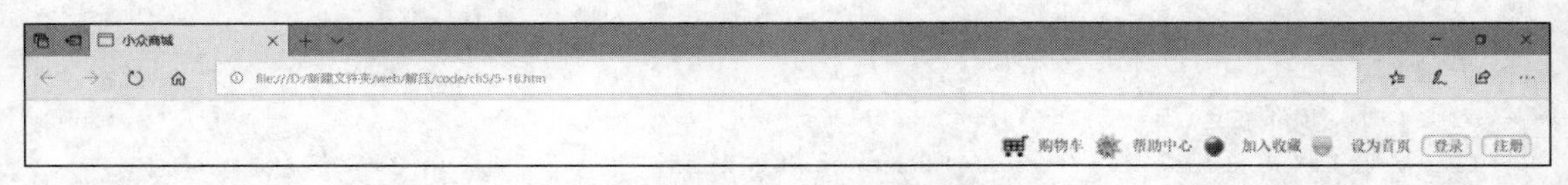

图 5.26　<div>–<ul>–<li>实现顶部菜单

HTML5 内容结构分析如下。

（1）多项菜单并列显示，并且不存在父子或包含关系，从语义角度应采用<div>-<ul>-<li>实现。

（2）图标和文字要求有一定的间隙，图标仅为修饰作用，从语义角度应将图标作为背景修饰而不是内容。另外，文字和图标各占一个<li>（图标的<li>内容为空，方便设置间隙）。

CSS3 样式分析如下。

（1）多个小图标，使用背景图的偏移技术（background-position 属性）。

（2）浮动：整体居右，则<div>容器右浮动，图标及菜单文字左浮动。

（3）调整宽高及边框属性实现实际的效果。

实现步骤：包含以下 3 个步骤。

（1）先建立标签组织结构，为各标签增加类名以区分。实例代码如下。

```
<div class="top_menu">
<ul>
  <li class="pic"></li><li class="text">购物车</li>
  <li class="pic"></li><li class="text">帮助中心</li>
  <li class="pic"></li><li class="text">加入收藏</li>
  <li class="pic"></li><li class="text">设为首页</li>
  <li class="btn">登录</li>
  <li class="btn">注册</li>
 </ul>
</div>
```

（2）为各菜单添加超链接。

（3）设置 CSS 样式代码：容器设置右浮动，<li>左浮动，并取消列表样式。实例代码如下。

```
.top_menu{float:right;}
.top_menu ul {list-style:none;}
.top_menu ul li{float:left;}
```

根据图片确定布局各块大小，统一高度为 26px，小图标宽度为 28px，登录注册宽度为 38px。实例代码如下。

```
pic1{width:28px;height:26px;background:url(images/bg.gif)no-repeat:}
pic2{width:28px;height:26px;background:url(../images/icon.gif)no-repeat-28px 0px;}
……
.btn{width:38px;height:26px;background:url(images/bg.gif)no-repeat;}
```

调整背景偏移量，实现小图标正常显示。设置文字大小及菜单文字间填充，菜单文字居中对齐方式，左右填充 5px。实例代码如下。

```
.top_menu ul li a {font:12px/26px 宋体;}
.text{padding:0px 5px;text-align:center;}
.bth{padding:0 px 5px;text-align:center;}
```

完整的 HTML5 文件和 CSS3 文件代码如下。

（1）HTML5 文件代码如下。（代码位置：05/5-14.html）

```
<!DOCTYPE html>
<html lang="en">
<head>
<title>小众顶部菜单</title>
 <link rel="stylesheet"   type="text/css"   href="css/5-14.css"/>
</head>
<body>
<div class="top_menu">
  <ul>
    <li class="pic1"></li>
    <li class="text"><a href="#">购物车</a></li>
    <li class="pic2"></li>
    <li class="text"><a href="#">帮助中心</a></li>
    <li class="pic3"></li>
    <li class="text"><a href="#">加入收藏</a></li>
    <li class="pic4"></li>
    <li class="text"><a href="#">设为首页</a></li>
    <li class="btn"><a href="#">登录</a></li>
    <li class="btn"><a href="#">注册</a></li>
  </ul>
```

```
</div>
</body>
</html>
```

（2）CSS3 文件代码如下。（代码位置：05/css/5-14.css）

```
/*逐一定义顶部菜单中的浮动、列表样式，选择器采用区域性的写法，增加代码可读性*/
.top_menu{float:right}
.top_menu ul{list-style:none;}
.top_menu li{float:left;}
/*定义顶部菜单中的链接样式，代码可以进一步优化*/
.top_menu ul li a{font:12px/26px 宋体;}
.top_menu ul li a:link {color:#333333;text-decoration:none;}
.top_menu ul li a:visited{color:#333333;text-decoration:none;}
.top_menu ul li a:active {color:#333333;text-decoration:none;}
.top_menu ul li a:hover {color:#ff7300;}
/*定义链接各菜单项的具体样式，代码缩进表示隶属关系，增加代码可读性*/
.pic1{width:28px;height:26px;background:url(../images/icon.gif)no-repeat;}
.pic2{width:28px;height:26px;background:url(../images/icon.gif)no-repeat-28px 0px;}
.pic3{width:28px;height:26px;background:url(../images/icon.gif)no-repeat-84px 0px;}
.pic4{width:28px;height:26px;background:url(../images/icon.gif)no-repeat-112px 0px;}
.text{padding:0px 5px;text-align:center;}
.btn{padding:0px 5px;text-align:center;}
width:38px;height:26px;background:url(../images/icon.gif)no-repeat-0px-25px;}
```

执行上述代码后在浏览器中的预览效果如图 5.27 所示。

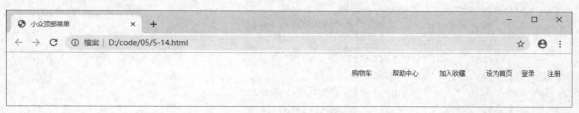

图 5.27　预览效果

上述实例代码中有很多相似的样式代码，例如，前 4 个图标的样式修饰 pic1 至 pic4，除了偏移量不一样，其他完全一致。我们可以把这些共同样式单独提取出来作为一个类，例如 pic，然后具体设置其他图标的独特样式，这样可以提高代码的复用性并方便维护。

修改后的 CSS3 代码如下。

```
/*pic 类样式，用于定义各图标共性的样式*/
.pic{width:28px;height:26px;background:url(../images/icon.gif) no-repeat;}
/*定义各图标独特的样式，第一个图标无偏移，不需要定义 pic1 的独特样式;}*/
.pic2{ background-position:-28px 0px;}
.pic3{ background-position:-84px 0px;}
.pic4{ background-position:-112px 0px;}
```

在应用样式时，需要同时应用两种类样式，修改后的 HTML5 代码如下。

```
<li class="pic pic1"></li>
<li class="pic pic2"></li>
<li class="pic pic3"></li>
<li class="pic pic4"></li>
```

其中"pic pic1"表示同时应用两个类样式。

“登录”和“注册”图标类似，只是宽度不一样，修改思路同前 4 个图标，修改后的 CSS3 代码如下。

```
.bth {width:38px; background-position:0px 25px;}
```

修改后的 HTML5 代码如下。

```
<li class="pic bth">登录</li>
<li class="pic bth">注册</li>
```

修改后的超链接及其伪类的代码如下。

```
.top_menu ul li a{font:12px/26px 宋体;color:#333333;text-decoration:none;}
.top_menu ul li a:hover{color:#ff7300;}
```

修改后的 HTML5 文件代码如下。（代码位置：05/5-15.html）

```
<!DOCTYPE html>
<html lang="en">
<head>
    <meta charset="UTF-8">
 <title>小众商城</title>
 <link rel="stylesheet"   type="text/css"   href="css/5-15.css"   />
</head>
<body>
<div class="top_menu">
  <ul>
    <li class="pic pic1"></li>
    <li class="text"><a href="#">购物车</a></li>
    <li class="pic pic2"></li>
    <li class="text"><a href="#">帮助中心</a></li>
    <li class="pic pic3"></li>
    <li class="text"><a href="#">加入收藏</a></li>
    <li class="pic pic4"></li>
    <li class="text"><a href="#">设为首页</a></li>
    <li class="pic btn text"><a href="#">登录</a></li>
    <li class="pic btn text"><a href="#">注册</a></li>

  </ul>
</div>
 </body>
</html>
```

修改后的 CSS3 文件代码如下。（代码位置：05/css/5-15.css）

```
.top_menu {float:right;}
.top_menu ul {list-style:none;}
.top_menu ul li { float:left;}
.top_menu ul li a {font:12px/26px 宋体; color:#333333;text-decoration:none;}
.top_menu ul li a: hover {color:#ff7300;}
 .pic{width:28px;height:26px;background:url(../images/icon.gif)no-repeat;}
.pic2{background-position:-28px 0px;}
.pic3{background-position:-84px 0px;}
.pic4{background-position:-112px 0px;}
.text{padding:0px 5px;text-align:center;}
.bth{width:38px; background-position:0px -25px;}
```

执行上述代码后在浏览器中的预览效果如图 5.28 所示。

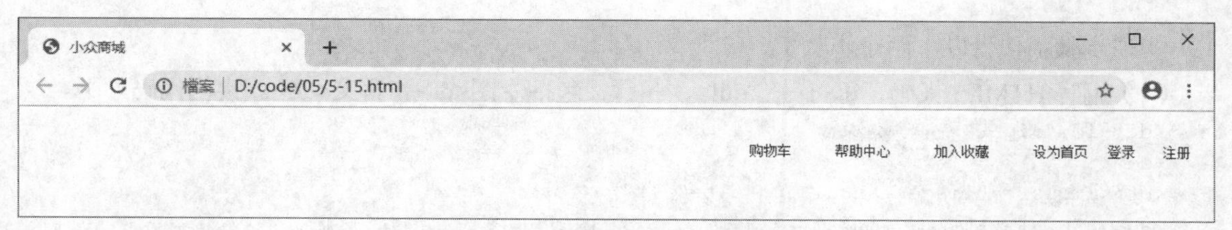

图 5.28　CSS3 文件统一样式应用

5.3.2　<div>-<dl>-<dt>-<dd>局部布局

常见的图文混排结构，如图 5.29 所示，图片和文字存在父子或包含关系，文字显然是对商品图片的具体说明，即可以把图片看作“标题”，将后续的多行文字看作“具体的描述”。因此，从语义化的角度，应采用<div>-<dl>-<dt>-<dd>结构进行描述。类似的结构还有带多层次的二级或三级菜单等。

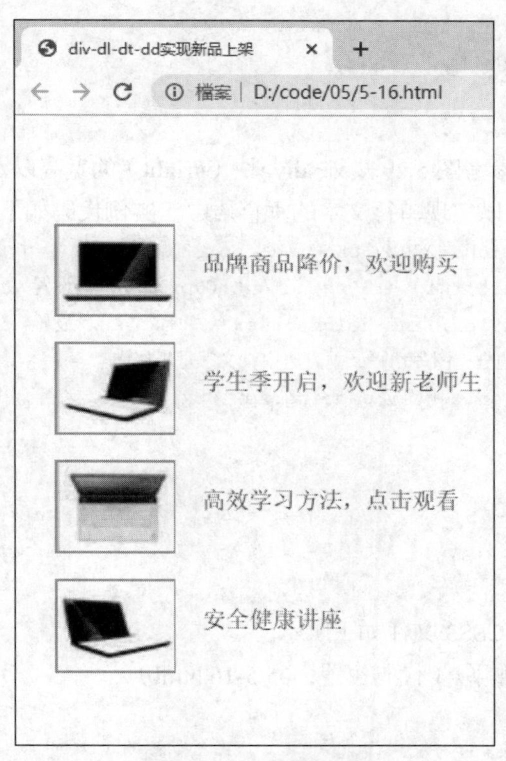

图 5.29　图文混排效果

HTML5 内容结构分析如下。

（1）本例的图文混排结构，图片和文字关系密切，采用<div>-<dl>-<dt>-<dd>结构描述。

（2）每行的图文结构都对应一个<dl>-<dt>-<dd>结构，易于扩展。

（3）根据图片和文字的关系，本例<dt>放图片，<dd>放文字，<dl>作为结构容器。

CSS3 样式修饰分析如下。

（1）浮动：<dd>内的文字和<dt>内的图片排列在同一行，所以应设置<dt>左浮动。

（2）调整<dd>宽高与行高实现文字垂直居中，用盒子属性修饰出实际效果。

实现步骤：包含以下两个步骤。

（1）编写 HTML5 代码，每行一个<dl>，各行又包括左图<dt>和右文<dd>。实例代码如下。

```
<div id="right">
<dl>
<dt><img src="images/shou1.jpg"alt="alt"/></dt>
<dd><a href="#">品牌商品降价，欢迎购买</a></dd>
</dl>
<dl>
<dt><img src="images/shou2.jpg"alt="alt"/></dt>
<dd><a href="#">学生季开启，欢迎新老师生</a></dd>
</dl>
<dl>
<dt><img src="images/shou5.jpg"alt="alt"/></dt>
<dd><a href="#">高效学习方法，点击观看</a></dd>
</dl>
<dl>
<dt><img src="images/shou4.jpg"alt="alt"/></dt>
<dd><a href="#">安全健康讲座</a></dd>
</dl>
</div>
```

（2）编写 CSS3 代码，参考图 5.29 规划<div>块（#right）的宽高以及<dt>的浮动，并且设置<dt>的高度和<dd>的行高一致，以实现单行文字的垂直居中。实例代码如下。

```
#right{width:250px;height:270px;padding-top:32px;}  /*div 块的宽高及填充*/
#right dl dt{float:left; width:80px;height:60px;}   /*设置 dt 浮动和宽高*/
#right dl dd{ width:190px;line-height:60px;}         /*设置 dd 浮动、宽度和行高*/
为左边图片设置宽高并修饰边框，图片水平及垂直居中，文字垂直居中。
#right dl dt{text-align:center;padding:2px 0px;}     /*文字居中对齐，上下少量填充*/
#right dl dt img{
width:60px;
height:47px;
border:1px solid #9ea0a2;                            /*设置图片的外边框*/
   vertical-align:middle;                            /*设置图片和文字垂直方向居中对齐*/
}
```

完整的 HTML5 文件和 CSS3 文件如下所示。

（1）HTML5 文件代码如下。（代码位置：05/5-16.html）

```
<!DOCTYPE html>
<html lang="en">
<head>
 <meta http-equiv="Content-Type" content="text/html; charset=utf-8"   />
 <title>div-dl-dt-dd 实现新品上架</title>
 <link rel="stylesheet"   type="text/css"   href="css/layout.css" />
</head>
<body>
<div id="right">
  <dl>
    <dt><img src="images/show1.jpg" alt="alt" /></dt>
    <dd><a href="#">品牌商品降价，欢迎购买</a></dd>
  </dl>
```

```
    <dl>
      <dt><img src="images/show2.jpg" alt="alt" /></dt>
      <dd><a href="#">学生季开启，欢迎新老师生</a></dd>
    </dl>
    <dl>
      <dt><img src="images/show5.jpg" alt="alt" /></dt>
      <dd><a href="#">高效学习方法，点击观看</a></dd>
    </dl>
    <dl>
      <dt><img src="images/show4.jpg" alt="alt" /></dt>
      <dd><a href="#">安全健康讲座</a></dd>
    </dl>

</div> <!--right end-->
</body>
</html>
```

（2）CSS3 文件代码如下。（代码位置：05/css/5-16.css）

```
#right{width:250px;height:270px;padding-top:32px;
   background:url(../images/bg.gif) no-repeat;}
#right dl dt{float:left;margin:0px;width:90px;padding:2px 0px;text-align:center;}
#right dl dt img{border:1px solid #9ea0a2;width:60px;height:47px;vertical-align: middle;}
#right dl dd a{font:12px/47px 宋体;color:#333;text-decoration: none;}
#right dl dd a:hover{color:#ff7300;}
```

5.4　实践指导

1. 实践要求

（1）理解盒子模型。

（2）掌握 display、float 和 position 等属性的使用。

（3）使用 DIV+CSS3 进行整体页面布局。

（4）使用<div>–<ul>–<li>实现局部布局。

（5）使用<div>–<dl>–<dt>–<dd>实现图文混排。

2. 实践任务

任务 1　使用表格填充和边框

编写 HTML5 代码，实现图 5.30 所示的页面效果。

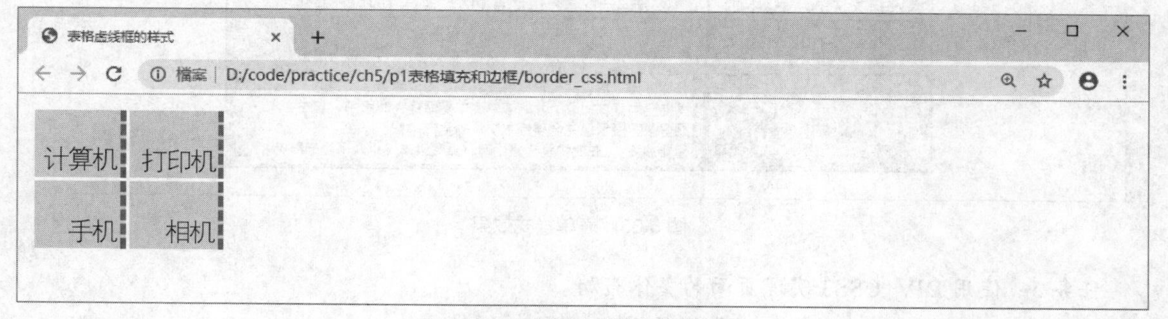

图 5.30　使用表格填充和边框效果

任务 2　使用浮动实现水平菜单

编写 HTML5 代码，实现图 5.31 所示的页面效果。

利用浮动实现水平菜单
D:/code/practice/ch5/p2利用浮动实现水平菜单/利用浮动实现水平菜单.html
Link one
Link two
Link three
Link four
把 ul 元素和 a 元素浮向左浮动。li 元素显示为行内元素，这样就可以使列表排列成一行。ul 元素的宽度是 100%，列表中的每个超链接的宽度是 7em（当前字体尺寸的 7 倍）。添加颜色和边框，以使其更漂亮。

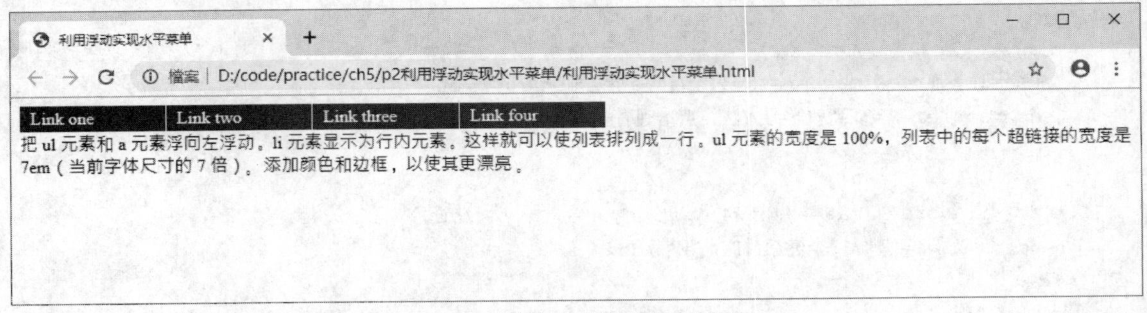

图 5.31　使用浮动实现水平菜单效果

任务 3　使用方框属性实现图片按钮

编写 HTML5 代码，实现图 5.32 所示的页面效果。

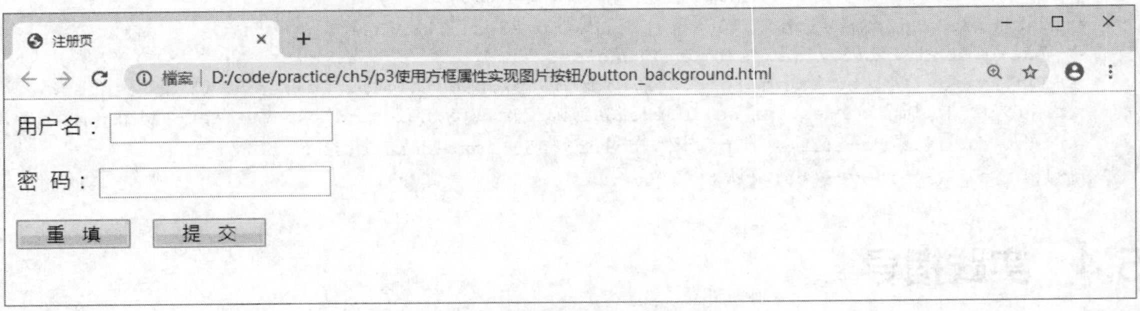

注册页
D:/code/practice/ch5/p3使用方框属性实现图片按钮/button_background.html
用户名：
密 码：
重 填
提 交

图 5.32　使用方框属性实现图片按钮菜单效果

任务 4　使用外部样式的综合应用

编写 HTML5 代码，实现图 5.33 所示的页面效果。

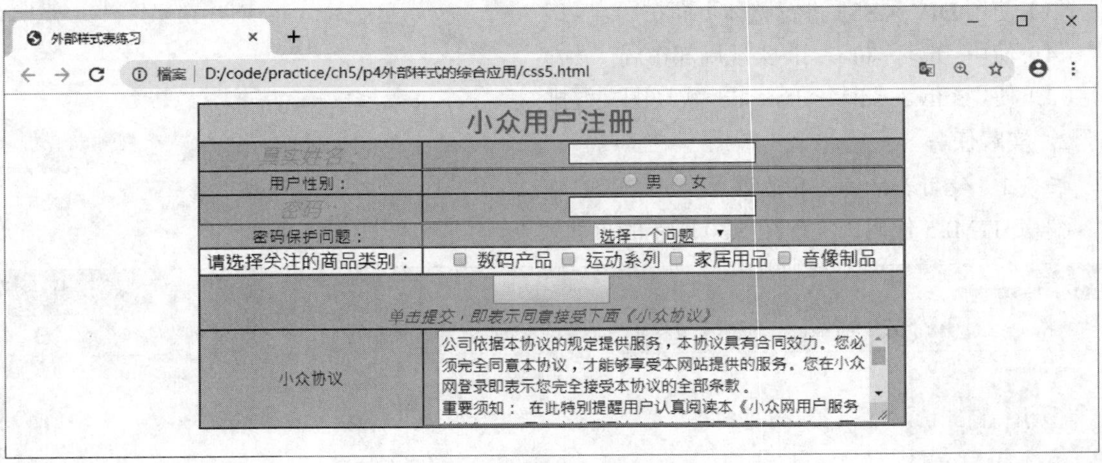

外部样式表练习
D:/code/practice/ch5/p4外部样式的综合应用/css5.html
小众用户注册
真实姓名：
用户性别：
男
女
密码：
密码保护问题：
选择一个问题
请选择关注的商品类别：
数码产品
运动系列
家居用品
音像制品
单击提交，即表示同意接受下面《小众协议》
小众协议
公司依据本协议的规定提供服务，本协议具有合同效力。您必须完全同意本协议，才能够享受本网站提供的服务。您在小众网登录即表示您完全接受本协议的全部条款。
重要须知： 在此特别提醒用户认真阅读本《小众网用户服务

图 5.33　表单样式效果

任务 5　使用 DIV+CSS3 实现页面的整体布局

编写 HTML5 代码，实现图 5.34 所示的页面效果。

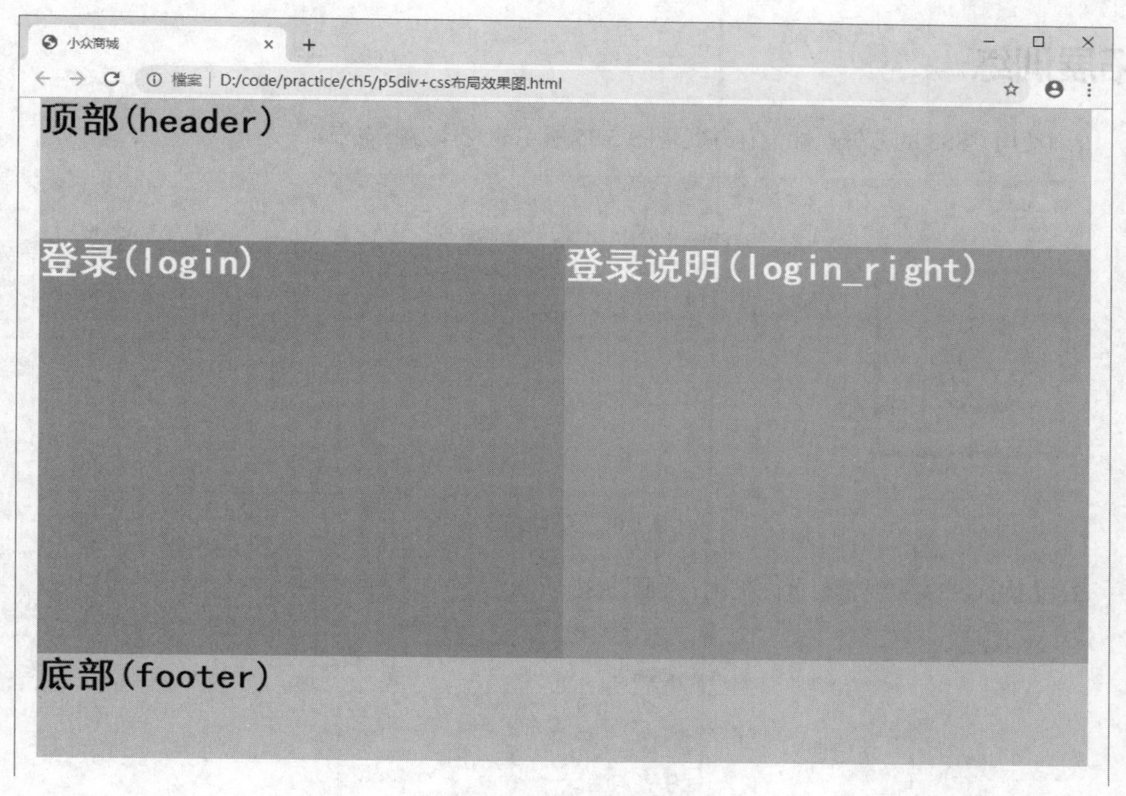

图 5.34　DIV+CSS3 布局效果

小结

（1）盒子模型是页面布局的基础。

（2）盒子的属性如下。

① 外边距（margin）：内容与边框间的距离。

② 边框（border）：盒子外壳本身的宽度。

③ 内边距（padding）：盒子与其他盒子之间的距离。

④ 内容（content）：盒子的主要信息。

（3）DIV+CSS3 布局思路如下。

① 采用语义化的<div>标签组织 XHTML 结构。

② 使用盒子模型描述宽、高、内边距等 CSS3 样式。

（4）float 属性通常用于让块级元素横向紧挨排列或实现特殊排列，而非独占一行。clear 属性一般紧跟在 float 元素之后，用换行方式区隔开浮动元素。

（5）典型的局部布局如下。

① <div>–<ul(ol)>–<li>：常用于分类导航或菜单等场合。

② <div>–<dl>–<dt>–<dd>：常用于图文混排场合。

③ <table>–<tr>–<td>：常用于规整数据的显示场合。

④ <form>–<table>–<tr>–<td>：常用于表单布局的场合。

拓展训练

1. 使用 CSS3 的方框属性设计并实现图 5.35 所示的立体方框效果。

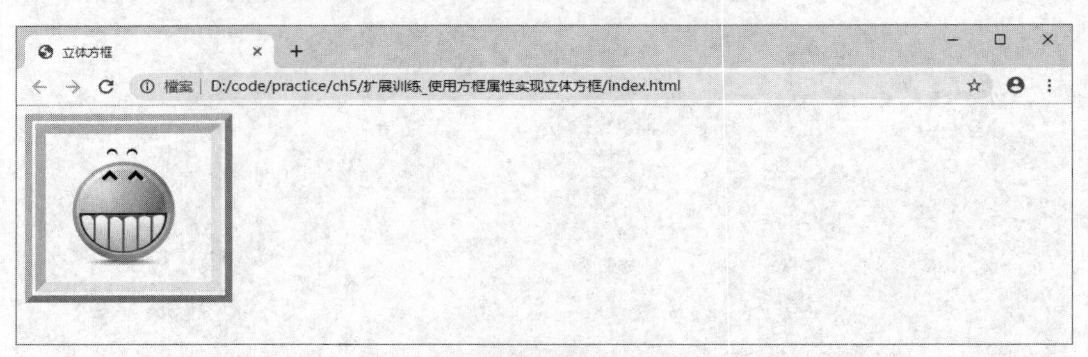

图 5.35　立体方框效果

2. 使用 CSS3 实现表单页面美化，如图 5.36 所示。

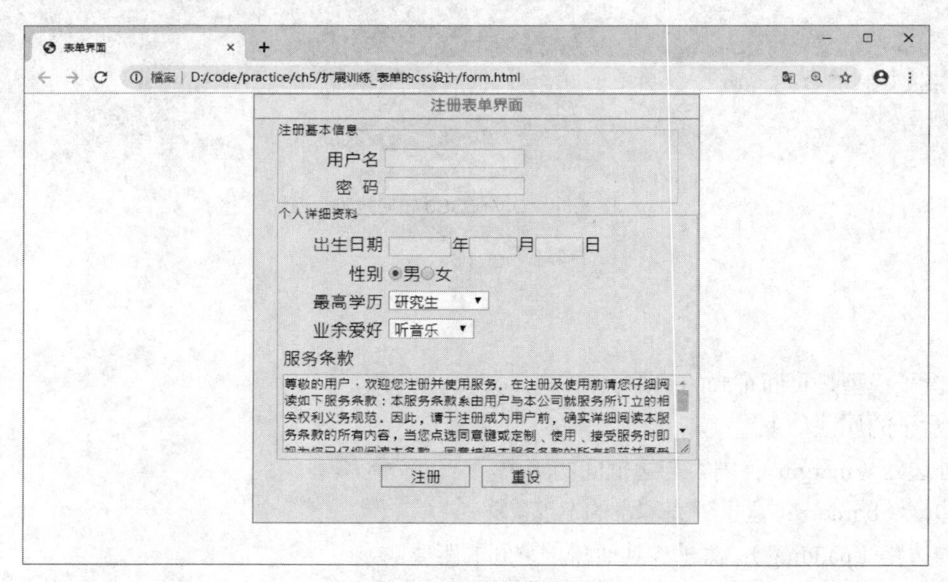

图 5.36　表单页面美化效果

06 第 6 章　网站设计

学习目标

- ☐ 了解网站开发流程
- ☐ 使用 DIV+CSS3 设计简单的页面布局
- ☐ 使用<iframe>制作网页模板
- ☐ 使用 Dreamweaver 工具制作网页

6.1 网站开发流程

创建一个商业网站，要做好商业网站开发的前期准备、中期制作和后期的测试发布工作。前期准备包括了解网站的业务背景、明确网站的设计风格、确定网站内容等；中期制作主要包括创建站点、制作首页、制作模板和制作样式；后期的测试发布工作包括检查页面效果是否美观、链接是否完好、不同浏览器的兼容性以及如何发布网站。下面以时尚 *e* 点通为例来介绍整个网站的开发流程。

6.1.1 需求分析

需求分析就是分析客户的需求是什么。如果投入大量的人力、物力、财力，开发出的网站却不能满足用户需求，那么所有的投入都是徒劳，因此，网站前期的需求分析是相当重要的。需求分析的任务就是解决“做什么”的问题，就是要全面地理解客户的各项要求，并且能够准确、清晰地表达给参与项目开发的所有成员，保证开发过程按照客户的需求去做，而不是为技术而迁就需求。需求分析阶段关键要解决以下 4 个问题。

1. why——构建网站的目的

常见的构建网站的目的如表 6.1 所示，构建时尚 *e* 点通网站的目的是传播信息。

表 6.1　　构建网站的目的

目的	案例	说明
增加利润	电子商务网站	通过网络销售，降低客户服务成本，增进品牌意识
传播信息	企业产品宣传网站、政府宣传网站	宣传
作为应用程序的用户界面	企业内部信息系统 OA、ERP 等	B/S 应用（浏览器/服务器模式）

2. who——访问网站的对象

一般分析目标受众的年龄、兴趣爱好等方面的问题。时尚 *e* 点通主要针对时尚、前卫的年轻人，网站提供的功能需符合现代、时尚的特点。

3. what——访问者的需求

内容决定一切，内容价值决定了访问者的去留。网站开发需要结合业务背景，设计相关内容，充分展示网站的价值，让访问者尽快获取所需内容。根据时尚 *e* 点通的业务背景，设计的主要页面有以下 6 个。

（1）首页（index.html）：包括网站导航、最新资讯和版权声明等内容。

（2）新闻动态（news.html）：包括新闻动态信息等。

（3）全球时尚（global.html）：包括全球时尚信息等。

（4）登录页（login.html）：使用账户登录网站。

（5）注册页（register.html）：注册为网站会员。

（6）帮助页（help.html）：客户服务方面的帮助信息等。

4. 业务风险

时刻记住：以客户需求为导向，最终的成果为《网站需求规格说明书》。

6.1.2　伪界面设计

明确用户的需求后，程序员应该设计一个用户可以直接感知的静态的网站样板（网站的静态图片版），如图 6.1 所示。方便客户与开发人员就网站系统的业务背景、设计风格、网站内容达成共识，并建立需求变更制度与流程，方便后期的制作与完善，内容页面效果如图 6.2 所示。

图 6.1　首页效果

图 6.2　内容页面效果

6.1.3　网站制作

应用 HTML5+CSS3 技术，选用 Dreamweaver 等辅助工具，根据美工效果图编写 HTML5 代码，页面效果如图 6.3 所示，实现这样的效果需要进行素材收集、页面布局规划等工作。

图 6.3　首页制作效果

6.1.4　测试网页

测试网页的目的包含：功能是否满足客户需求；测试并修复网页可能出现的漏洞（Bug）；根据客户浏览器种类，测试浏览器的兼容性。

6.1.5　发布网站

网站经测试之后，就可以放在 Web 服务器上发布。发布网站有两种方式：一种是本地发布，即通过本地计算机来完成，在 Windows 操作系统中，一般通过 IIS 来构建本地 Web 发布平台，这种发布方式只能让局域网中的用户访问你的站点；另一种是远程发布，即登录到 Internet 上，然后利用 ISP 提供的个人网络空间来发布自己所建的网站，这种发布方式要先申请一个域名和虚拟主机，申请成功后 ISP 就会给你一个 IP 地址、用户名和密码，使用此 IP 地址、用户名和密码就可以把网站上传到 Internet 上，按照上述步骤才能让 Internet 上的用户访问你的站点，发布网站流程图如图 6.4 所示。可以根据自己的需要来选择不同的发布环境。

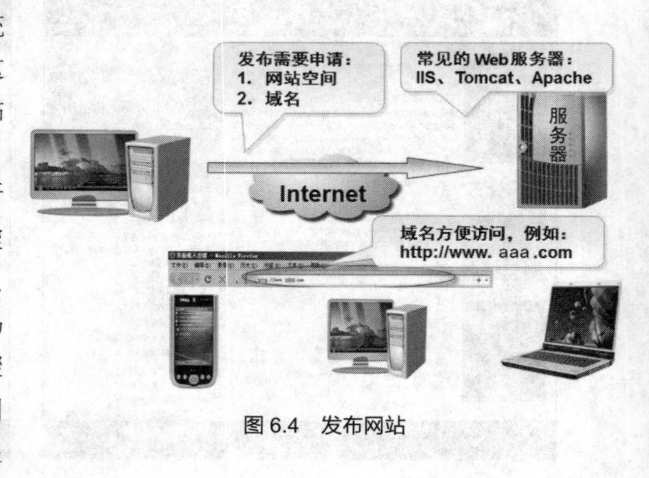

图 6.4　发布网站

6.2　创建站点

Dreamweaver 不仅提供了强大的网页编辑功能，而且具有强大的网站管理功能。在实际的网站开发中，常用 Dreamweaver 工具辅助开发。建立时尚 *e* 点通站点，取名 fashion，该站点将包含大量网站的相关信息。开始建立这个站点，先在计算机的硬盘驱动器中创建名称为“fashion”的文件夹，然后把本地站点的根目录建在这里，一个本地根目录对应一个网站。

创建一个站点的具体步骤如下。

（1）在本地硬盘上创建一个文件夹，用于存放站点，假如我们在 D 盘驱动器下创建名为“fashion”的文件夹。

（2）选择“站点”→“管理站点”命令，然后在弹出的“管理站点”对话框中选择“新建”→“站点”命令，此时将弹出“站点设置对象”对话框。

（3）在“站点设置对象”对话框中，按图 6.5 所示输入站点名称“fashion”，然后选择本地站点文件夹，单击“保存”按钮。完成站点定义后将按图 6.6 所示显示站点文件。

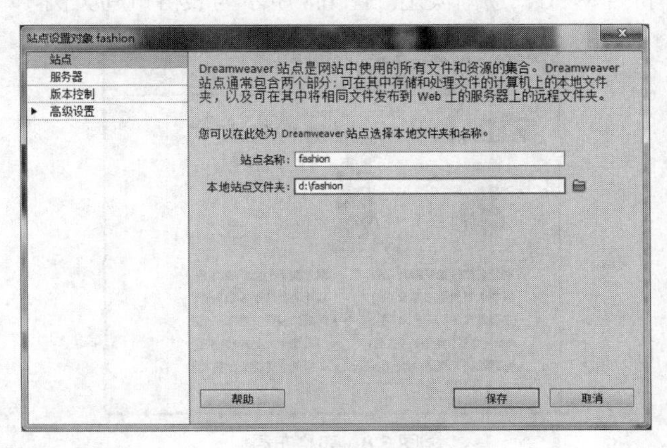

图 6.5　站点定义

（4）建立目录结构，在制作网页前，最好先确定整个网站的目录结构。对应中小型网站，一般会创建图 6.6 所示的通用目录结构，目录名称及作用如下。

① images 目录：存放网站的所有图片。

② css 目录：存放 CSS 文件，即外部 CSS 文件，实现内容和样式的分离。

③ js 目录：存放 JavaScript 脚本文件。

各网页文件一般存放在网站根目录下。

（5）如需修改站点信息，选择“站点”→“管理站点”命令，在弹出的如图 6.7 所示的对话框中进行。

图 6.6　站点文件及资源管理器

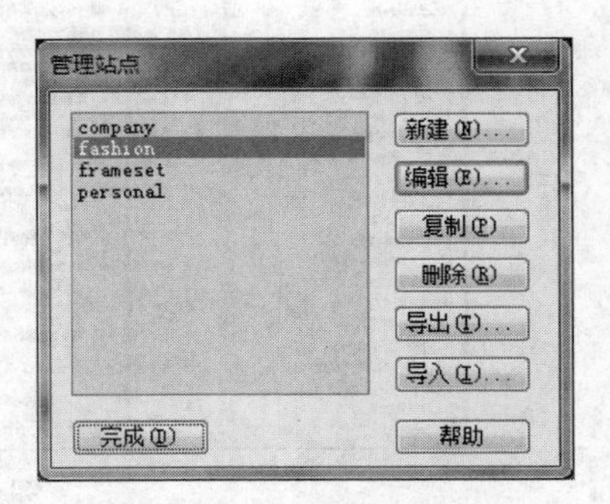

图 6.7　管理站点

6.3 页面布局技术

目前比较流行的页面布局技术有 3 种，即表格布局、框架布局和 DIV+CSS3 布局，每种页面布局技术都有优点和缺点。

6.3.1 表格布局

（1）优点：设计简单、浏览器兼容性好。适合用来布局很规整的内容或数据。

（2）缺点：表格嵌套导致结构冗余、整个表格下载完才开始显示数据，影响访问速度。

（3）适用场合：不符合 W3C，逐渐淡出。图 6.8 所示为表格布局实例。

图 6.8　表格布局

6.3.2 框架布局

（1）优点：简洁、多窗口查看。

（2）缺点：分多文件保存，不利于搜索引擎搜索。在不同浏览器之间的兼容性不好。

（3）适用场合：论坛、社区。图 6.9 所示为框架布局实例。

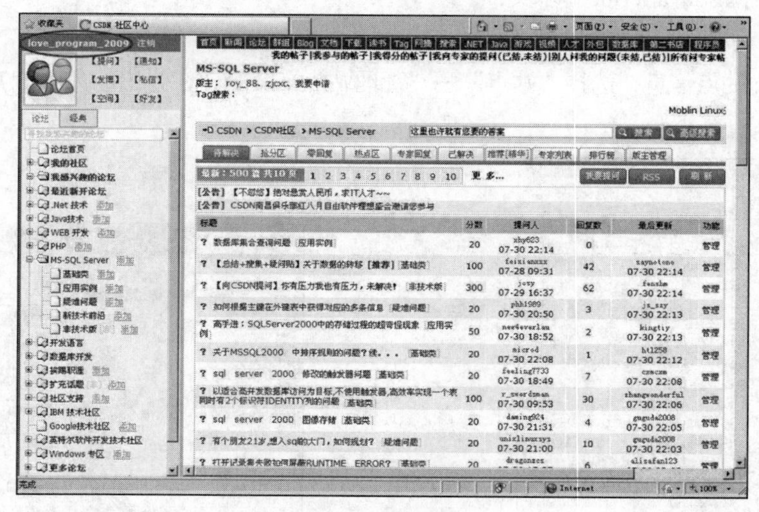

图 6.9　框架布局

6.3.3　DIV+CSS3 布局

（1）优点：符合 W3C 内容和结构分离的思想、层次结构简单、利用搜索引擎搜索。

（2）缺点：布局稍微复杂、存在浏览器兼容问题。

（3）适用场合：主流的布局方式。图 6.10 所示为 DIV+CSS3 布局实例。

图 6.10　DIV+CSS3 布局

6.4　网页制作

6.4.1　制作首页布局

1. 划分页面结构

典型的页面结构是 3 行 3 列结构，如图 6.11 所示。

2. 编写 HTML5 内容结构

推荐加顶级容器，方便统一设置。中间 3 块放入 main 容器块中，如图 6.12 所示。

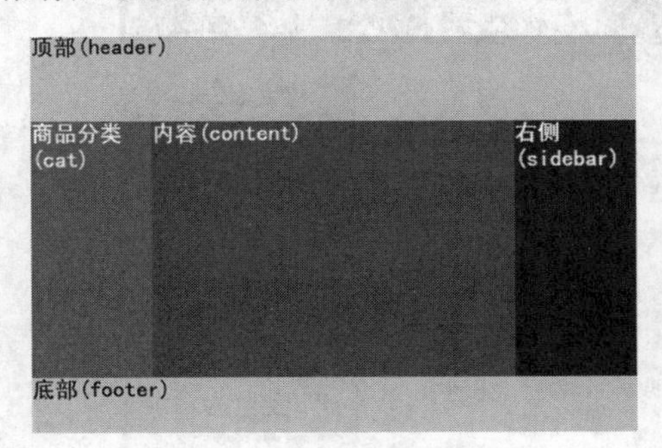

图 6.11　划分页面结构

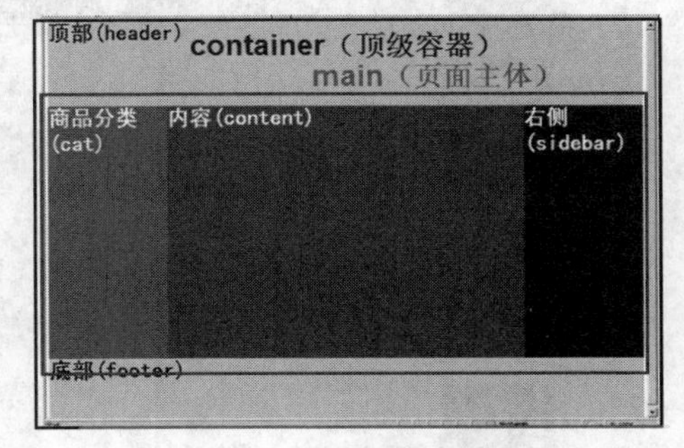

图 6.12　页面结构分解

命名规范。按各块的业界习惯命名。最外面的大块用 ID 命名，其他用 class 或 ID 均可。

3. 编写 CSS3 控制各块的布局

可用具体数值或百分比设置宽高。不需要设置各块坐标。注意使用 float 浮动。代码按块体现层次。

4. 制作首页

在前面的基础上完成首页的制作，页面效果如图 6.13 所示。

图 6.13　首页制作

6.4.2　制作网页模板

图 6.14 所示的网页包含的公用部分可以提取出来作为网页模板。网页模板的用途如下。

（1）多个网页有重复内容，利于减少开发时间。

（2）页面复用，利于网站风格统一和维护。

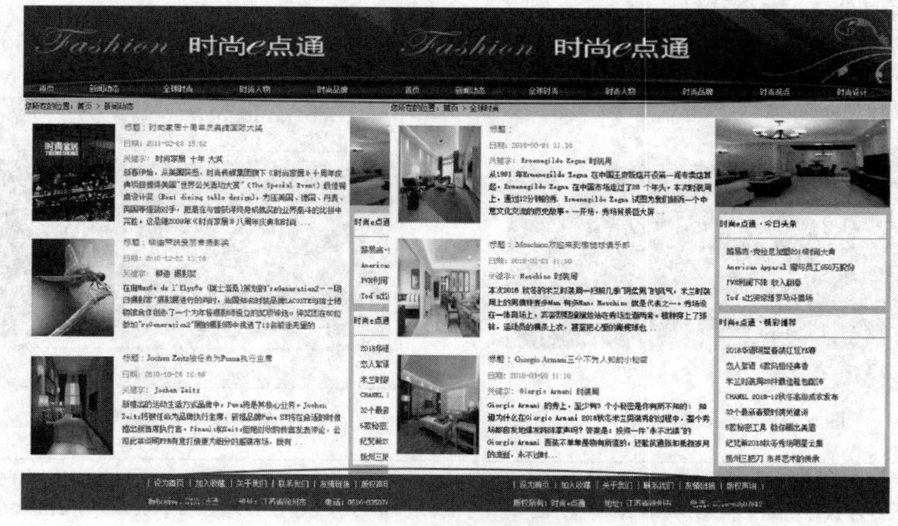

图 6.14　网页公用部分

利用<iframe>标签制作模板的流程如下。

（1）分离顶部为单独的页面文件，制作 top 模板，如图 6.15 所示。

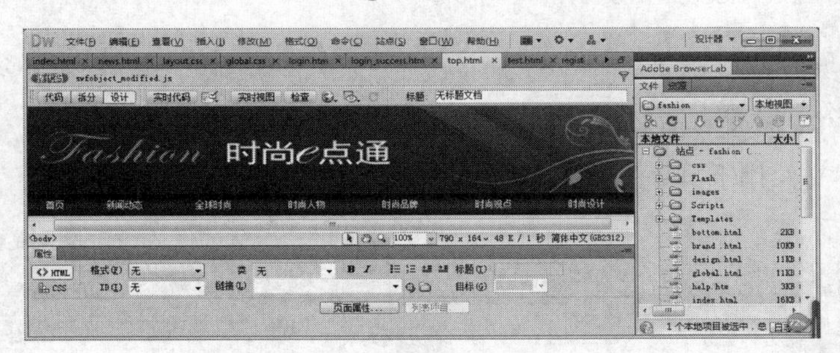

图 6.15 制作 top 模板

（2）分离底部为单独的页面文件，制作 bottom 模板，如图 6.16 所示。

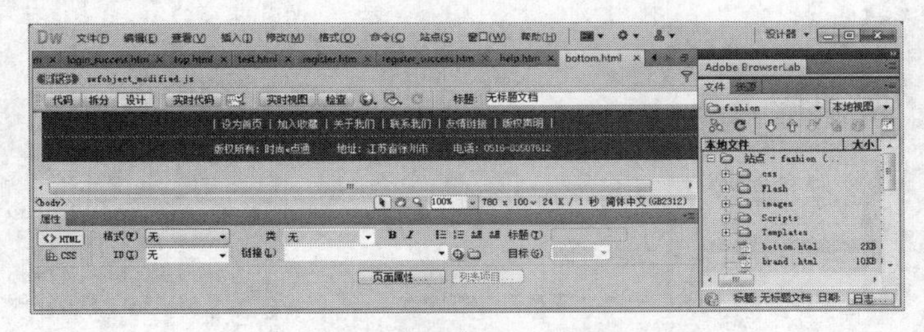

图 6.16 制作 bottom 模板

（3）使用<iframe>复用顶部和底部制作登录页面，如图 6.17 所示。

图 6.17 复用模板

6.4.3 制作样式表文件和其他页面绑定

1. 制作样式表

创建 global.css 文件用于保存常用的全局样式。

```
body{font:normal 12px Tahoma,宋体;}
body,ul,ol,tr,dl,dd,form,input,h1 {margin:0px;padding:0px;}
a {color:#333;text-decoration: none;}
#container a:hover {color:#ff7300;}
a img{border:0px;}
li{list-style:none;}
input{border:1px #ccc solid;height:17px;width:131px;}
```

创建 layout.css 文件用于具体的页面布局和美化，如图 6.18 所示。

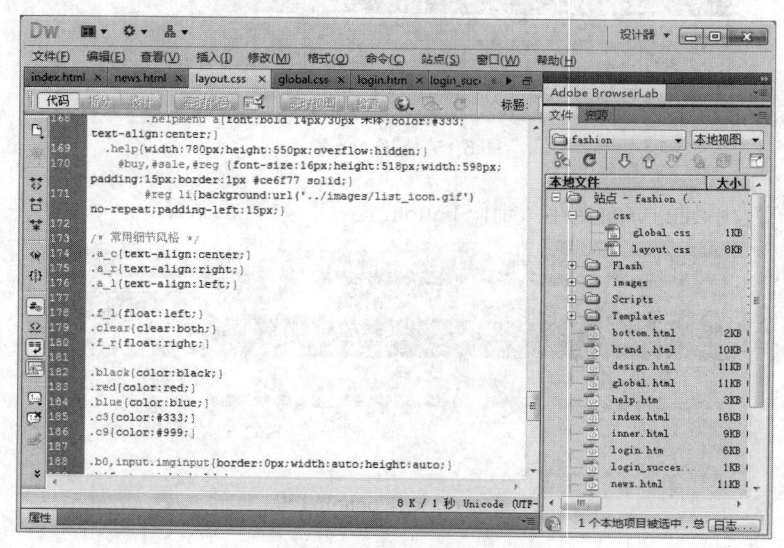

图 6.18　制作样式文件

2. 应用样式文件

样式文件创建好之后，仍然是一个孤立的文件，如果不应用到页面中，就不能表现出样式的效果。未应用样式的页面绑定样式文件的具体操作步骤如下。

（1）打开要应用样式的网页，在“属性”面板中单击“类”下拉列表框，选择“附加样式表”选项。

（2）选择“附加样式表”选项之后，会出现图 6.19 所示的对话框，单击“浏览”按钮指定要链接的外部样式文件为“layout.css”。

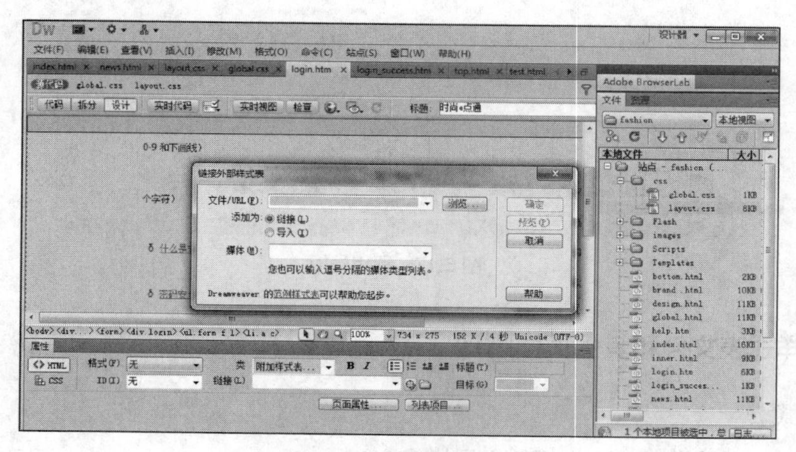

图 6.19　应用样式文件

（3）单击“确定”按钮，就完成了网页和样式表文件“layout.css”之间的绑定。

6.4.4　设置页面间的链接

时尚 *e* 点通的主要页面都做好了，并且应用了模板和样式，但这些页面还是孤立的，没有任何联系，接下来应用超链接使其形成一个有机整体。

超链接能把同一网站中同一页面的不同部分、同一网站中不同的页面、不同网站中不同页面的不同部分、不同网站中不同页面链接起来，从而在不同网站、不同页面、同一页面不同部分之间建立起联系。

6.5　测试并发布网站

网站的开发是一个系统工程，由很多人共同完成，这么多人同时完成一个网站，可能会出现许多问题，如整个网站在设计上是否统一和谐、链接地址是否有错、不同的浏览器打开同一网页是否能正常显示等，这就需要我们对网站进行测试。网站经过成功测试之后，就要把它发布到 Web 服务器上，供用户正常使用。

6.5.1　测试内容

1. 页面效果是否美观

一个网站做得好坏很大程度上取决于页面效果，尤其是对那些不懂网站建设技术的人，他们就看你做的网站是否美观、大方，所以一个网站中的页面效果对此网站的成功具有举足轻重的作用。页面效果是否美观，其实是有据可依的，可以从结构是否清晰、用户界面是否良好、浏览是否方便快捷以及实用性、创新性、交互性的强弱等角度去判断，然后来完善、美化我们制作的页面。

2. 链接是否完好

（1）检查单个页面链接。若要检查单个页面链接，先打开此站点，接着将该文档打开，然后选择“文件”→“检查页”→“检查链接”命令，系统自动打开“结果”面板显示“链接检查器”面板，并显示链接报告，如图 6.20 所示，该报告为临时文件，用户可通过单击“保存报告”按钮将报告保存起来。

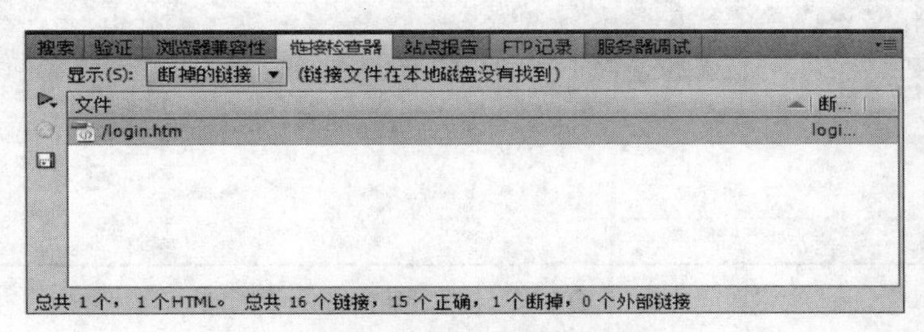

图 6.20　“链接检查器”面板

“显示”下拉列表框中共包含以下 3 种类型的链接报告。

①“断掉的链接”选项：显示含有断裂超链接的网页名称。

②“外部链接选项”：显示包含的外部超链接的网页名称（可从此网页链接到其他网站中的网页）。

③“孤立文件”选项：显示网站中没有被使用到的或未被链接到的文件，即孤立的文件。

（2）检查整个站点中的链接。若要检查整个站点中的链接，先从“文件”面板中选择一个站点，然后单击“链接检查器”面板中的“检查链接”按钮，从弹出的菜单中选择“检查整个当前本地站点的链接”命令，在“链接检查器”面板中的列表框中显示链接报告，如图 6.21 所示。

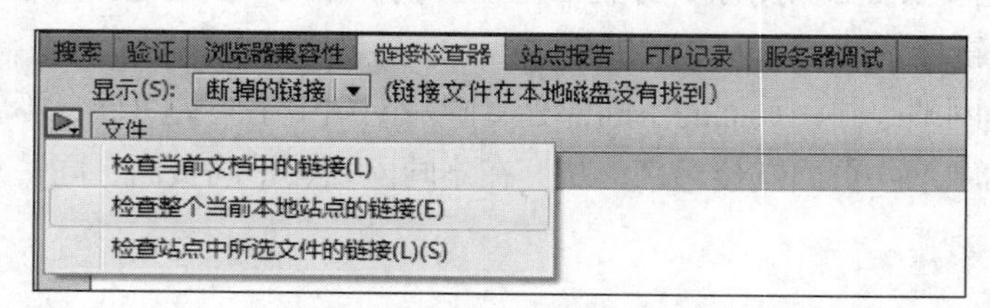

图 6.21　打开“检查链接”菜单

3. 测试不同浏览器的兼容性

（1）设置需要检查的浏览器及其版本。在“文档”工具栏中的“目标浏览器检查”菜单中选择“设置”命令，出现“目标浏览器”对话框，选中每个需检查浏览器的复选框，在这里我们选择 Firefox 等浏览器，如图 6.22 所示。

对于每个选定的浏览器，在其同行右边有个下拉列表框，单击后从弹出的选项中选择要检查的浏览器的最低版本。最后单击“确定”按钮，以选定需要检查的浏览器及其版本。

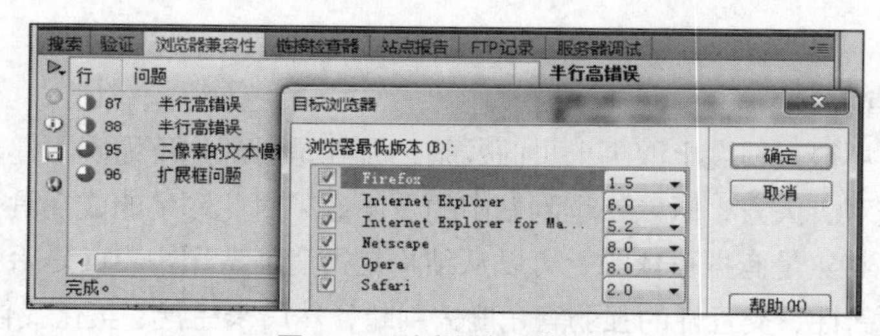

图 6.22　测试浏览器兼容性

（2）检查单个页面或整个站点的兼容性。在“文件”面板上的“本地视图”中，选择单个页面或包含整个站点的文件夹。选择“文件”→“检查页”→“浏览器兼容性”命令。报告将显示在“结果”面板组中的“浏览器兼容性”面板中，如图 6.23 所示。

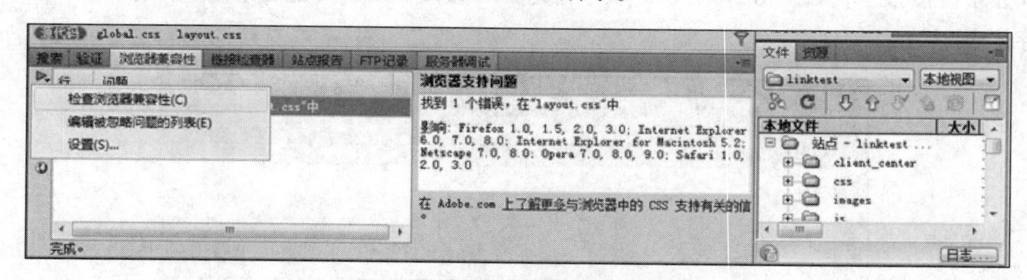

图 6.23　浏览器兼容性

6.5.2　发布站点

在网站开发好后，可以通过两种方式来发布：一种是通过本地计算机来完成；另一种是在线发布。在此主要介绍在本地计算机上安装 IIS 以及使用 IIS 来发布网站的过程，并介绍如何访问网站。

1. 安装 IIS

IIS 是一个专门的 Internet 信息服务器系统，它包含的内容很多，不仅可以提供 Web 服务，而且可以提供文件传输服务、新闻和邮件等服务，是创建功能强大、内容丰富的站点所首选的服务器系统。IIS 是系统的基本安装组件，如果在安装系统时选择安装了 IIS，就不再需要单独进行安装，但是如果在安装时没有选择安装，可像安装其他 Windows 组件一样来安装它。

在 Windows 7 下安装 IIS 的步骤如下。

（1）单击“开始”→“设置”→“控制面板”命令，将打开“控制面板”窗口，双击“程序和功能”图标。

（2）单击“打开或关闭 Windows 功能”按钮，将弹出“Windows 功能”对话框，如图 6.24 所示，其中显示了可供安装的组件。

（3）选中“Internet 信息服务”复选框，再单击“确定”按钮，完成 IIS 组件的安装。

（4）查看管理工具，增加了“Internet 信息服务（IIS）管理器”，如图 6.25 所示。

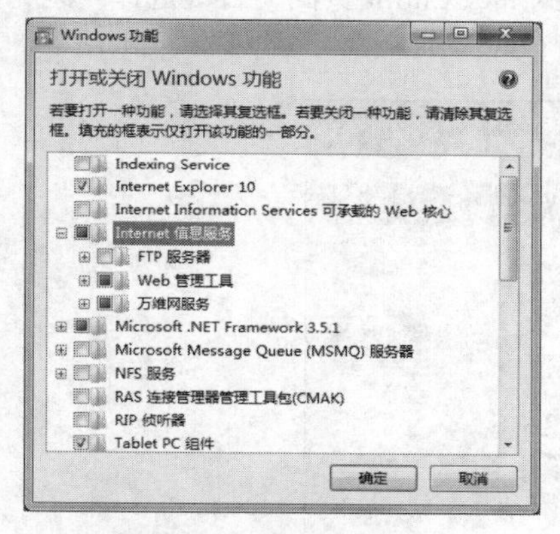

图 6.24　Windows 组件向导

图 6.25　管理工具

2. 发布网站

发布网站的步骤如下。

（1）打开“Internet 信息服务（IIS）管理器”，如图 6.26 所示。

图 6.26　Internet 信息服务（IIS）管理器

（2）右键选择“Default Web Site”，创建虚拟目录，如图 6.27 所示。在弹出的“添加虚拟目录”

对话框中，填写别名和相应的物理路径，如图 6.28 所示，即可完成网站的发布。

图 6.27　创建虚拟目录

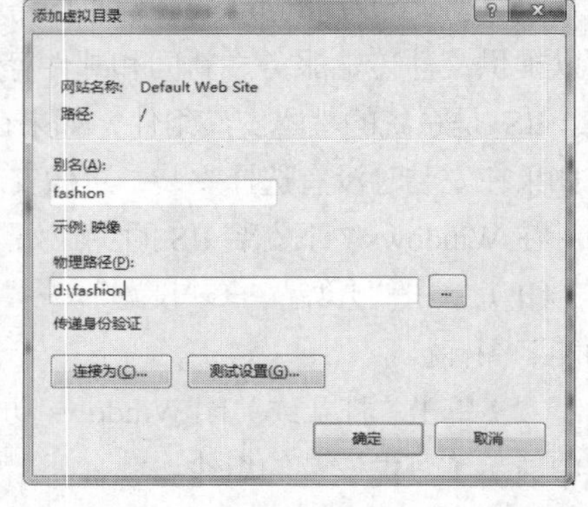

图 6.28　添加虚拟目录

（3）切换到“内容视图”，查看站点文件目录结构，找到 index.html 页面，右键选择“浏览”，如图 6.29 所示，查看该网站首页效果，如图 6.30 所示。

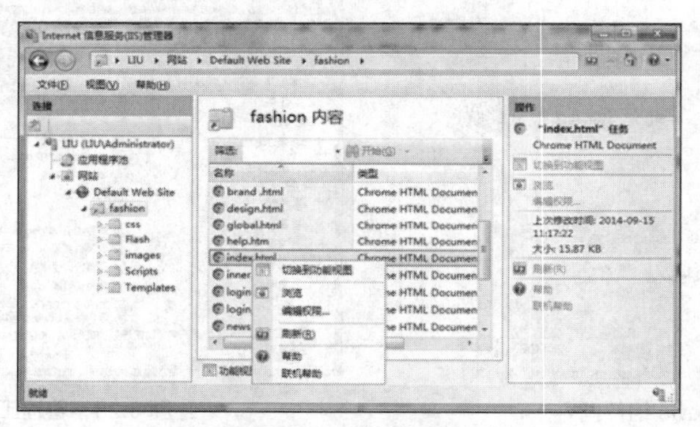

图 6.29　内容视图

图 6.30　页面效果

3. 访问网站

网站发布到本地 Web 服务器成功后，将提供两种访问方式：一种是在浏览器地址栏中输入“http://本地服务器 IP 地址/fashion/index.html”即可访问这个网站，这种访问方式在同一局域网中不同的计算机上都可以访问，如图 6.31 所示；另一种是在浏览器地址栏中输入“http://127.0.0.1/fashion/index.html”也可访问，这种访问方式只能在本地计算机上访问，如图 6.31 所示。

当我们成功地发布网站之后，还需要对站点做定期维护，以保证站点的正常运行和吸引更多的浏览者。

图 6.31　用两种不同方式访问网站首页

6.6　实践指导

1. 实践要求

（1）会根据网站开发流程制作网站。

（2）会使用<iframe>制作网页模板。

（3）会使用 DIV+CSS3 制作简单的页面布局。

（4）会使用 Dreamweaver 工具制作网页。

2. 实践任务

任务 1　创建站点

按照步骤创建购物网站，并建立相应的目录结构，如图 6.32 所示。

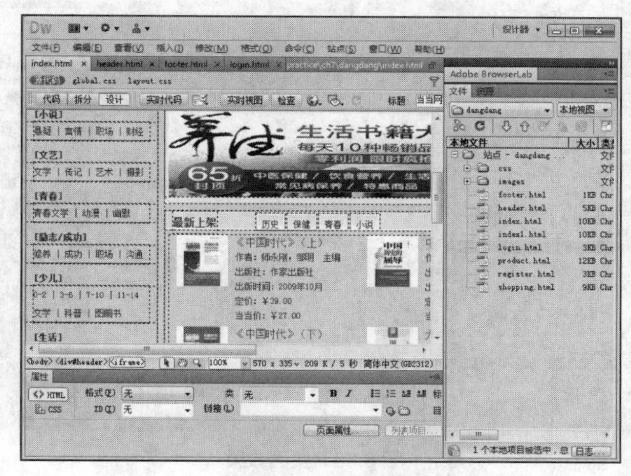

图 6.32　页面效果

任务 2　制作首页

使用 Dreamweaver 等编辑工具制作首页，实现图 6.33 所示的页面效果。

任务 3　制作模板

使用 Dreamweaver 等编辑工具制作模板，实现图 6.34 所示的页面效果。

任务 4　复用模板制作商品列表页面

使用 Dreamweaver 等编辑工具复用模板制作商品列表页面，实现图 6.35 所示的页面效果。

图 6.33　页面效果

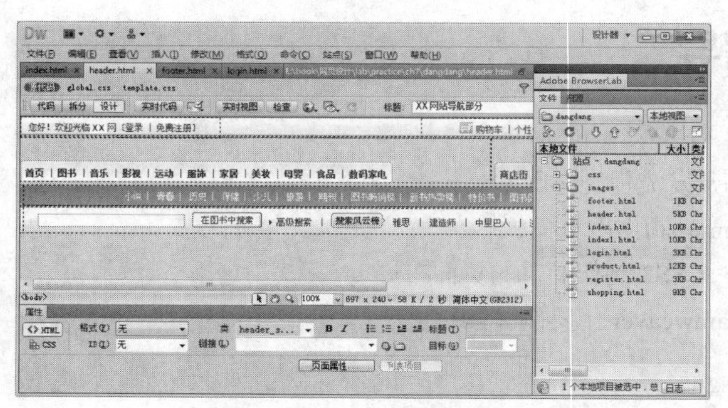

图 6.34　页面效果

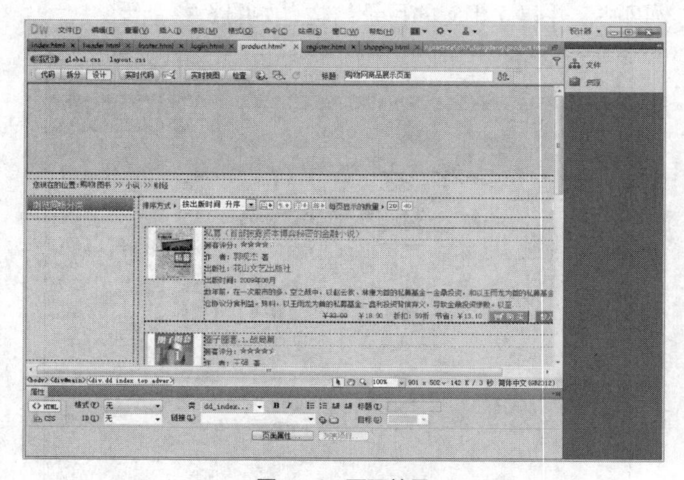

图 6.35　页面效果

小结

（1）网站开发流程一般包括需求分析、伪界面设计、网站制作、测试网页、发布网站等环节。

（2）网站制作主要包括创建站点、制作首页布局、制作网页模板和制作样式表。

（3）页面的制作可以从页面内容和页面布局着手。

（4）运用模板有助于设计风格的统一，方便网站的维护。

拓展训练

1. 使用 Dreamweaver 等编辑工具，制作一个网站注册页面，实现图 6.36 所示的页面效果。

图 6.36　页面效果

2. 使用 Dreamweaver 等编辑工具，制作购物车页面，页面效果如图 6.37 所示。

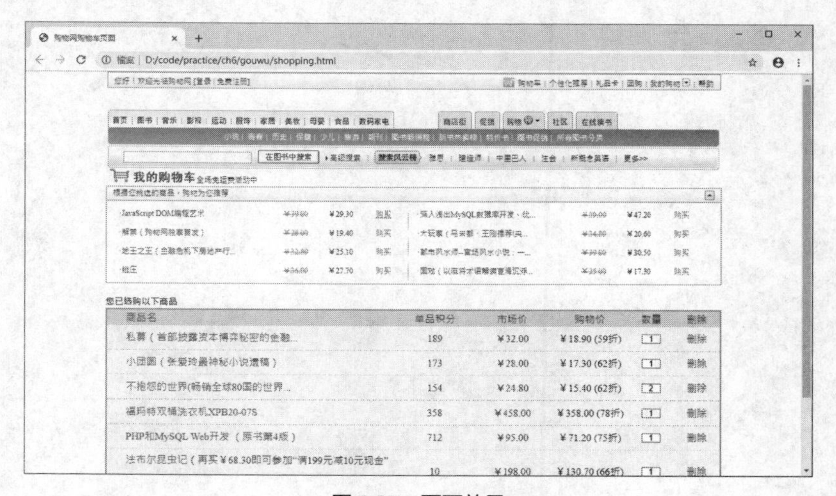

图 6.37　页面效果

07

第7章　JavaScript基础

学习目标

- □ 掌握 JavaScript 常用的数据类型和变量的定义
- □ 掌握 JavaScript 中操作符及表达式的使用方法
- □ 掌握 JavaScript 中分支、循环结构的使用方法
- □ 掌握 JavaScript 中内置函数的使用方法
- □ 掌握 JavaScript 中函数的定义及使用方法

7.1 JavaScript 简介

为了让信息更好地展示给浏览者或者说为了让网页和浏览者更好地互动，程序员亟须开发一种简单而灵活的编程语言来改变这种情况。于是，Netscape 公司在 1995 年发布了 JavaScript 的脚本语言。

在开发过程中，通过使用 JavaScript，网页开发人员能够对网页进行管理和控制。JavaScript 可以嵌入 HTML 文档中，当页面显示在浏览器中时，浏览器会解释并执行 JavaScript 语句，从而控制页面展示的内容和验证用户输入的数据。

JavaScript 的功能十分强大，如表单验证、动态特效等，所有这些功能都有助于增强站点的动态交互性。

7.1.1 JavaScript 的基本结构

JavaScript 代码是通过<script>标签嵌入 HTML5 文档中的。可以将多个<script>标签嵌入一个文档中。浏览器在遇到<script>标签时，将逐行读取内容，直到遇到</script>结束标签为止。浏览器将边解释边执行 JavaScript 语句，如果有任何错误，就会在警告框中显示。

JavaScript 脚本的基本语法格式如下。

```
<script language="javascript">
    JavaScript 语句
</script>
```

其中，language 指定编写脚本使用哪一种脚本语言。

编写 JavaScript 的步骤如下。

（1）利用编辑器（如 Dreamweaver 或记事本）创建 HTML 文档。

（2）在页面中通过<script>标签嵌入 JavaScript 代码。

（3）将 HTML5 文档保存为扩展名是“.html”的文件，然后使用浏览器可以查看该网页 JavaScript 的运行效果。

实例 1：按照学习编程语言的惯例，先来尝试一下用 JavaScript 输出“Hello World!”。

实例代码如下。（代码位置：07/7-1.html）

```
<!DOCTYPE html>
<html lang="en">
<head>
    <title>第一个 JavaScript</title>
    <script language="javascript">
        document.write("Hello World! ");   //document.write()向网页输出内容
    </script>
</head>
<body></body>
</html>
```

执行上述代码后在浏览器中的预览效果如图 7.1 所示。

JavaScript 可以在不同的位置进行嵌入，根据其位置不同，可以分为以下 3 种方式。

（1）HTML5 页面内嵌 JavaScript 代码，如实例 1 所示。

（2）外部 JS 文件：使用外部 JS 文件的主要作用是代码重用，减少代码冗余且便于修改。可以将一些通用的 JS 函数在多个 HTML 文档之间实现共享。

图 7.1 JavaScript 在网页上输出 Hello World！

外部 JS 文件是以“.js”为后缀的文件。通过<script>标签把“.js”文件导入 HTML 文档中。其语法格式如下。

```
<script type="text/javascript"  src="url"></script>
```

type：表示引用文件的内容类型。

src：指定引用的 JavaScript 文件的 URL，可以是相对路径或绝对路径。

实例 2：将实例 1 做适当修改，通过<script>标签引用 test2.js 文件，并输出相应的内容。

实例代码如下。（代码位置：07/7-2.html）

```
<!DOCTYPE html>
<html lang="en">
<head>
    <title>第一个 JavaScript</title>
    <script type="text/javascript" src="test2.js"></script>
</head>
<body></body>
</html>
```

相应的 test.js 文件代码如下。（代码位置：07\test.js）

```
document.write("Hello World! ");
```

执行上述代码后在浏览器中的预览效果如图 7.2 所示。

图 7.2 JavaScript 通过嵌入 JS 文件在网页上输出 Hello World！

（3）简短缩写方式。结合事件编写简短 JavaScript 脚本，代码如下。（代码位置：07/7-3.html）

```
<!DOCTYPE html>
<html lang="en">
<head>
<meta charset="UTF-8" / >
<title>弹出消息框</title>
</head>
```

```
<body>
<input name="btn" type="button" value="弹出消息框"  onclick="javascript:alert('Hello
World!');"/>
</body>
</html>
```

执行上述代码后在浏览器中的预览效果如图 7.3 所示。

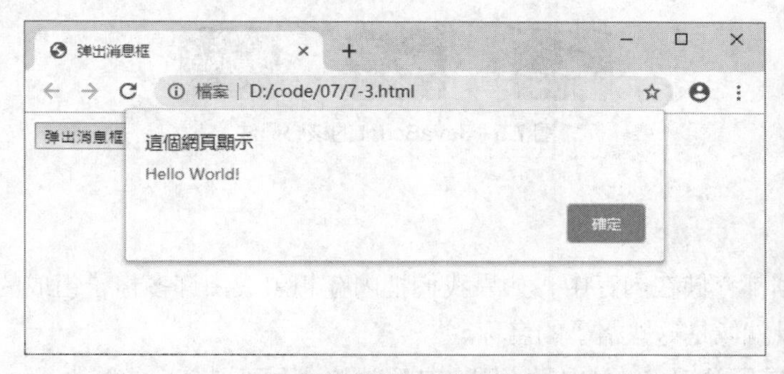

图 7.3　JavaScript 通过简短缩写方式输出 Hello World!

7.1.2　脚本的执行原理

在脚本的执行过程中，浏览器客户端与应用服务器采用请求/响应模式进行交互，如图 7.4 所示。

脚本执行的过程如下。

（1）用户在浏览器发出访问请求。

（2）向服务器请求某个包含脚本的页面，浏览器把请求消息发送到应用服务器，等待服务器的响应。

（3）应用服务器向浏览器发送响应消息，把含脚本的页面发送到浏览器客户端，然后由浏览器解析 HTML 标签和 JavaScript 脚本，并显示页面效果给用户。

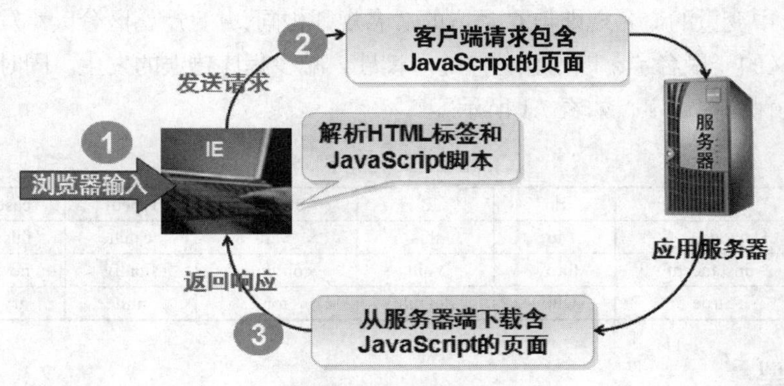

图 7.4　脚本的执行原理

7.2　JavaScript 基础语法

JavaScript 语言同其他编程语言一样，有其自身的数据类型、表达式、运算符及基本语句结构。JavaScript 的核心语法如图 7.5 所示。

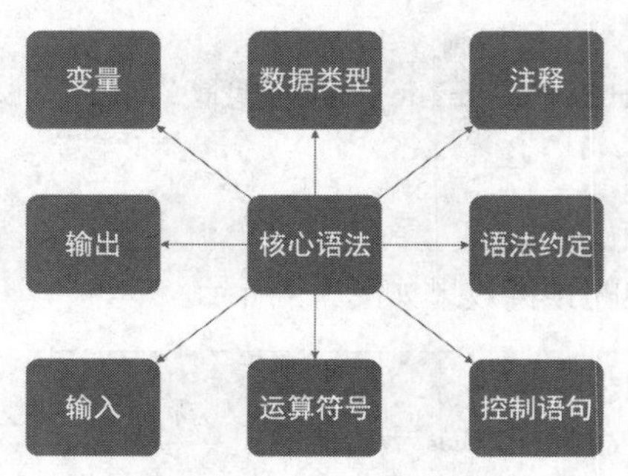

图 7.5　JavaScript 的核心语法

7.2.1　变量

在计算机中数据都存储在内存中，如果我们把内存想象成由许多格子组成的大方块，每个格子都存放着数据，变量就像是这些格子的名称。

JavaScript 中变量用关键字 var 进行声明，其语法格式如下。

```
var  变量名;
```

示例如下。

```
var  width;
width=4;
```

在声明变量的同时可以为变量赋初值。示例如下。

```
var  width=4;
var  x, y, z = 10;
```

还有一种情况就是不声明直接赋值。示例如下。

```
width=4;
```

JavaScript 中变量可以不声明直接使用，但是这种方法较容易出错，并且较难排查，所以不建议不声明就直接使用。

在 JavaScript 中变量的命名规则与 C 语言的命名规则相同，并且严格区分大小写。在命名变量时，最好使用具有意义的变量名字，以增强程序的可读性，减少程序错误的发生。同时，变量名不能使用 JavaScript 中的保留关键字，如表 7.1 所示。

表 7.1　JavaScript 关键字

关键字							
关键字	break	do	if	switch	typeof	case	with
	else	in	this	var	catch	false	delete
	instanceof	throw	void	continue	finally	new	function
	true	while	default	for	null	try	return

7.2.2　数据类型

JavaScript 是一种弱类型的语言，对于同一变量可以赋不同类型的值。示例如下。

```
<script language="javascript">
   var x=666;
   x="javascript";
</script>
```

在上述代码中，变量 x 在声明的同时被赋予了初始值 666，此时 x 的类型为数值型。而后面的代码又给变量 x 赋予了一个字符串类型的值，此时 x 又变成了字符串类型的变量。这种赋值方式在

JavaScript 中都是允许的。

JavaScript 的数据类型如表 7.2 所示，可以通过 typeof 检测变量的返回值，来判断数据的类型。

表 7.2　　数据类型

数据类型	说明
数值（number）	JavaScript 语言本身并不区分整型和浮点型数值，所有数值在计算机内部都由浮点型表示
字符串（string）	使用单引号或双引号括起来的 0 个或多个字符
布尔（boolean）	布尔型常量只有两种值，即 true 或 false
函数	JavaScript 函数是一种特殊的对象数据类型，因此函数可以被存储在变量、数组或对象中。此外，函数还可以作为参数传递给其他函数
对象（object）	已命名数据的集合，这些已命名的数据通常被作为对象的属性引用。常用的对象有 String、Date、Math、Array 等
null	是 JavaScript 中的一个特殊值，它表示“无值”，它和 0 不同
undefined	表示该变量尚未被声明或未被赋值，或者使用了一个并不存在的对象属性

实例代码如下。（代码位置：07/7-4.html）

```
<!DOCTYPE html>
<html lang="en">
<head>
  <meta charset="UTF-8" / >
  <title>typeof 的功能和用法演示</title>
  <script  type="text/javascript">
  document.write("<h2>对变量或值调用 typeof 运算符返回值：</h2>");
  var width,height=10,name="rose";
  var arrlist=new Date();
  document.write(typeof(width)+"<br>");
  document.write(typeof(height)+"<br>");
  document.write(typeof(name)+"<br>");
  document.write(typeof(true)+"<br>");
  document.write(typeof(null)+"<br>");
  document.write(typeof(arrlist));
  </script>
</head>
<body>
</body>
</html>
```

执行上述代码后在浏览器中的预览效果如图 7.6 所示。

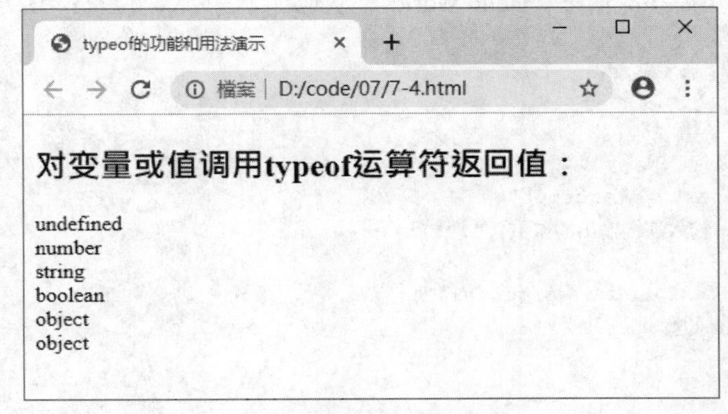

图 7.6　typeof 运算符

7.2.3 注释

在 JavaScript 中有两种注释方法。

（1）单行注释：使用“//”符号进行注释，其后的内容不被程序解释执行。语法格式如下。

```
//这是单行程序代码的注释
```

（2）多行注释：使用“/*.....*/”进行标志，其中的文字同样不被程序解释执行。语法格式如下。

```
/*
这是多行程序注释
*/
```

注意

多行注释中可以嵌套单行注释，但不能嵌套多行注释。

7.2.4 运算符

JavaScript 中的运算符主要分为算术运算符、赋值运算符、比较运算符和逻辑运算符 4 类。常用运算符如表 7.3 所示。

表 7.3　　常用运算符

类型	运算符
算术运算符	+、-、*、/、%、++、--
赋值运算符	=
比较运算符	>、<、>=、<=、==、!=
逻辑运算符	&&、||、!

7.2.5 常用的输入/输出

（1）常用输出函数：alert()，语法格式如下。

```
alert("提示信息");
```

（2）常用输入函数：prompt()，语法格式如下。

```
prompt("提示信息", "输入框的默认信息");
```

实现输入次数，然后多次输出“Hello World”，代码如下。（代码位置：07/7-5.html）

```
<!DOCTYPE html>
<html lang="en">
<head>
<meta charset="UTF-8" / >
<title>输出 Hello World</title>
<script  type="text/javascript">
var j=prompt("请输入连续输出的次数：","");
for(var i=0;i<j;i++)
document.write("<h1>Hello World</h1>");
alert("共连续输出标题："+j+"次");
</script>
</head>
<body>
</body>
```

```
</html>
```

执行上述代码后在浏览器中的预览效果如图 7.7 所示。

（a）　　　（b）

图 7.7　常用的输入/输出

7.3　流程控制

JavaScript 中提供了丰富的流程控制结构，比如分支结构、循环结构和转移结构。下面将详细介绍这 3 种结构。

7.3.1　分支结构

分支结构是根据假设的条件成立与否，再决定执行什么样语句的结构，它的作用是让程序更具有选择性。JavaScript 语言中提供了两种分支结构。

1. if–else 语句

if-else 语句是最常用的分支结构。if-else 语句的语法格式如下。

```
if(条件)
{
   JavaScript 代码;
}
else
{
  JavaScript 代码;
}
```

根据南昌大学软件学院的学号的格式，实现输入学号输出专业的功能，代码如下。（代码位置：07/7-6.html）

```
<!DOCTYPE html>
<html lang="en">
<head>
<title> if-else 分支 </title></head>
<body>
<script language="javascript">
     //提示用户输入学号
     var oper1 = prompt('请输入你的学号','');        //prompt 函数弹出输入框
     var sclass;                                     //年级
     var string;                                     //专业
     if(oper1 > 9003119000 && oper1<9003119999){
```

```
            sclass ='19';
            string ="信息安全";
        }else if( oper1 > 9002119000 && oper1<9002119999){
            sclass ='19';
            string ="软件工程";
        }else if( oper1 > 9002117000 && oper1<9002117999){
            sclass ='17';
            string ="软件工程";
        }else if( oper1 > 9003117000 && oper1<9003117999){
            sclass ='17';
            string ="信息安全";
        }
        if(sclass == undefined){
            document.write('你输入了非法学号');
        }
        else{
            document.write('你是'+sclass+'级'+string+'专业');
        }
</script>
</body>
</html>
```

执行上述代码后在浏览器中的预览效果如图 7.8 所示。

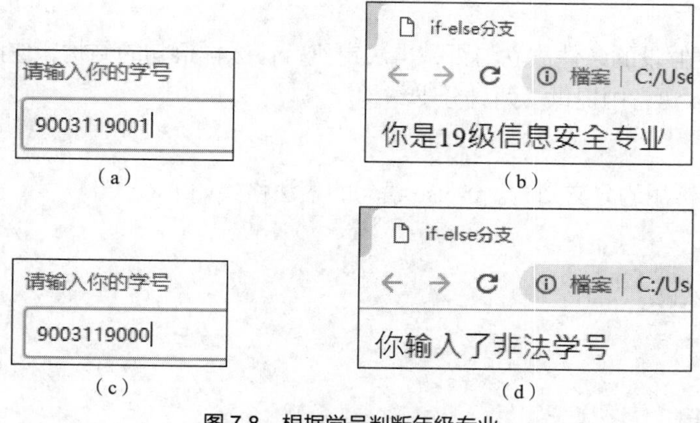

图 7.8 根据学号判断年级专业

2. switch 语句

一个 switch 语句由一个控制表达式和一个由 case 标志表述的语句块组成。语法格式如下。

```
switch (表达式)
{
    case 匹配条件 1 :  JavaScript 语句 1; break;
    case 匹配条件 2 :  JavaScript 语句 2; break;
    …
    …
    default :    默认语句;
}
```

语法说明如下。

① switch 语句把表达式返回的值依次与每个 case 子句中的值比较。如果遇到匹配的值，则执行

case 后面的语句块。

② 表达式的返回值类型可以是字符串、整型、对象类型等任意类型。

③ case 子句中的值可以是任意类型（例如字符串），而且所有 case 子句中的值应是不同的。

④ default 子句是可选的。

⑤ break 语句的作用是在执行完一个 case 分支后，使程序跳出 switch 语句，即终止 switch 语句的执行。特殊情况下，多个不同的 case 值执行一组相同的操作，不能使用 break 语句。

用 switch 语句实现 7-6.html 的功能。

实例代码如下。（代码位置：07/7-7.html）

```
<!DOCTYPE html>
<html lang="en">
<head>
<title> switch-case 分支 </title></head>
<body>
<script language="javascript">
     //提示用户输入学号
     var oper1 = prompt('请输入你的学号','');          //prompt 函数弹出输入框
     var sclass;          //年级
     var string;          //专业
     var oper2 = oper1.substring(0,oper1.length-3); //截取学号的前 7 位
     switch(oper2){
          case '9003119':
                sclass ='19';
          string ="信息安全";
                break;

          case '8002119':
                sclass ='19';
          string ="软件工程";
                break;
          case '8002117':
                sclass ='17';
          string ="软件工程";
                break;

          case '8003117':
                sclass ='17';
          string ="信息安全";
                break;

          default:
                sclass ='其他';
                string ='其他';
          }
     if(sclass == undefined){
          document.write('你输入了非法学号');
     }
     else{
          document.write('你是'+sclass+'级'+string+'专业');
     }
```

```
</script>
</body>
</html>
```

在上述代码中，当用户输入不同的字符串时，程序通过与 case 值比较，用 alert()函数输出对应的字符串。

执行上述代码后在浏览器中的预览效果如图 7.9 所示。

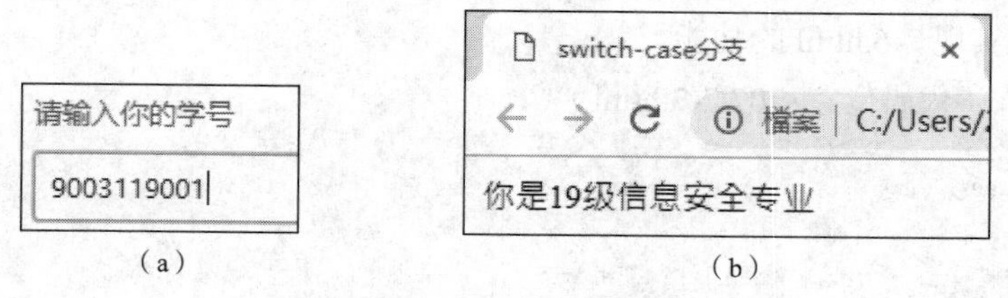

图 7.9　switch-case 语句示例

7.3.2　循环结构

循环结构的作用是反复执行一段代码，直到满足终止循环的条件为止。JavaScript 语言中提供 4 种循环结构，分别是 while 语句、do-while 语句、for 语句、for-in 语句。下面将详细介绍这 4 种循环结构。

1. while 语句

while 语句常用于次数未知的循环，语法格式如下。

```
while(条件)
{
      JavaScript 代码;
}
```

首先，while 语句计算表达式，如果表达式为 true，则执行 while 循环体内的语句；否则结束 while 循环，执行 while 循环体以后的语句。

编写代码实现 1～100 的和。

实例代码如下。（代码位置：07/7-8.html）

```
<!DOCTYPE html>
<html lang="en">
<head>
<meta charset="UTF-8" / >
<html lang="en">
<head>
<meta http-equiv="Content-Type" content="text/html; charset=gb2312" />
<title>计算 1～100 之间的和</title>
</head>
<body >
<script language="javascript">
     var i = 0;
     var sum = 0;
     while(i<=100){
         sum += i;
         i++;
     }
     document.write("1～100 之间的和为: "+sum);
```

```
</script>
</body>
</html>
```

执行上述代码后在浏览器中的预览效果如图 7.10 所示。

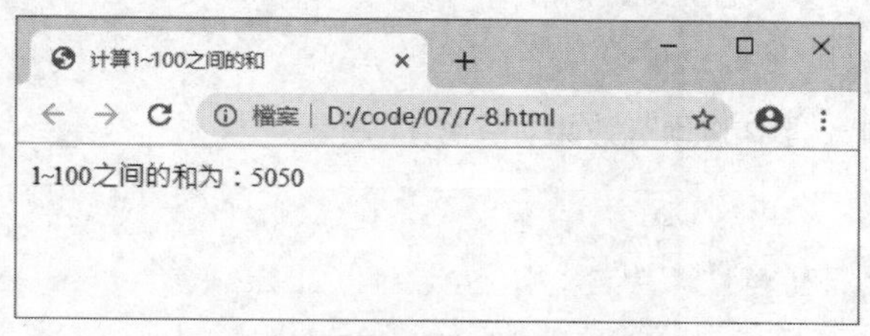

图 7.10　while 语句求和

2. do-while 语句

do-while 语句用于循环至少执行一次的情形。语法格式如下。

```
do{
   语句;
}while(条件);
```

首先，do-while 语句执行一次 do 语句块，然后计算表达式，如果表达式为 true，则继续执行循环体内的语句；否则（表达式为 false）结束 do-while 循环。

3. for 语句

for 语句一般用于循环次数已知的情形。for 语句的语法格式如下。

```
for(初始化;  条件;  增量)
{
     JavaScript 代码;
}
```

使用 for 语句实现九九乘法表的功能。

实例代码如下。（代码位置：07/7-9.html）

```
<!DOCTYPE html>
<html lang="en">
<head>
<meta charset="UTF-8"/>
<title>九九乘法表</title>
<style type="text/css">
     td{
          border: 1px solid red;
     }
</style>
</head>

<body style="text-align:center;">
<script type="text/javascript">
     document.write("<table>");
     var str = "九九乘法表";
     document.write("<h1>" + str + "</h1>");
     for ( var i = 1; i <= 9; i++) {
           document.write("<tr>");
           for ( var j = 1; j <= i; j++) {
                 document.write("<td>" + i + "*" + j + "=" + (i * j) + "</td>");
```

```
            }
            document.write("</tr>");
        }
        document.write("</table>");
      </script>
</body>
</html>
```

执行上述代码后在浏览器中的预览效果如图 7.11 所示。

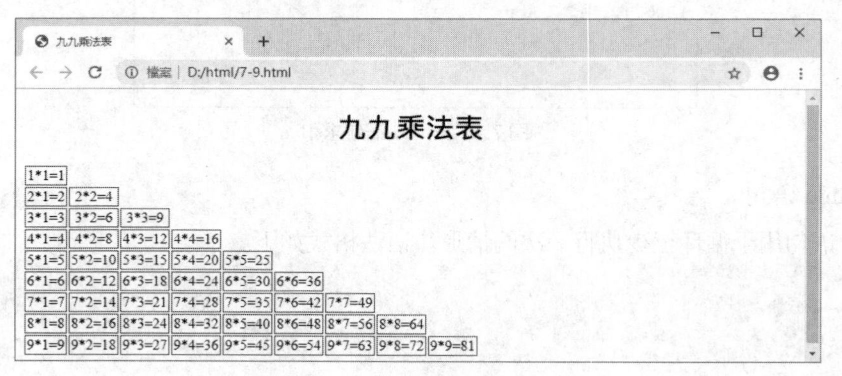

图 7.11　打印九九乘法表

4. for–in 语句

for-in 语句是 JavaScript 提供的一种特殊的循环方式，它用来遍历一个对象的所有用户定义的属性或者一个数组的所有元素。for-in 语句的语法格式如下。

```
For(property in Object)
{
    JavaScript 代码;
}
```

property 表示所定义对象的属性。每一次循环，属性被赋予对象的下一个属性名，直到所有的属性名都用过为止。当 Object 为数组时，property 指代数组的下标。Object 表示对象或数组。

使用 for-in 语句实现数组的升序排列功能。

实例代码如下。（代码位置：07/7-10.html）

```
<!DOCTYPE html>
<html lang="en">
<head>
<meta http-equiv="Content-Type" content="text/html; charset=gb2312" />
<title>for-in 的用法</title>
</head>

<body><script language="javascript">

    var a=[3,2,1,5,4];
    document.write("<li>排序前: "+a+"<br>");
    for(i in a)
        {
            for(m in a)
                {
                    if(a[i]<a[m])
                      {
```

```
                        var temp;
                    //交换单元
                        temp=a[i];
                        a[i]=a[m];
                        a[m]=temp;
                    }
                }
            }
        document.write("<li>排序后: "+a+"<br>");
    </script>
    </body>
    </html>
```

执行上述代码后在浏览器中的预览效果如图 7.12 所示。

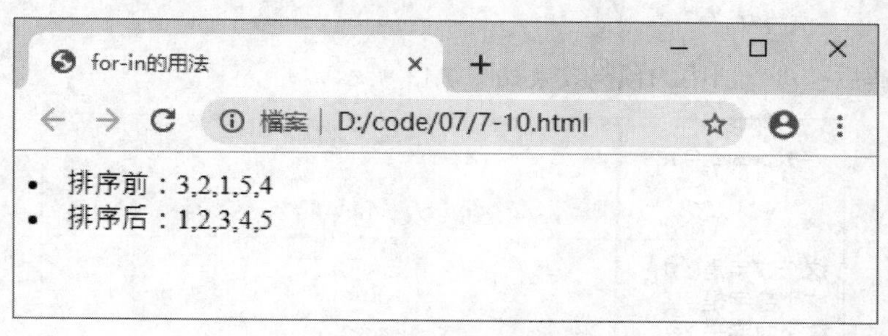

图 7.12 数组序列

7.3.3 转移结构

JavaScript 的转移结构用在选择结构和循环结构中，使程序员更方便地控制程序执行的方向。JavaScript 中有两种转移语句，分别是 break 语句和 continue 语句。

1. break 语句

break 语句主要有以下两种作用。

（1）在 switch 语句中，用于终止 case 语句序列，跳出 switch 语句。

（2）在循环语句中，用于终止循环语句序列，跳出循环结构。

当 break 语句用于 for、while、do-while 或 for-in 循环语句中时，可使程序终止循环而执行循环后面的语句。通常 break 语句总是与 if 语句连在一起，即满足条件时便跳出循环。在 for 循环中使用 break 语句的语法格式如下。

```
for(表达式 1; 表达式 2; 表达式 3){
    ......
    if(表达式 4)
    break;
    ......
}
```

其含义是，在执行循环体的过程中，如 if 语句中的表达式成立，则终止循环，转而执行循环语句之后的其他语句。

实例代码如下。（代码位置：07/7-11.html）

```
<!DOCTYPE html>
```

```
<html lang="en">
<head>
<title>break 的用法</title>
<script type="text/javascript">
     var i=0;
     for(i=0;i<=5;i++){
           if(i==3)
                 break;
     document.write("这个数字是："+i+"<br/>");
    }
</script>
</head>
<body>
</body>
</html>
```

执行上述代码后在浏览器中的预览效果如图 7.13 所示。

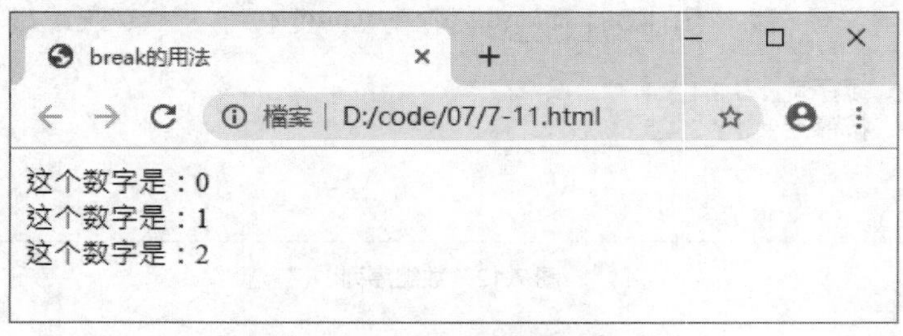

图 7.13　break 语句的使用效果

2. continue 语句

continue 语句用于 for、while、do-while 或 for-in 循环语句中时，常与 if 条件语句一起使用，用来加速循环。即满足条件时，跳过本次循环剩余的语句，强行检测判定条件以决定是否进行下一次循环，break 则是结束整个循环过程。

在 for 循环中使用 continue 语句的语法格式如下。

```
for(表达式 1；表达式 2；表达式 3){
    ……
    If(表达式 4)
    continue;
    ……
}
```

其含义是，在执行循环体的过程中，如 if 语句中的表达式成立，则终止当前循环，转而执行下一次循环。

编写代码实现 continue 语句的功能。

实例代码如下。（代码位置：07/7-12.html）

```
<!DOCTYPE html>
<html lang="en">
<head>
<title>continue 的用法</title>
<script type="text/javascript">
var i=0;
```

```
    for(i=0;i<=5;i++){
        if(i==3)
        continue;
        document.write("这个数字是："+i+"<br/>");
    }
</script>
</head>
<body>
</body>
</html>
```

执行上述代码后在浏览器中的预览效果如图 7.14 所示。

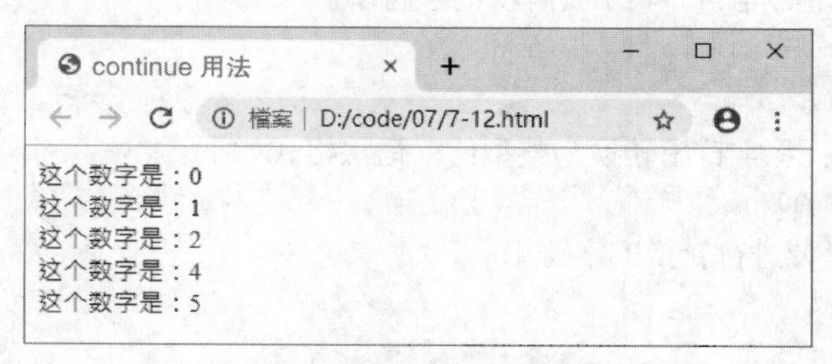

图 7.14　查找目标数字

7.4　函数

编写程序时，重复使用代码块的情况经常出现，这就造成程序冗余。通常，程序员会将这段代码编写一次，每当要涉及这个代码块的功能时，只需调用这个代码块就代替了以前繁复的语句。这种代码块或语句的集合叫作函数。

在 JavaScript 中有两种函数，即内置系统函数和自定义函数。

7.4.1　内置系统函数

JavaScript 常用内置系统函数如表 7.4 所示。

表 7.4　　JavaScript 常用内置系统函数

函数	说明
alert()	显示一个警告对话框，包括一个 OK 按钮
confirm()	显示一个确认对话框，包括 OK、Cancel 按钮
prompt()	显示一个输入对话框，提示用户等待输入
escape()	将字符转换成 Unicode 码
evel()	计算表达式的结果
parseFloat()	将字符串转换成浮点型
parseInt()	将字符串转换成整型
isNaN()	测试是否不是一个数字
unescape()	返回一个字符串编码后的结果字符串，其中，所有空格、标点及其他非 ASCII 码字符都用“%xx”（xx 等于该字符对应的 Unicode 编码的十六进制数）格式的编码替换

表中的 alert()函数、confirm()函数、prompt()函数实际上是 window 对象的方法。

下面重点介绍 alert()、parseFloat()、parseInt()、isNaN()这 4 个函数。

（1）alert()函数：用于弹出对话框。语法格式如下。

```
alert(value);
```

其中，value 可以是任意数据类型。

示例如下。

```
alert("hello");
```

（2）parseFloat()函数：将字符串转换为浮点值。语法格式如下。

```
parseFloat(string);
```

其中，参数 string 是必需的，表示要解析的字符串。

示例如下。

```
parseFloat("1.2");
```

（3）parseInt()函数：将字符串转换为整型值。语法格式如下。

```
parseInt(numstring);
```

其中，numstring 是要进行转换的字符串。

示例如下。

```
parseInt ("96");
```

（4）isNaN()函数：判断是不是数字。语法格式如下。

```
isNaN(x);
```

其中，当参数 x 不为数字时，该函数返回 true，否则返回 false。

编写代码，实现类型转换函数的功能。

实例代码如下。（代码位置：07/7-13.html）

```
<!DOCTYPE html>
<html lang="en">
<head>
<title>类型转换函数的应用</title></head>
<body>
<script type="text/javascript">
      var op1=prompt("请输入第一个数：","")
      var op2=prompt("请输入第二个数：","")
      var p1=parseInt(op1);
      var p2=parseInt(op2);
      var result=p1+p2;
      document.write(p1+"+"+p2+"="+result);
</script>
</body>
</html>
```

执行上述代码后在浏览器中的预览效果如图 7.15 所示。

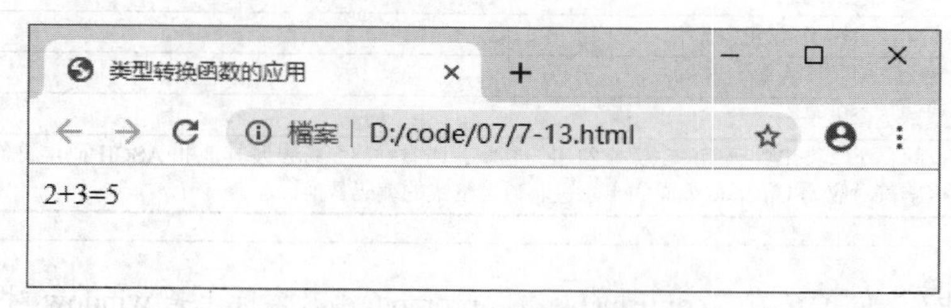

图 7.15　计算两数的和

注意

如果输入的数字合法，但不使用 parseInt 进行转换，“+”运算符不会进行加法运算，而是进行两个输入值的字符串连接操作，如图 7.16 所示。

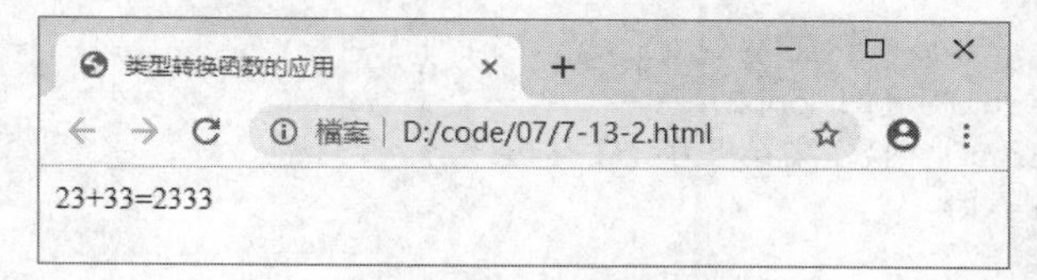

图 7.16 字符串连接

7.4.2 自定义函数

1. 自定义函数语法

自定义函数的语法格式如下。

```
function 函数名(参数 1,参数 2,… )
{
     JavaScript 代码;
     return 返回值;
}
```

在自定义函数的时候需要注意以下事项。

（1）函数名必须唯一，并且区分大小写。

（2）函数命名的规定与变量命名的规则基本相同，以字母作为开头，中间可以包括数字、字母或下画线等。

（3）参数可以使用常量、变量和表达式。

（4）参数列表中有多个参数时，参数间以“,”隔开。

（5）若函数需要返回值，则使用 return 语句。

（6）自定义函数不会自动执行，只有调用时才会执行。

（7）如果省略了 return 语句中的表达式，或函数中没有 return 语句，函数将返回一个 undefined 值。

2. 调用函数

函数调用一般和表单元素的事件一起使用，语法格式如下。

```
事件名 = "函数名( )" ;
```

编写代码，实现计算器的加、减、乘、除的功能，并能对操作数和操作符的有效性进行验证。实例代码如下。（代码位置：07/7-14.html）

```
<!DOCTYPE html>
<html lang="en">
<head>
<meta http-equiv="Content-Type" content="text/html; charset=gb2312" />
<title>编写一个带有两个变量和一个运算符的函数，调用时接收 prompt 输入</title>
<script language="javascript" type="text/javascript">
function account()
{
     var op1=prompt("请输入第一个数：","");
     var op2=prompt("请输入第二个数：","");
     var sign=prompt("请输入运算符号","")
     var result;
```

```
        opp1=parseFloat(op1);
        opp2=parseFloat(op2);
        switch(sign)
        {
            case "+":
            result=opp1+opp2;
            alert("两数运算结果为: "+result);
            break;
            case "-":
            result=opp1-opp2;
            alert("两数运算结果为: "+result);
            break;
            case "*":
            result=opp1*opp2;
            alert("两数运算结果为: "+result);
            break;
            default:
            result=opp1/opp2;
            alert("两数运算结果为: "+result);
            break;
        }
}
</script>
</head>

<body>
<input name="btn" type="button" value="计算两数运算结果" onclick="account();" />
</body>
</html>
```

执行上述代码后在浏览器中的预览效果如图 7.17 所示。

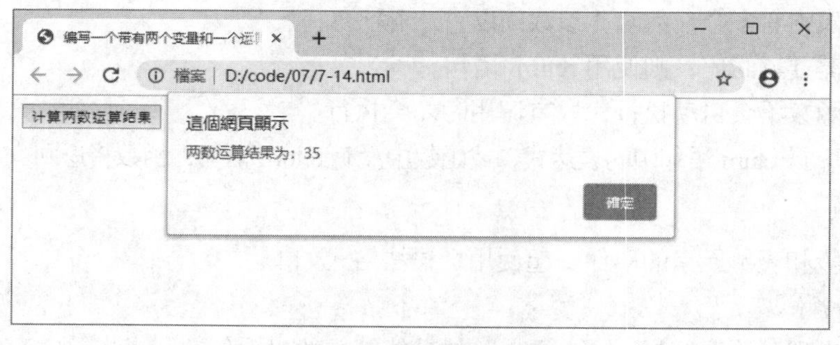

图 7.17　自定义函数使用

该计算器还可以进行非法数操作、非法符操作和 0 做除数的验证。

7.5　实践指导

1. 实践要求

（1）会使用 switch 判断语句实现选择操作。

（2）会使用循环语句进行判断。

（3）会使用类型转换函数进行类型转换。

（4）熟悉 JavaScript 的基本语法及其操作。

2. 实践任务

任务 1　用户输入成绩，程序输出相应的成绩等级

要求成绩必须为 0～100，否则提示错误并要求重新输入，等级分为优秀、良好、中等、及格和不及格，如图 7.18 和图 7.19 所示。

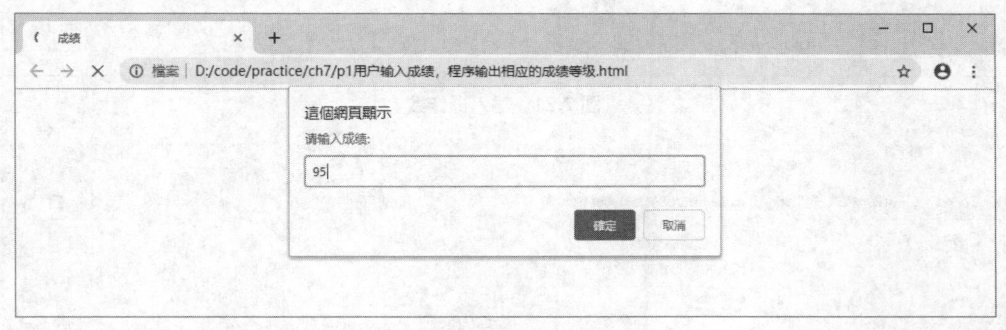

图 7.18　页面效果

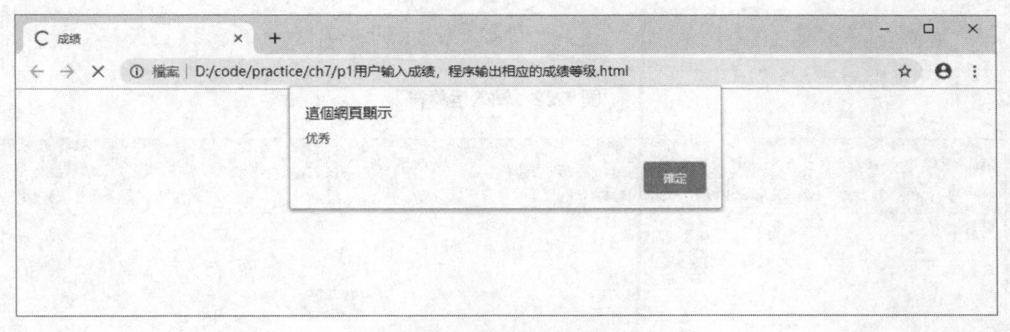

图 7.19　输出相应结果

任务 2　使用基本块级元素

编写 JavaScript 代码，实现图 7.20 所示的页面效果。

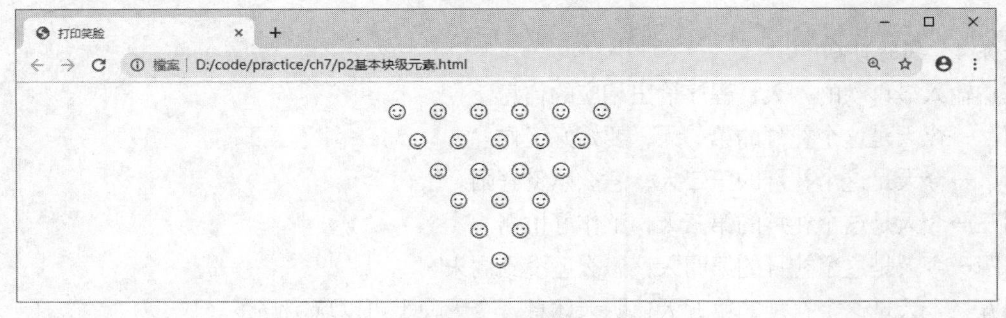

图 7.20　页面效果

任务 3　简单计算器

根据提示输入操作数和被操作数（见图 7.21），然后输入运算符（见图 7.22），程序计算结果，之后弹出对话框输出表达式和结果，如图 7.23 所示。

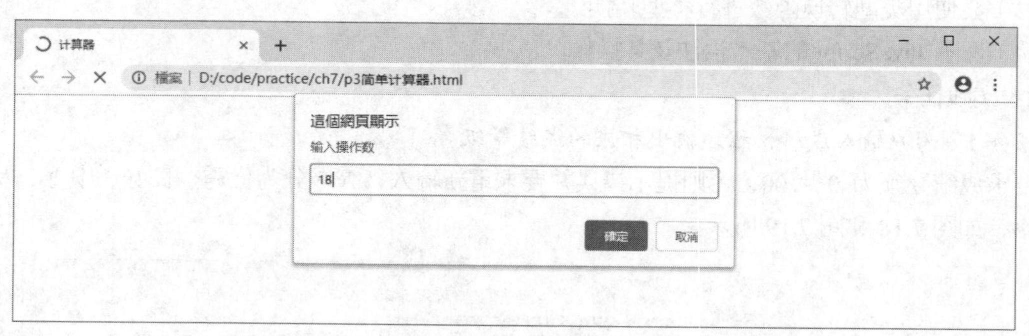

图 7.21　输入操作数

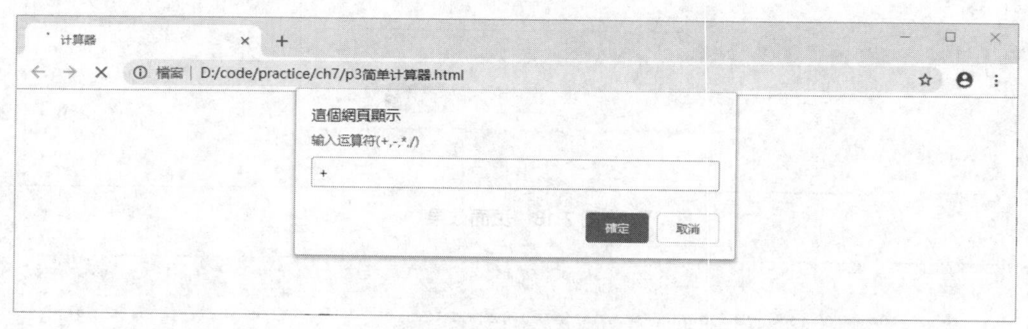

图 7.22　输入运算符

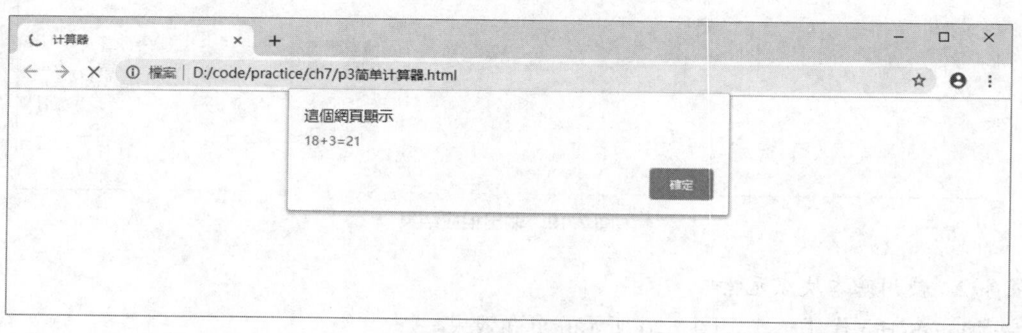

图 7.23　输出结果

任务 4　判断日期

用户输入最喜欢的一天，程序输出相应的信息。

周一→今天是这个礼拜的第一天，要好好工作。

周二→今天是这个礼拜的第二天，怎么感觉好困。

周三→今天是这个礼拜的第三天，工作好忙啊。

周四→今天是这个礼拜的第四天，怎么还没到周末啊。

周五→今天是这个礼拜的第五天，明天休息，今天晚上可以玩个够了。

周六→今天休息啊，可以好好放松一下了！

周日→今天虽然也休息，但明天开始又要上班了。

不填→为什么不填周几呢？

输入页面效果如图 7.24 所示。

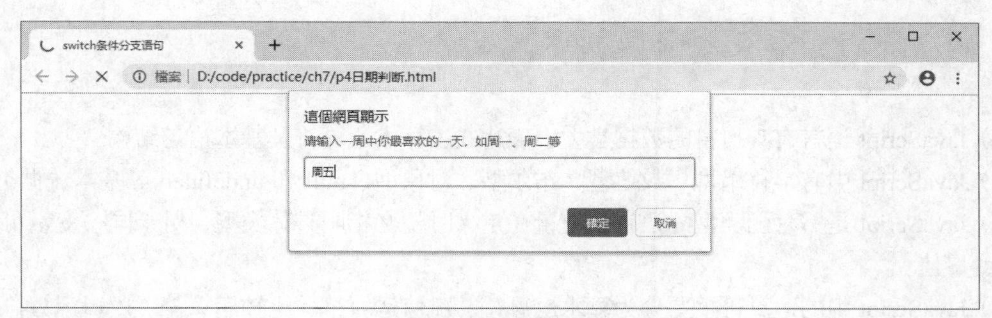

图 7.24　输入页面效果

输出页面效果如图 7.25 所示，根据输入的值输出相应信息。

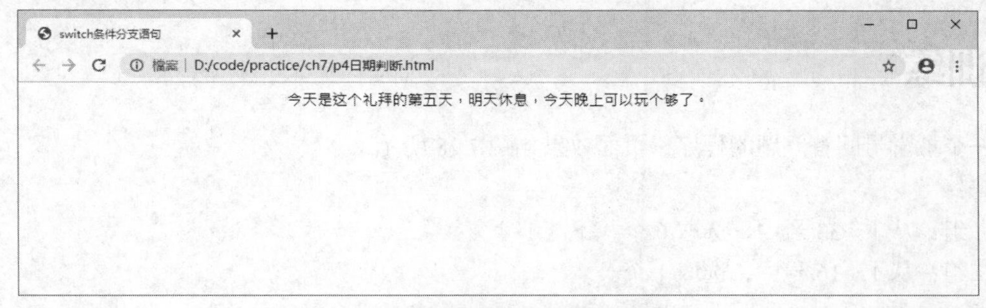

图 7.25　输出页面效果

任务 5　输入年份，判断该年是不是闰年

输入页面效果如图 7.26 所示，输入需要判断的年份。

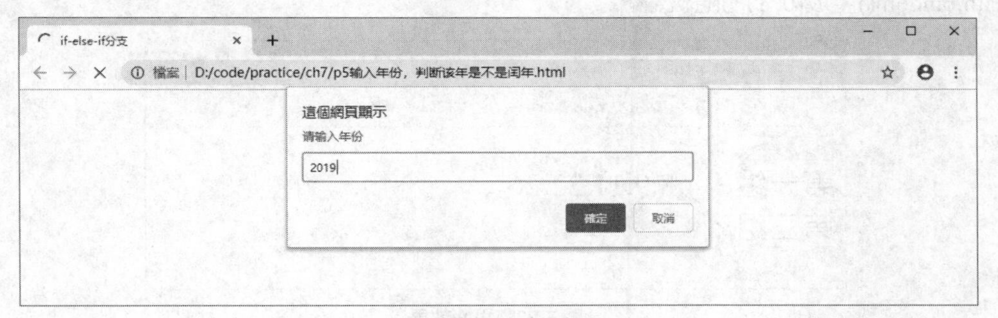

图 7.26　输入页面效果

输出页面效果如图 7.27 所示，输出输入年份是否为闰年。

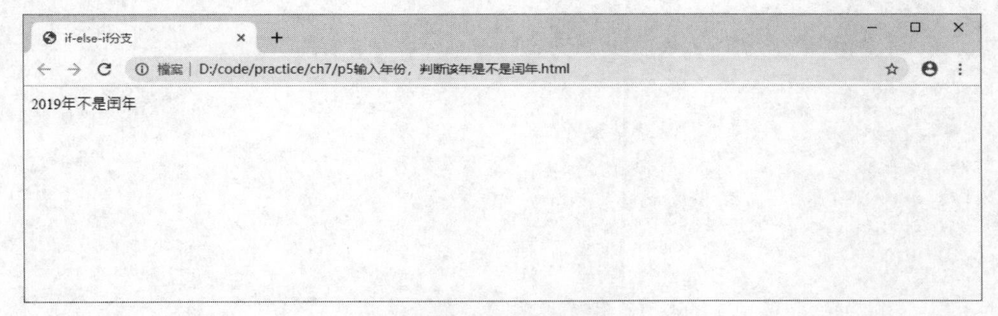

图 7.27　输出页面效果

小结

（1）JavaScript 语言有其自身的数据类型、表达式、算术运算符及基本语句结构。

（2）JavaScript 中有字符串型、数值型、布尔型、对象型、null 和 undefined 等基本数据类型。

（3）JavaScript 是一种弱类型的语言，变量在定义时不必指明具体类型，对于同一变量可赋不同类型的变量值。

（4）JavaScript 中的运算符主要分为算术运算符、赋值运算符、比较运算符、逻辑运算符 4 类。

（5）JavaScript 常用的流程控制结构包括分支结构、循环结构和转移结构。

（6）JavaScript 中有两种函数，即内置系统函数和用户自定义函数。

拓展训练

写一个抽学号回答问题的程序，页面效果如图 7.28 所示。

逻辑：

第一组：从 1～33 号中，选取 6 个，不能够重复。

第二组：从 1～16 号中，选取 1 个。

要求：

单击“抽取学号”，第一组、第二组按从小到大的顺序输出。

提示：

Math.random()生成[0, 1)的随机数。

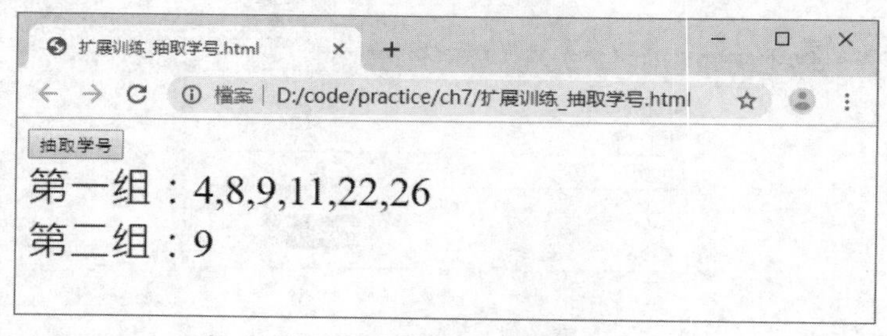

图 7.28　页面效果

08

第 8 章　JavaScript对象

学习目标

- □ 掌握数组对象的创建和常用方法的使用
- □ 掌握字符串对象常用方法的使用
- □ 掌握日期对象常用方法的使用
- □ 了解数学对象常用方法的使用
- □ 掌握自定义对象的创建方法

8.1 JavaScript 核心对象

JavaScript 语言是一种基于对象（Object）的语言，对于 JavaScript 来说，万物皆对象。对象是一种特殊的数据类型，它拥有属性和函数。其核心对象主要有数组对象（Array）、字符串对象（String）、日期对象（Date）和数学对象（Math）等。

8.1.1 数组对象

数组是编程语言中常见的一种数据结构，可以用来存储一系列的数据。数组通常用来存储列表等信息，它就像一个电子表格中的一行，包含若干个单元格，每个单元格可以存放不同的数据，每个单元格都有一个索引值，从 0 开始，索引的范围是 0~length-1（length 为数组的长度）。

1. 创建数组

Array 对象表示数组，创建数组的方式如下。

```
new Array();
    //不带参数，返回空数组。length 属性值为 0
new Array(size);
    //数字参数，返回大小为 size 的数组。length 值为 size，数组中的所有元素初始化为 undefined
new Array(e1,e2,…,eN);
    //带多个参数，返回长度为参数个数的数组。length 值为参数的个数
```

当把构造函数作为函数调用，不使用 new 运算符时，它的行为与使用 new 运算符时完全一样。

2. 数组的函数

数组对象 Array 的常用函数如表 8.1 所示。

表 8.1　Array 的常用函数

函数	功能
concat()	连接两个或更多的数组，并返回合并后的新数组
join()	把数组的所有元素放入一个字符串并返回此字符串。元素通过指定的分隔符进行分隔
pop()	删除并返回数组的最后一个元素
push()	向数组的末尾添加一个或更多元素，并返回新的长度
reverse()	颠倒数组中元素的顺序
sort()	对数组的元素进行排序
toString()	把数组转换为字符串，并返回结果

实例代码如下。（代码位置：08/8-1.html）

```
<!DOCTYPE html>
<html lang="en">
<head>
<title>数组函数应用</title>
<script language="javascript">
    //初始化数组对象
```

```
        var ar1 = new Array("hello");
        var ar2 = new Array("world");

        document.write("原始数组 ar1："+ar1+"<br/>");
        document.write("原始数组 ar2："+ar2+"<br/>");
        //concat 函数的应用
        var ar3 = ar1.concat(ar2);
        document.write("拼接后的数组 ar3："+ar3+"<br/>");
        //join 函数的应用
        document.write("join()函数后的字符串："+ar3.join(" ")+"<br/>");
        //向第三个数组添加元素
        var len = ar3.push("!");
        document.write("push()函数添加后的字符串："+ar3+"。长度为："+len+"<br/>");
        //删除最后一个元素并返回
        document.write("删除的最后的一个元素："+ar3.pop()+"<br/>");
        //颠倒数组元素顺序
        document.write("颠倒后的数组 ar3："+ar3.reverse()+"<br/>");
        //数组转换成字符串并返回
        document.write("数组 ar3 转换成字符串："+ar3.toString()+"<br/>");
    </script>
    </head>
    <body></body>
    </html>
```

执行上述代码后在浏览器中的预览效果如图 8.1 所示。

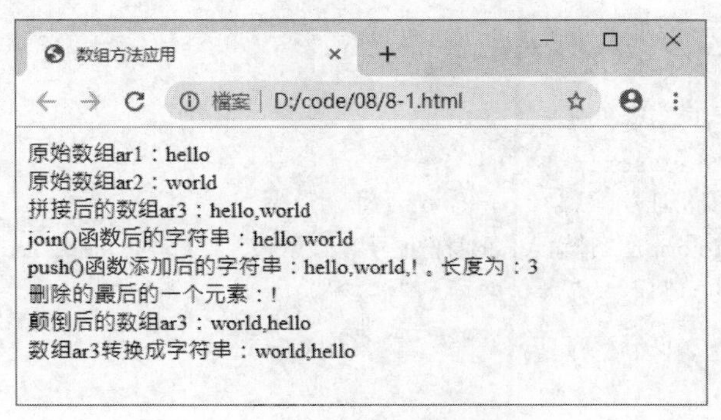

图 8.1　数组函数应用

8.1.2　字符串对象

字符串是 JavaScript 中的一种基本的数据类型，并且 JavaScript 提供了许多操作字符串的函数，例如分割字符串、改变字符串的大小写、操作子字符串等，想要了解更多可以前往 W3CSchool 自主学习。

1. 创建字符串对象

（1）直接赋值，示例如下。

```
var myStr = "Hello string!";
```

（2）用 new 方法创建，示例如下。

```
var strObj = new String("Hello String!");
```

当使用 new 运算符调用 String()构造函数时，它返回一个新创建的 String 对象，该对象存放的是字符串“Hello String!”的值。

2. 字符串方法及应用

String 对象的方法及描述如表 8.2 所示。

表 8.2 String 对象的方法及描述

方法	功能简述
charAt()	返回在指定位置的字符
concat()	连接字符串
substring()	提取字符串中两个指定的索引号之间的字符
indexOf()	检索指定的字符串位置
Split()	把字符串分割为字符串数组
toLowerCase()	把字符串转换为小写
toUpperCase()	把字符串转换为大写
replace()	替换字串
anchor()	创建锚点
lastIndexOf(字符串)	在字符串中寻找指定的子串，并返回子串的终止位置
substr(起始索引,长度)	获取字符串的“起始索引”位置至长度的字符

（1）使用 String 的方法来实现通过身份证号判断出生日期的功能。

① 首先让我们来从键盘读取出身份证号，代码如下。（代码位置：08/8-2.html）

```
<!DOCTYPE html>
<html lang="en">
<head>
<title> String </title>
</head>
<body>
<script language="javascript">
    //提示用户输入身份证号
    var oper1 = prompt('请输入你的身份证号：','');          //prompt 函数弹出输入框
    document.write("<h2> " + oper1+ "<br>")
</script>
</body>
</html>
```

执行上述代码后，在浏览器中的预览效果如图 8.2 所示。

图 8.2 读取身份证号

② 根据身份证号的组成可知，身份证号的第 7 位到第 14 位为出生日期。charAt()方法可以返回指定位置的字符，所以先使用 charAt()方法截取年份。

因为字符串中的字符位置是从 0 开始的，所以先截取 6～9 位的字符获取年份，可以通过 for 循

环来实现，代码如下。

```
for (i=6;i<10;i++)
        {
            oper = oper1.charAt(i);
            document.write("第 i 个字符为: " + oper+"<br/>")
        }
```

执行上述代码后，在浏览器中的预览效果如图 8.3 所示。

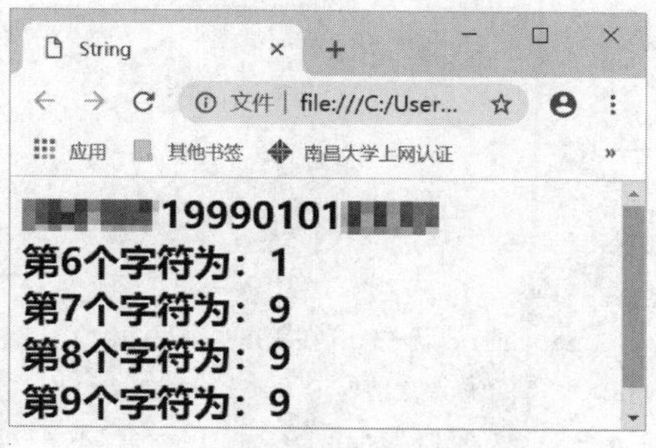

图 8.3 获取年份字符

③ 得到年份的字符之后，需要考虑如何将这 4 个字符连接在一起。String 对象提供了 concat()方法用来连接字符串。

首先声明一个字符串，代码如下。

```
year = "";
```

然后将通过 charAt()方法得到的字符和 year 拼接起来，代码如下。

```
year = year.concat(oper);
```

最后得到了出生的年份信息。

④ 接下来通过 substring()方法截取身份证号字符串中的字符串。substring（start,stop）方法的功能是截取指定范围内的字符串的子串。两个参数分别为子串的起始位置和终止位置，从 start 截取到 stop 的前一位。stop 可以不填，不填时代表截取到字符串结尾，月份信息在第 10 位和第 11 位，日的信息在第 12 位和第 13 位。最后显示完整的出生日期，代码如下。

```
month = oper1.substring(10,12);
day = oper1.substring(12,14);
document.write("出生日期为: " +year+"年"+month+"月"+day+"日"+"<br/>");
```

执行上述代码后，在浏览器中的预览效果如图 8.4 所示。

图 8.4 最终结果

（2）使用 String 的方法实现字符串“i am fine .fine 就 fine 在我是一个 FIVE”的首字母大写，而其他字母小写。

① 通过 replace()方法用 I 替换字符串中的 i，代码如下。

```
var oper2 = oper1.replace("i","I");          //replace(被替换的字符串，替换字符串)
```

② 通过 indexOf()方法找到 FIVE 的位置，通过 substring()方法截取从该位置到字符串最后的子串即为 FIVE。通过 toLowerCase()方法将其转化成小写，然后再次替换。

实例代码如下。（代码位置：8/8-3.html）

```
<!DOCTYPE html>
<html lang="en">
<head>
    <title> String </title>
    <meta charset="utf-8">
</head>
<body>
<script language="javascript">
     var oper1 = 'i am fine .fine 就 fine 在我是一个 FIVE';      //prompt 函数弹出输入框
     document.write("<h2> " + "修改之前" + oper1 + "<br>")
     var oper2 = oper1.replace("i","I");          //replace(被替换的字符串，替换字符串)
     var n = oper2.indexOf("FIVE");               //获取 FIVE 的位置
     var oper = oper2.substring(n);               //截取 FIVE
     var change = oper.toLowerCase();             //将 FIVE 转化成 five
     oper2 = oper2.replace(oper,change);          //替换
     document.write("修改之后" + oper2)
</script>
</body>
</html>
```

执行上述代码后，在浏览器中的预览效果如图 8.5 所示。

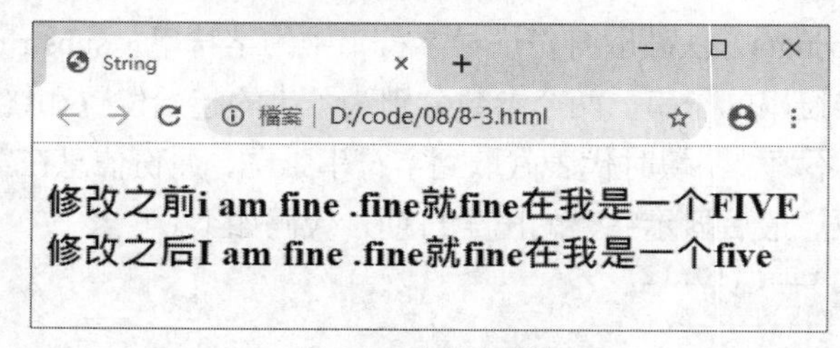

图 8.5　字符串操作

8.1.3　日期对象

JavaScript 提供了处理日期的对象和方法。通过日期对象便可获取系统时间，并设置新的时间。

1. 创建日期对象

Date 对象表示系统当前的日期和时间。下列语句创建了一个 Date 对象。

```
var myDate = new Date();
```

此外，在创建日期对象时可以指定具体的日期和时间，语法格式如下。

```
var myDate = new Date('MM/dd/yyyy HH:mm:ss');
```

其中：

（1）MM 表示月份，其范围为 0（1 月）～11（12 月）；

（2）dd 表示日，其范围为 1～31；

（3）yyyy 表示年份，为 4 位数，如 2010；

（4）HH 表示小时，其范围为 0（午夜）～23（晚上 11 点）；

（5）mm 表示分钟，其范围为 0～59；

（6）ss 表示秒，其范围为 0～59。

实例代码如下。

```
var myDate = new Date('5/20/2018 10:01:11');
```

2. 日期对象的函数

Date 对象提供了获取和设置日期或时间的函数，如表 8.3 所示。

表 8.3 Date 对象的函数

函数	说明
getDate()	返回在一个月中的哪一天（1～31）
getDay()	返回在一个星期中的哪一天（0～6），其中星期天为 0
getHours()	返回在一天中的哪一个小时（0～23）
getMinutes()	返回在一小时中的哪一分钟（0～59）
getMonth()	返回在一年中的哪一月（0～11）
getSeconds	返回在一分钟中的哪一秒（0～59）
getFullYear()	以 4 位数字返回年份，如 2010
setDate()	设置月中的某一天（1～31）
setHours()	设置小时数（0～23）
setMinutes()	设置分钟数（0～59）
setSeconds()	设置秒数（0～59）
setFullYear()	以 4 位数字设置年份

编写代码，制作时钟特效。

实例代码如下。（代码位置：08/8-4.html）

```
<!DOCTYPE html>
<html lang="en">
<head>
<meta charset="UTF-8" / >
<head>
<title>时钟特效</title>
<script type="text/javascript">
function disptime(){
 var today = new Date(); //获得当前时间
 var hh = today.getHours();  //获得小时、分钟、秒
 var mm = today.getMinutes();
 var ss = today.getSeconds();
  /*设置 div 的内容为当前时间*/
 document.getElementById("myclock").innerHTML="<h1>现在是: "+hh+":"+mm+":"+ss+"<h1>";
}
</script>
</head>

<body onload="disptime()">
<div id="myclock"></div>
</body>
```

```
</html>
```

实现思路如下。

首先创建一个日期实例 today；然后使用 Date 对象的 getHours()函数、getMinutes()函数和getSeconds()函数获取当前时间的小时、分钟和秒；最后把当前时间显示在 id 为 myclock 的 div 中。执行上述代码后，在浏览器中的预览效果如图 8.6 所示。

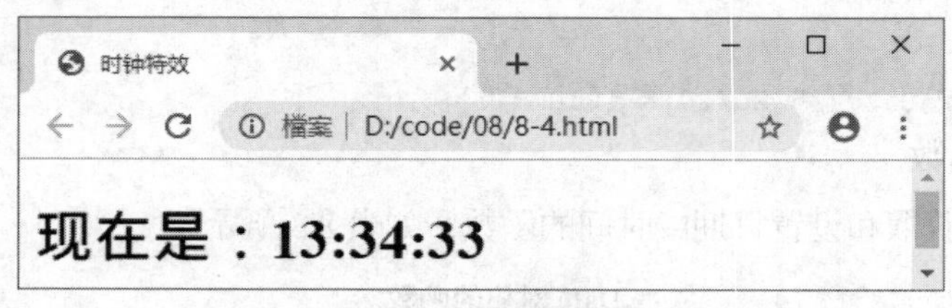

图 8.6 制作时钟特效

3. 定时方法

制作时钟特效的示例中，时间为什么不改变？由于时间在不停地走，所以应该每隔 1 秒调用显示时间的方法，如何解决？

JavaScript 提供了两个定时方法：setTimeout()方法和 setInterval()方法。这两个方法可以实现时钟效果。

（1）setTimeout()方法

setTimeout()方法用于在指定的毫秒后调用方法或计算表达式，语法格式如下。

```
setTimeout("调用的函数", "指定的时间后")
```

示例如下。

```
var myTime=setTimeout("disptime( ) ", 1000 );
```

（2）setInterval()方法

setInterval()方法可按照指定的周期（以毫秒计）来调用函数或计算表达式，语法格式如下。

```
setInterval("调用的函数", "指定的时间间隔")
```

示例如下。

```
var myTime=setInterval("disptime( ) ", 1000 );
```

setTimeout()方法只执行 disptime()一次，如果要多次调用，则使用 setInterval()方法让 disptime()自身再次调用 setTimeout()方法。

使用定时方法制作倒计时特效。

实例代码如下。（代码位置：08/8-5.html）

```
<!DOCTYPE html>
<html lang="en">
<head>
<script type="text/javascript">
      function dayBetween(){
          var today = new Date();
          var enday = new Date("2019/12/31 0:0:0");
          var between = enday.getTime()-today.getTime();

         // console.log("between"+between+"\n");
         //Math 中的向下取整函数
          var sec = Math.floor(between/1000);
```

```
            var day = Math.floor((Math.floor((Math.floor(sec/60))/60))/24);
            var hours = (Math.floor((Math.floor(sec/60))/60))%24;
            var minutes = (Math.floor(sec/60))%60 ;
            var seconds =  sec%60;

           // console.log("result:"+day+"天"+hours+"时"+minutes+"分"+seconds+"秒");
            var t = document.getElementById("time");
            t.innerHTML = "离 2020 年 1 月 1 日 0 点还剩："+"<b>"+day+"天"+hours+"时"
+minutes+"分"+seconds+"秒"+"</b>";
        }
        window.onload = function(){
            setInterval(dayBetween,1000);  //不要在 setInterval()中用 document.write()
        };
</script>
</head>
<body>
    <p id="time"></p>
</body>
</html>
```

执行上述代码后，在浏览器中的预览效果如图 8.7 所示。

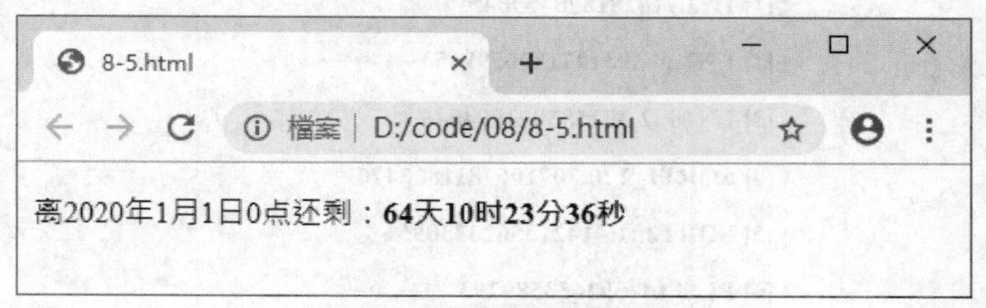

图 8.7　倒计时特效

8.1.4　数学对象

Math 对象提供了一组在进行数学运算时非常有用的属性和方法。语法格式如下。

```
Math.方法(参数)
Math.属性
```

1. Math 对象的属性

Math 对象的属性是一些常用的数学常数，如表 8.4 所示。

表 8.4　常用的 Math 对象的属性

Math 对象的属性	说明
E	自然对数的底
LN2	2 的自然对数
LN10	10 的自然对数
PI	圆周率的值
SORT1_2	0.5 的平方根
SORT2	2 的平方根

实例代码如下。（代码位置：08/8-6.html）

```
<!DOCTYPE html>
<html lang="en">
```

```
<head>
<meta charset="UTF-8" / >
<head>
</head>
<body>
<script language=javascript>
<!--
 document.write("<H2> [1] E :" + Math.E + "<p>")
 document.write("[2] LN2 :" + Math.LN2 + "<p>")
 document.write("[3] LN10 :" + Math.LN10 + "<p>")
 document.write("[4] SQRT1_2 :" + Math.SQRT1_2 + "<p>")
 document.write("[5] SQRT2 :" + Math.SQRT2 + "<p>")
 document.write("[6] PI :" + Math.PI + "</H2>")
//-->
</script>
</body>
</html>
```

执行上述代码后，在浏览器中的预览效果如图 8.8 所示。

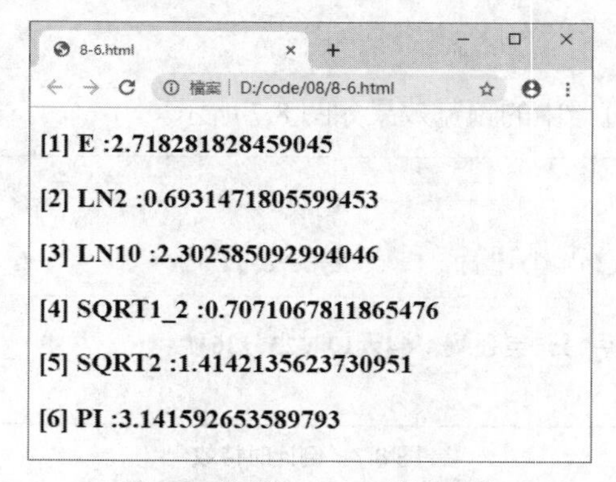

图 8.8　常用的 Math 对象的属性

2. Math 对象的方法

Math 对象的方法可以实现数学计算，常用的 Math 对象的方法如表 8.5 所示。

表 8.5　常用的 Math 对象的方法

Math 对象的方法	说明
sin()/cos()/tan()	分别用于计算数字的正弦/余弦/正切值
asin()/acos()/atan()	分别用于返回数字的反正弦/反余弦/反正切值
abs()	取数值的绝对值，返回数值对应的正数形式
ceil()	返回大于等于数字参数的最小整数，对数字进行上舍入
floor()	返回小于等于数字参数的最小整数，对数字进行下舍入
Exp()	返回 E（自然对数的底）的 x 次幂
log()	返回数字的自然对数
pow()	返回数字的指定次幂
random()	返回一个[0,1]的随机小数
sqrt()	返回数字的平方根
max()	返回参数中的最大值
min()	返回参数中的最小值

实例代码如下。（代码位置：08/8-7.html）

```
<!DOCTYPE html>
<html lang="en">
<head>
<meta charset="UTF-8" / >
<body>
<script language="JAVASCRIPT">
<!--
 document.write("<h2> [1] 最大值: " + Math.max(10, 20) + "<br>")
 document.write("[2] 最小值: " + Math.min(10, 20) + "<br>")
 document.write("[3] 向上取整: " + Math.ceil(6.6) + "<br>")
 document.write("[4] 向下取整: " + Math.floor(6.6) + "<br>")
 document.write("[5] 绝对值:" + Math.abs(-7) + "</h2>")
//-->
</script>
</body>
</html>
```

执行上述代码后，在浏览器中的预览效果如图 8.9 所示。

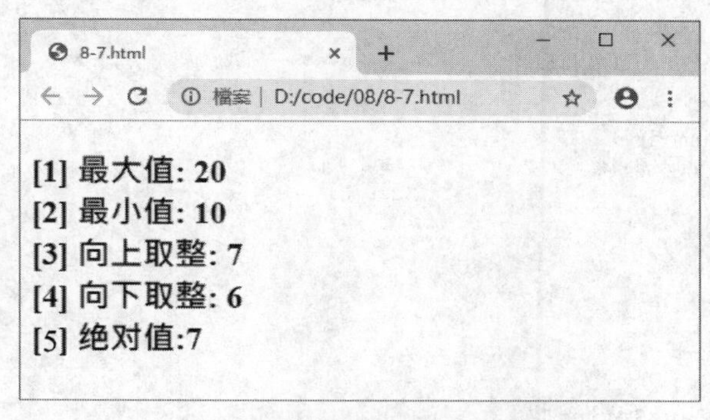

图 8.9　常用 Math 对象的方法

8.2　自定义对象

在 JavaScript 中，除了使用 String、Date 等对象，还可以创建自定义对象。对象是一种特殊的数据类型，并拥有一系列的属性和方法，相比于 JavaScript 本身提供的对象，自定义对象在设计与使用时有较强的灵活性。

8.2.1　对象的制作和使用

JavaScript 通过制作函数生成对象，制作新的函数并声明将要传送的参数。可以运用 this 进行设定。这种生成对象的方式也称为构造函数模式。语法格式如下。

```
function 函数名(参数 1,参数 2,……)
{
  this.名称 1=参数 1
  this.名称 2=参数 2
  ……
}
```

将函数声明为对象，可以使用 new 运算符，实例代码如下。

```
student1=new student("姓名",90,87,88)
```

在对象的实际使用中，有时候一些属性值相同，这时，我们在生成对象时可以通过不填参数来实现。语法格式如下。

```
function 函数名(参数 1,参数 2,……)
{
  this.共有名称=参数值
  this.名称 1=参数 1
  this.名称 2=参数 2
  ……
}
```

实例代码如下。（代码位置：08/8-8.html）

```
<!DOCTYPE html>
<html lang="en">
<head>
<script language="JavaScript" >
   function student(name, number, eng, mat)
     {
      this.school='南昌大学软件学院'
      this.name=name
      this.number=number
      this.eng=eng
      this.mat=mat
     }
</script>
</head>

<body>
<script language="JavaScript" >
<!--
    student_1=new student("Jack.Ma",8003117701,80,90)
    student_2=new student("WXZ",8002118524,85,60)
    document.write("<h4>")
    document.write("学院: "+ student_1.school+"<br>")
    document.write("<br>"+"姓名: "+ student_1.name+"<br>")
    document.write("学号: "+ student_1.number+"<br>")
    document.write("大学英语: "+ student_1.eng+"<br>")
    document.write("高等数学: "+ student_1.mat+"<p>")
    document.write("姓名: "+ student_2.name+"<br>")
    document.write("学号: "+ student_2.number+"<br>")
    document.write("大学英语: "+ student_2.eng+"<br>")
    document.write("高等数学: "+ student_2.mat+"<p>")
    document.write("</h4>")
//-->
</script>
</body>
</html>
```

执行上述代码后，在浏览器中的预览效果如图 8.10 所示。

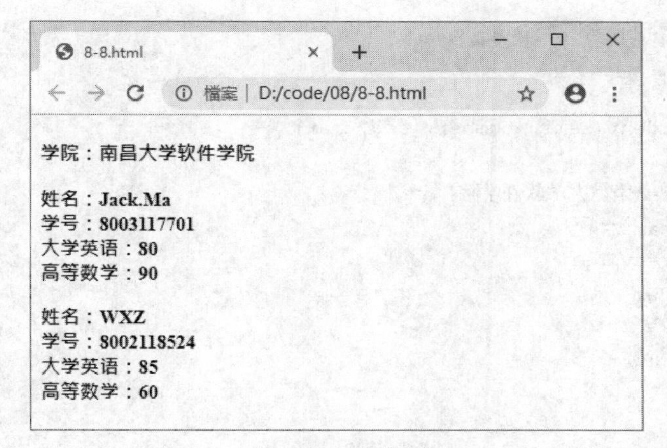

图 8.10　自定义对象

8.2.2　在对象内设定方法

对象内除属性外还包含方法。若想建立方法，则必须声明参照函数的属性。

通过下面的实例掌握自定义对象的用法。

实例代码如下。（代码位置：08/8-9.html）

```
<!DOCTYPE html>
<html lang="en">
<head>
<script language="JavaScript" >
<!--
    function display()
     {
      var sclass;
      var string;
                if(this.number > 8003118000 && this.number<8003119000){
          sclass ='18';
          string ="信息安全";
                }else if( this.number > 8002118000 && this.number<8002119000){
          sclass ='18';
          string ="软件工程";
    }else if( this.number > 8002117000 && this.number<8002118000){
          sclass ='17';
          string ="软件工程";
    }else if( this.number > 8003117000 && this.number<8003118000){
          sclass ='17';
          string ="信息安全";
    }
      document.write(this.name + '同学，你是'+sclass+'级'+string+'专业' + '<br>'+'你的个人
信息如下：' + '<br>');
      document.write("姓名："+this.name+"<br>")
      document.write("学号："+this.number+"<br>")
      document.write("大学英语："+this.eng+"<br>")
      document.write("高等数学："+this.mat+"<p>")
    }
```

```
        function idJudge(){

        }
        function student(name, number, eng, mat)
        {
         this.school='南昌大学软件学院'
         this.name=name
         this.number=number
         this.eng=eng
         this.mat=mat
         this.dsp=display
        }
    //-->
</script>
</head>
<body>
<script language="JavaScript" >
<!--
    stu_1=new student("Jack.Ma",8003117701,59,85)
    stu_2=new student("WXZ",8002118524,70,80)
    document.write("<h4>")
    stu_1.dsp()
    stu_2.dsp()
    document.write("</h4>")
//-->
</script>
</body>
</html>
```

我们首先需要定义 display 函数用于输出学生的所有信息，包括 name、number、eng、mat；然后定义一个 student 函数进行参数输入，分别将参数赋予 student 中的属性；最后调用 display 输出，由于 display 中是直接用 this 属性进行输出的，所以这里不再需要输入参数。执行上述代码后，在浏览器中的预览效果如图 8.11 所示。

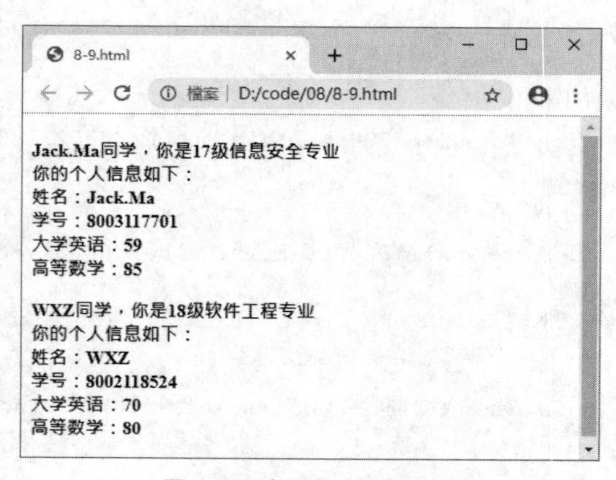

图 8.11　在对象内设定方法

8.2.3　将对象作为对象属性使用

通过下面的实例掌握将对象作为对象属性使用的方法。

实例代码如下。（代码位置：08/8-10.html）

```
<!DOCTYPE html>
<html lang="en">
<head>
<script language="JavaScript" >
<!--
    function display()
     {
       var sclass;
       var string;
                if(this.number > 8003118000 && this.number<8003119000){
           sclass ='18';
           string ="信息安全";
                }else if( this.number > 8002118000 && this.number<8002119000){
           sclass ='18';
           string ="软件工程";
    }else if( this.number > 8002117000 && this.number<8002118000){
          sclass ='17';
          string ="软件工程";
    }else if( this.number > 8003117000 && this.number<8003118000){
          sclass ='17';
          string ="信息安全";
    }
     document.write(this.name + '同学，你是'+sclass+'级'+string+'专业' + '<br>'+'你的个人
信息如下：' + '<br>');
     document.write("姓名："+this.name+"<br>")
     document.write("学号："+this.number+"<br>")
     document.write("英语："+this.score.eng+"<br>")
     document.write("数学："+this.score.mat+"<p>")
    }
   function score(eng, mat)
    {
     this.eng=eng
     this.mat=mat
    }
   function student(name,number,score )
    {
     this.name=name
     this.number=number
     this.score=score
     this.dsp=display
    }
 //-->
</script>
</head>
<body>
<script language="JavaScript" >
   stu1_score=new score(59,85)
   stu2_score=new score(70,87)
   stu_1=new student("Jack.Ma",8003117701,stu1_score)
   stu_2=new student("WXZ",8002118524,stu2_score)
   document.write("<h4>")
   stu_1.dsp()
```

```
    stu_2.dsp()
    document.write("</h4>")
</script>
</body>
</html>
```

相比上一段代码，这里加入了 score 函数对分数进行传入，首先将分数信息传入 score 对象当中，然后在 display 中调用 score 的内部属性进行输出。执行上述代码后，在浏览器中的预览效果如图 8.12 所示。

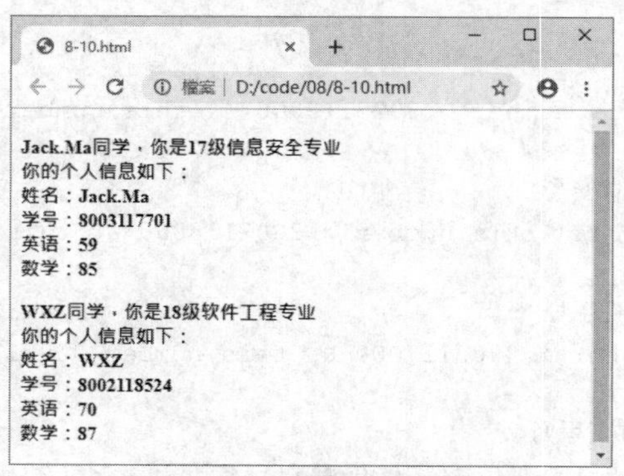

图 8.12　将对象作为对象属性使用

8.3　JavaScript 的事件

用户敲击键盘或单击鼠标时，便会发生“事件”。事件是指特定动作发生时产生的信号。JavaScript 的常用事件如表 8.6 所示。

表 8.6　JavaScript 的事件

事件	处理事件	说明
abort	onAbort	终止读取图像时发生
blur	onBlur	当输入样式区块失去焦点，变得模糊时发生
change	onChange	当输入样式区块的属性发生改变时发生
click	onClick	在输入样式区块中单击鼠标时发生
dblclick	onDblClick	双击鼠标时发生
error	onError	当 JavaScript 发生错误，终止读取文件或数据时发生
focus	onFocous	当输入样式区块变成聚焦时发生
keydown	onKeyDown	按下键盘的按键时发生
keypress	onKeyPress	敲击键盘暂停时发生
keyup	onKeyUp	当放开键盘的按钮时发生
load	onLoad	读取浏览器内文件时发生
mousedown	onMouseDown	单击鼠标按钮时发生
mousemove	onMouseMove	移动鼠标位置时发生
mouseout	onMouseOut	当鼠标从链接或者区块移开时发生
mouseover	onMouseOver	当鼠标位于链接上时发生
mouseup	onMouseUp	当释放鼠标按键时发生
move	onMove	移动框架或窗口时发生

续表

事件	处理事件	说明
reset	onReset	重设输入样式时发生
resize	onResize	改变窗口大小时发生
select	onSelect	选择表单的一个区块时发生
unload	onUnload	关闭浏览器的文件时发生

下面通过一个案例来学习事件的用法。

本例使用了 onMouseOver 和 onClick 事件，通过这两个事件来实现鼠标移动到图片上时，对图片进行替换，以及单击图片时，弹出提示框的功能。

实例代码如下。（代码位置：08/8-11.html）

```
<!DOCTYPE html>
<html lang="en">
<head>
<script type="text/javascript">
function mouseOver()  //鼠标移动到图片链接上时，图片改为另一张图片
{
      document.getElementById('b1').src ="images/1.jpg"
}
function mouseOut()         //鼠标移出图片链接上时，图片变回原来的图片
{
      document.getElementById('b1').src ="images/0.jpg"
}

function btn_click()        //单击图片时，弹出提示框
{
      alert("我变强了!")
}
</script>
</head>
<body>
<a href="#"  onClick="btn_click()"
             onmouseover="mouseOver()"
             onMouseOut="mouseOut()">
<img src="images/0.jpg" width="600px" height="373px" id="b1" />
</a>
</body>
</html>
```

执行上述代码，在浏览器中的预览效果如图 8.13～图 8.15 所示。

图 8.13　未进行任何操作的效果

图 8.14　鼠标移到图片上方的效果

图 8.15　单击图片时的效果

8.4　实践指导

1. 实践要求

（1）会使用数组对象的常用方法。

（2）会使用字符串对象的常用方法。

（3）会使用日期对象的常用方法。

（4）会使用数学对象的常用方法。

（5）会创建自定义对象。

2. 实践任务

任务 1　制作 12 小时的时钟

任务要求：

（1）显示年、月、日。

（2）显示星期几。

（3）显示时钟特效，时钟为 12 小时制。

页面效果如图 8.16 所示。

任务 2　制作小型计算器

运用各种运算方法并结合前面的知识制作一个简易的计算器。页面效果如图 8.17 所示。

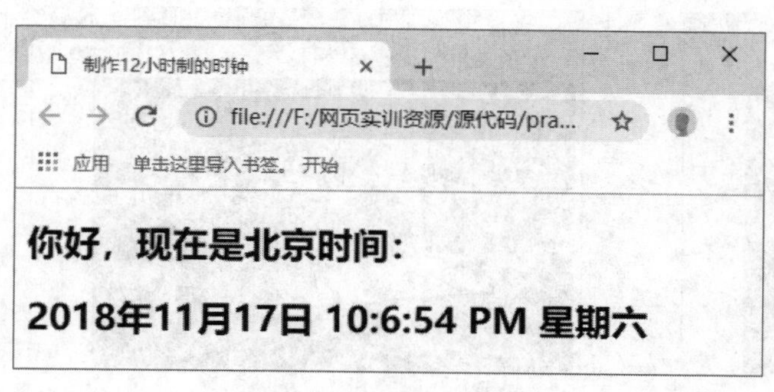

图 8.16　页面效果

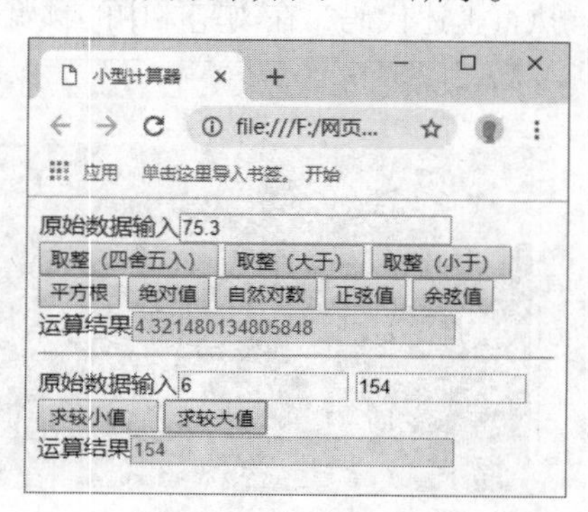

图 8.17　计算器页面效果

任务 3　制作简单的网页动画

编写代码，实现图 8.18、图 8.19 和图 8.20 所示的页面效果。

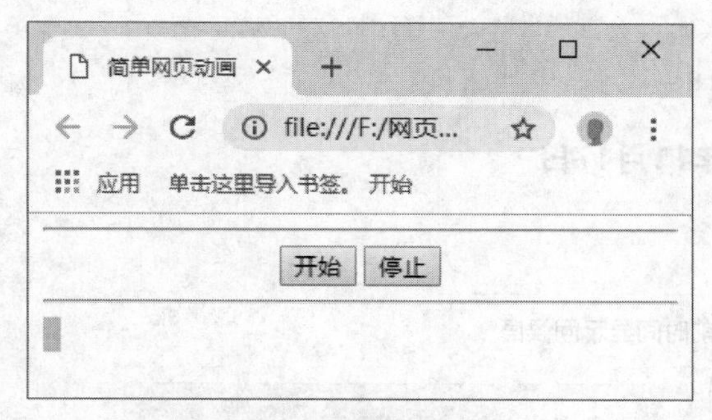

图 8.18　简单动画页面效果

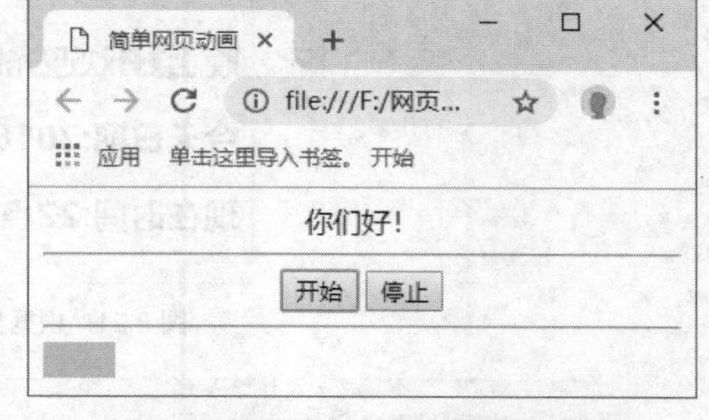

图 8.19　单击“开始”按钮后的页面效果

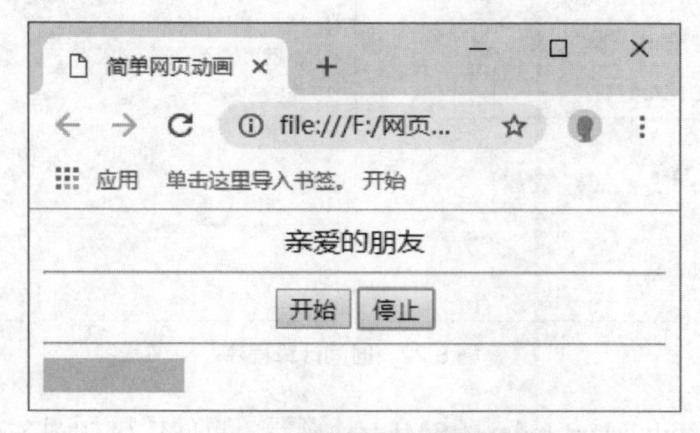

图 8.20　文字切换和停止效果

小结

（1）JavaScript 对象是由属性和方法构成的。

（2）常用的 JavaScript 对象有 Array、String、Date 和 Math 等。

（3）数组是一种常用的数据结构，可以用来存储一系列的数据。

（4）字符串对象封装了一个字符串类型的值，并且提供了相应的操作字符串的方法。

（5）Date 日期对象可用来获取系统时间，并设置新的时间。

（6）Math 对象提供了一些用于数学运算的属性和方法。

（7）根据 JavaScript 的对象扩展机制，用户可以自定义 JavaScript 对象。

拓展训练

1. 根据当前时间显示问候语，页面效果如图 8.21 所示。要求时间在 13 点至 18 点间输出下午好，在 19 点至 23 点间输出晚上好，其他时间输出上午好。

2. 编写一个时间计算程序，要求能够显示当前日期，还可以根据需要进行计算，实现图 8.22 所示的页面效果。

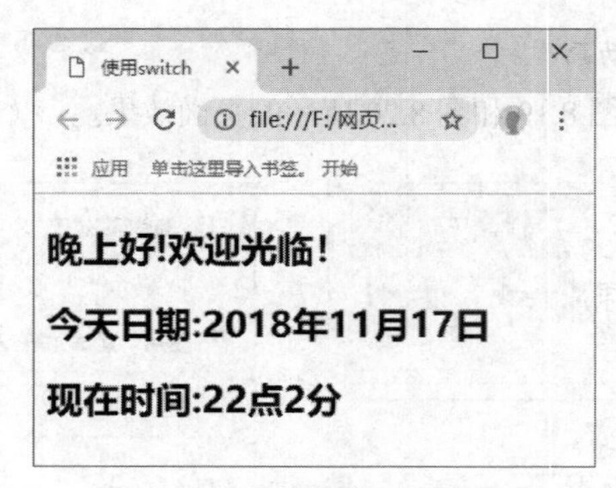

图 8.21 根据当前时间显示问候语

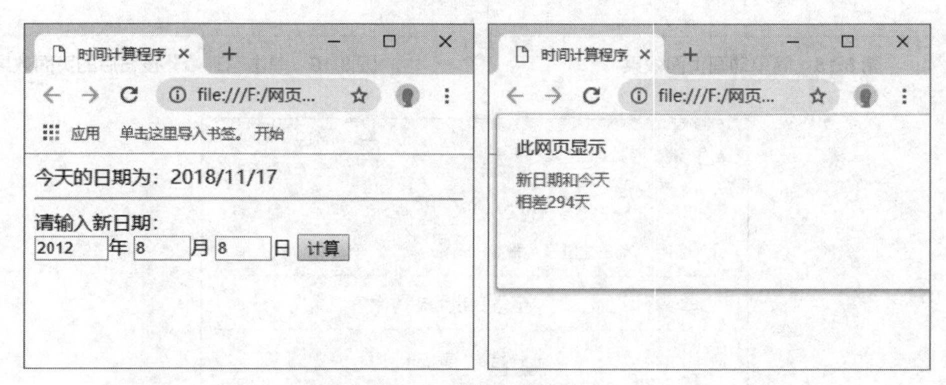

图 8.22 时间计算程序

3. 制作体重指数（Body Mass Index，BMI）计算器，页面效果如图 8.23 所示。

体重指数的计算方式：体重（kg）÷[身高（m）*身高（m）]。

指数大小反映的体质：BMI 小于 18.5 为偏瘦，BMI 小于 24 大于等于 18.5 为正常，BMI 小于 28 大于等于 24 为偏胖，BMI 小于 30 大于等于 28 为肥胖，BMI 小于 40 大于等于 30 为重度肥胖，BMI 大于等于 40 为极重度肥胖。

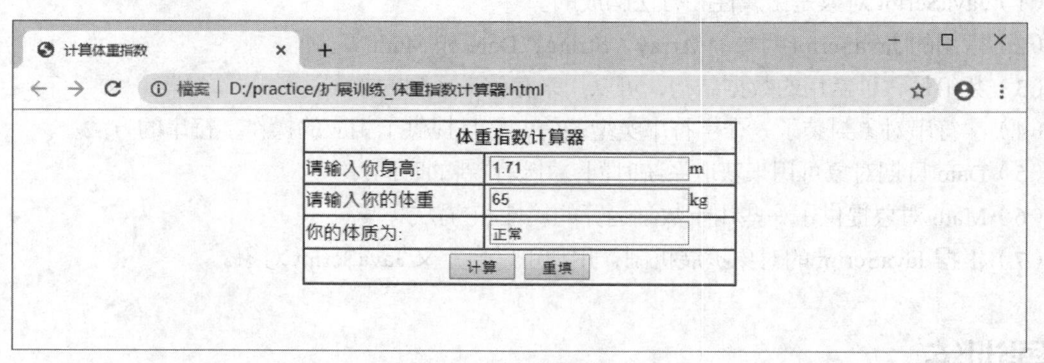

图 8.23 体重指数计算器

09

第 9 章　JavaScript DOM

学习目标

- □　理解 DOM 的概念和结构组成
- □　掌握 window 对象属性、方法及事件的使用方法
- □　掌握 document 对象属性和方法的使用方法
- □　掌握表单对象属性和方法的使用方法
- □　理解其他 DOM 对象的常用属性、方法及事件

9.1 DOM 概述

DOM 是 W3C 组织推荐的处理可扩展标志语言的标准编程接口。在网页上，组织页面（或文档）的对象被组织在一个树形结构中，用来表示文档中对象的标准模型就称为 DOM。JavaScript 可以重构整个 HTML 文档，添加、移除、改变或重排页面上的项目。

浏览器提供了可以在 JavaScript 脚本中访问和使用的对象，如图 9.1 所示。

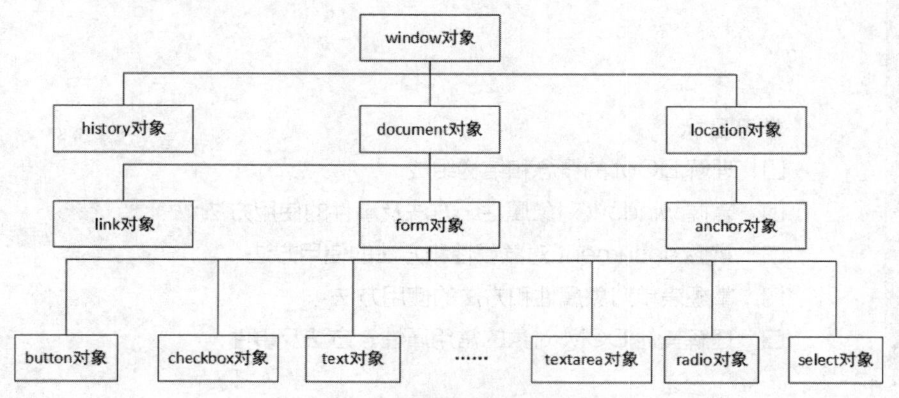

图 9.1　浏览器对象模型

树状结构中的每一个对象称为一个节点，每一个对象都有一个或多个属性和方法，如图 9.2 所示。

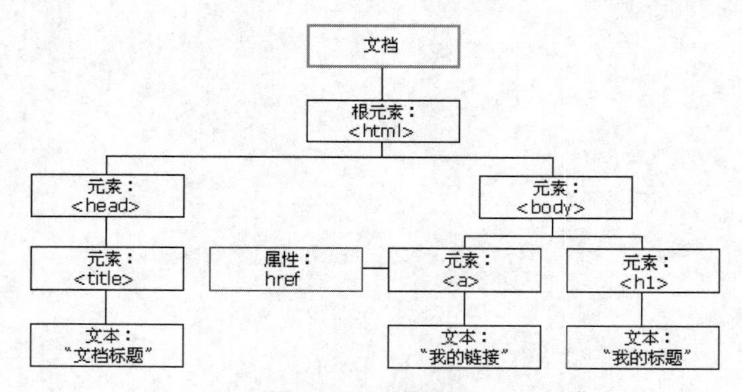

图 9.2　文档对象模型

（1）window 对象是顶层对象，在层次图中位于顶层。window 对象就是指浏览器窗口本身。window 对象中包含的属性是应用于整个窗口的，如在框架集结构中，每个框架都包含一个 window 对象。对于每一个页面，浏览器都会自动创建 window 对象、document 对象、location 对象、navigator 对象和 history 对象等。其中 document 对象、history 对象和 location 对象都是 window 对象的子对象。

（2）document 对象在层次图中位于核心地位，页面上的对象都是 document 对象的子对象，在 document 对象中包含的属性是整个页面的属性，如背景颜色等。

（3）location 对象中包含了当前 URL 地址的信息。

（4）navigator 对象中包含了当前使用的浏览器的信息。

（5）history 对象中包含了客户端浏览器过去访问的 URL 地址信息。

（6）基于该层次结构，可以创建其他对象。例如在网页中有一个名为“myForm”的表单对象，则在 JavaScript 中引用方式为 window.document.myForm。这样从最顶层对象开始，可以一层一层找到相应的对象。

9.2　window 对象

如果文档包含框架（<frame>或<iframe>标签），浏览器会为 HTML5 文档创建一个 window 对象，并为每个框架创建一个额外的 window 对象。每个载入浏览器的 HTML5 文档都会成为 document 对象。运用 document 对象，可在 JavaScript 中对 HTML5 页面中的所有元素进行访问。

9.2.1　常用属性

window 对象的常用属性如表 9.1 所示。

表 9.1　window 对象的常用属性

属性	说明	属性	说明
screen	有关客户端的屏幕和显示性能的信息	parent	返回父窗口
history	有关客户访问过的 URL 的信息	top	返回最顶层的先辈窗口
location	有关当前 URL 的信息	closed	返回窗口是否已被关闭

属性的语法格式如下。

```
window.属性名= "属性值"
```

实例代码如下。

```
window.location="http://www.×××××.cn" ;
```

9.2.2　常用方法

window 对象的常用方法如表 9.2 所示。

表 9.2　window 对象的常用方法

方法	说明
prompt()	显示可提示用户输入的对话框
alert()	显示带有一个提示信息和一个确定按钮的警告框
confirm()	显示一个带有提示信息、确定和取消按钮的对话框
close()	关闭浏览器窗口
open()	打开一个新的浏览器窗口或查找一个已命名的窗口
setTimeout()	在指定的毫秒数后调用函数或计算表达式
setInterval()	按照指定的周期（以毫秒计）来调用函数或表达式

在 JavaScript 中，使用 window 对象方法的语法格式如下。

```
window.方法名();
```

由于 window 是一个全局对象，因此可以把当前窗口对象的方法当作函数来使用，省略 window，比如 alert()。

如需引用窗口中的一个框架，语法格式如下。

```
frame[i]           //当前窗口的框架
self.frame[i]      //当前窗口的框架
w.frame[i]         //窗口 w 的框架
```

下面将详细介绍 prompt()方法、alert()方法、confirm()方法、close()方法和 open()方法。

1．prompt()方法

prompt()方法：有两个参数，是输入对话框，用来提示用户输入一些信息，单击“取消”按钮则返回 null，单击“确认”按钮则返回用户输入的值。

2．alert()方法

alert()方法：只有一个参数，仅显示警告框的消息，无返回值，不能对脚本产生任何改变。

3．confirm()方法

confirm()方法：只有一个确认对话框参数，确认对话框，显示提示框的消息，包含“确定”按钮和“取消”按钮，单击“确定”按钮返回 true，单击“取消”按钮返回 false，因此常用于 if-else 分支结构。

语法格式如下。

```
window.confirm("对话框中显示的纯文本");
```

实例代码如下。

```
confirm("确认要删除此条信息吗？")
```

上述代码执行后，在浏览器的预览效果如图 9.3 所示。

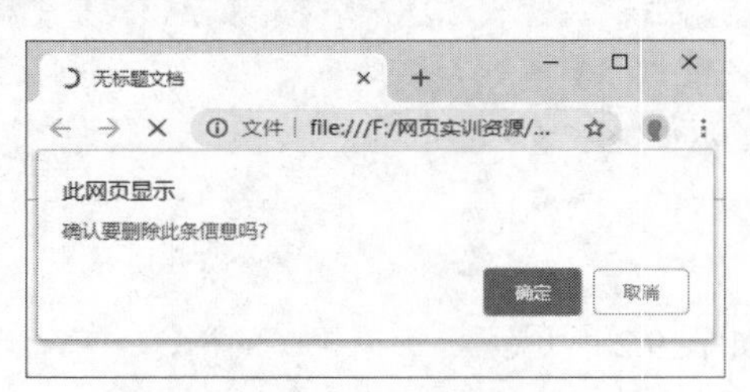

图 9.3　确认对话框

在 confirm()方法弹出的确认对话框中，有一条提示信息，包含一个“确认”按钮和一个“取消”按钮。如果用户单击“确认”按钮，则 confirm()方法返回 true；如果单击“取消”按钮，则 confirm()方法返回 false。

在用户单击“确认”按钮或“取消”按钮把对话框关闭之前，它将阻止用户对浏览器的所有操作。在调用 confirm()方法时，将暂停对 JavaScript 代码的执行，在用户做出响应之前，不会执行下一条语句。

实例代码如下。（代码位置：9/9-1.html）

```
<!DOCTYPE html>
<html lang="en">
<head>
<meta http-equiv="Content-Type" content="text/html; charset=gb2312" />
<title>无标题文档</title>
<script type="text/javascript">
var flag=confirm("确认要删除此条信息吗?");
if(flag==true){
```

```
        alert("删除成功!");
    }
    else{
        alert("你取消了删除");
    }</script>
    </head>
    <body>
    </body>
    </html>
```

在 Chrome 浏览器中运行上面的代码，如果单击“确认”按钮，则弹出图 9.4 所示的对话框，如果单击“取消”按钮，则弹出图 9.5 所示的对话框。

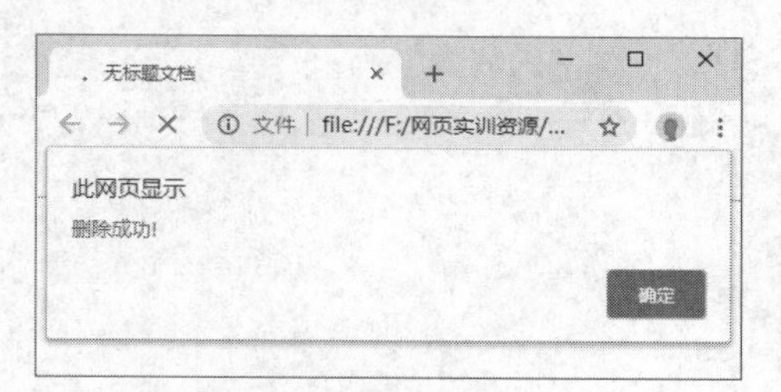

图 9.4 单击“确定”按钮

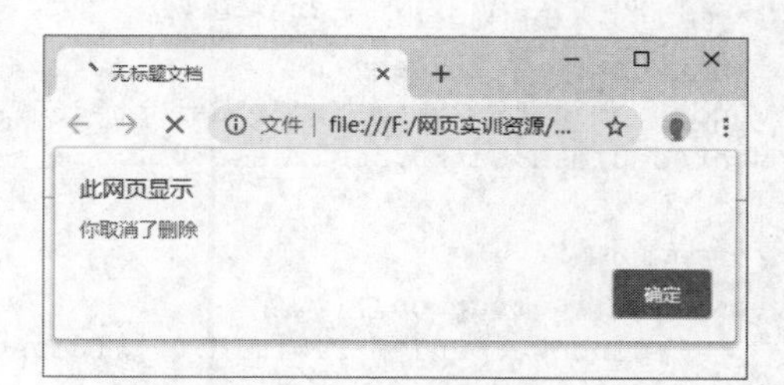

图 9.5 单击“取消”按钮

4. close()方法

close()方法：用于关闭浏览器窗口，语法格式如下。

```
window.close( );
```

5. open()方法

open()方法：在页面上弹出一个新的浏览器窗口或查找一个已命名的窗口。语法格式如下。

```
window.open(URL, name, features, replace)
```

open()方法的参数如表 9.3 所示。

表 9.3 open()方法的参数

参数	描述
URL	一个可选的字符串，声明了要在新窗口中显示的文档的 URL。如果省略了这个参数，或者它的值是空字符串，那么新窗口就不会显示任何文档
name	一个可选的字符串，该字符串是一个由逗号分隔的特征列表，其中包括数字、字母和下画线，该字符声明了新窗口的名称。这个名称可以用作标记<a>和<form>的属性 target 的值。如果该参数指定了一个已经存在的窗口，那么 open()方法就不再创建一个新窗口，而只是返回对指定窗口的引用。在这种情况下，features 将被忽略
features	一个可选的字符串，声明了新窗口要显示的标准浏览器的特征。如果省略该参数，新窗口将具有所有标准浏览器的特征

9.2.3 常用事件

常用的 window 对象事件如表 9.4 所示。

表 9.4 window 对象的常用事件

事件	说明
onload	一个页面或一个图像完成加载
onmouseover	鼠标移到某元素之上
onlick	当用户单击某个对象时调用的事件句柄
onkeydowm	某个键盘按键被按下
onchange	域的内容被改变

实例代码如下。（代码位置：09/9-2.html）

```
<!DOCTYPE html>
<html lang="en">
<head>
<meta http-equiv="Content-Type" content="text/html; charset=gb2312" />
<title>window 对象演示例子</title>
<script type="text/javascript">
/*弹出窗口*/
function open_adv(){
   window.open("9-2.html");
}
/*弹出固定大小窗口，并且无菜单栏等*/
function open_fix_adv(){
window.open("9-2.html","","height=380,width=320,toolbar=0,scrollbars=0,location=0,
status=0,menubar=0,resizable=0");
}
/*全屏显示*/
function fullscreen(){
      window.open("9-2.html","","fullscreen=yes");
}
/*弹出确认消息框*/
function confirm_msg(){
    if(confirm("你相信自己是最棒的吗？")){
          alert("有信心必定会赢，没信心一定会输！");
    }
}
/*关闭窗口*/
function close_plan(){
      window.close();
      }

</script>
</head>

<body>
<form action="" method="post">
  <p>
    <input name="open1" type="button" value="弹出窗口" onclick="open_adv()" /></p>
  <p><input name="open2" type="button" value="弹出固定大小窗口，且无菜单栏等"
onclick="open_fix_adv()"/></p>
  <p><input name="full" type="button" value="全屏显示"  onclick="fullscreen()"/></p>
  <p><input name="con" type="button" value="打开确认窗口"  onclick="confirm_msg()"/></p>
  <p><input name="c" type="button" value="关闭窗口" onclick="close_plan()"/></p>
</form>
</body>
</html>
```

本实例主要采用 window 对象的事件、方法与前面学习的函数等知识来实现弹出窗口、全屏显示页面、打开确认窗口和关闭窗口的功能。首先创建不同的函数实现各个功能，然后通过各个按钮的单击事件来调用对应的函数，实现弹出窗口、全屏显示等功能。在浏览器中可以看到图 9.6 所示的页面效果。

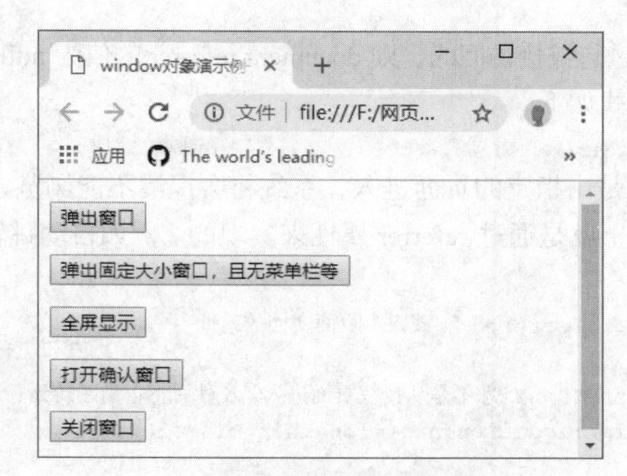

图 9.6 window 对象应用实例

用户单击“弹出窗口”按钮时，调用 open_adv()函数，这个函数会调用 window.open()方法打开新窗口，显示广告页面。由于 open()方法只设定了打开窗口的页面，而没有对窗口名称和窗口特征进行设置，因此打开的窗口和通常大家在浏览器中打开的窗口一样。

用户单击“弹出固定大小窗口，且无菜单栏等”按钮时，同样调用了 open()方法，但是此方法对弹出窗口的大小以及是否有菜单栏、地址栏等进行了设置，即弹出的窗口大小固定，不能改变窗口大小，没有地址栏、菜单栏、工具栏等。

单击“全屏显示”按钮，调用了 open()方法，设置了全屏显示的页面是 9-2.html，fullscreen 的值是 yes，即全屏模式显示浏览器。

单击“打开确认窗口”按钮，调用了 confirm_msg()函数，在这个函数中使用了 if-else 语句，并且把 confirm()方法的返回值作为 if-else 语句的表达式进行判断，在 confirm()弹出的确定对话框中，当单击“确定”按钮时则使用 alert()方法弹出一个警告提示框，否则什么也不显示。

单击“关闭窗口”按钮，调用 close()方法，直接关闭当前窗口。

9.3 document 对象

每个载入浏览器的 HTML 文档都会成为 document 对象。document 对象使我们可以从脚本中对 HTML 页面中的所有元素进行访问。在使用 document 对象时，除了要适用于各浏览器，还要符合 W3C 的标准。下面主要学习 document 对象的常用属性和方法。

9.3.1 常用属性

document 对象常用的属性如表 9.5 所示。

表 9.5 document 对象的常用属性

属性	描述
referrer	返回载入当前文档的 URL
URL	返回当前文档的 URL

（1）referrer 属性语法格式如下。

```
document.referrer
```

当前文档如果不是通过超链接访问的，则 document.referrer 的值为 null。

（2）URL 属性语法格式如下。

```
document.URL
```

浏览网页时，由于不是由指定的页面进入，系统将会提醒不能浏览本页面或者直接跳转到其他页面。这样的功能实际上就是通过 referrer 属性来实现的。例如自动跳转到登录页面，实例代码如下。

```
var preUrl=document.referrer;  //载入本页面文档的地址
if(preUrl==""){
        document.write("<h2>您不是从授权页面进入，5 秒后将自动跳转到登录页面</h2>");
setTimeout("javascript:location.href='login.html'",5000);
}
```

9.3.2 常用方法

document 对象的常用方法如表 9.6 所示。

表 9.6 document 对象的常用方法

方法	描述
getElementById()	返回对拥有指定 id 的第一个对象的引用
getElementsByName()	返回带有指定名称的对象的集合
getElementsByTagName()	返回带有指定标签名的对象的集合

（1）getElementById()方法通过 id 访问对象，被访问的对象的 id 是唯一的。一般用于访问 DIV、图片、表单元素、网页标签等。

（2）getElementsByName()方法与 getElementById()方法相似。但它通过 name 属性访问元素，由于一个文档中的 name 属性可能不唯一，因此 getElementsByName()方法一般用于访问一组相同 name 属性的元素。例如具有相同 name 属性的单选按钮、复选框等。

（3）getElementsTagByName()方法是按标签来访问页面元素的，一般用于访问一组相同的元素，例如一组<input>、一组图片等。

下面实例使用 getElementById()方法、getElementsByName()方法和 getElementsByTagName()方法实现图 9.7～图 9.10 所示的页面效果。

实例代码如下。（代码位置：09/9-3.html）

```
<!DOCTYPE html>
<html lang="en">
<head>
<meta charset="UTF-8" / >
<title>使用 Document 方法</title>
<head>
<script  type="text/javascript">
function changeLink(){
   document.getElementById("node").innerHTML="真香";
}

function all_input(){
  var aInput=document.getElementsByTagName("input");
   var sStr="";
  for(var i=0;i<aInput.length;i++){
```

```
        sStr+=aInput[i].value+"<br />";
        }
      document.getElementById("s").innerHTML=sStr;
  }

  function s_input(){
    var aInput=document.getElementsByName("season");
    var sStr="";
    for(var i=0;i<aInput.length;i++){
        sStr+=aInput[i].value+"<br />";
        }
        document.getElementById("s").innerHTML=sStr;
        }

  </script>
  </head>

  <body>
  <div id="node">我就算饿死也不吃</div>
  <input name="b1" type="button" value="改变层内容" onclick="changeLink();" /><br />
  <br /><input name="season" type="text" value="鸽" />
  <input name="season" type="text" value="复读机" />
  <input name="season" type="text" value="真香" />
  <br /><input name="b2" type="button" value="显示 input 内容" onclick="all_input()" />
  <input name="b3" type="button" value="显示 season 内容" onclick="s_input()" />
  <p id="s"></p>
  </body>
  </html>
```

此例中有 3 个按钮、3 个文本框、一个 div 层和一个<p>标签。在浏览器中的页面效果如图 9.7 所示。单击“改变层内容”按钮，调用 changeLink()函数。在函数中使用 getElementById()方法改变 id 为 node 的层的内容为“真香”，如图 9.8 所示。

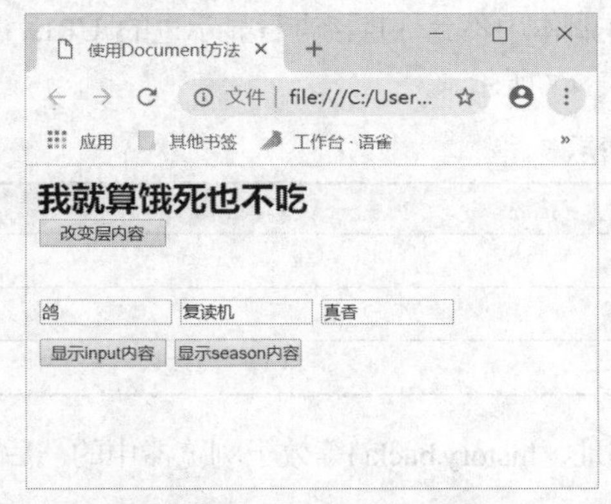

图 9.7　使用 document 方法的页面效果

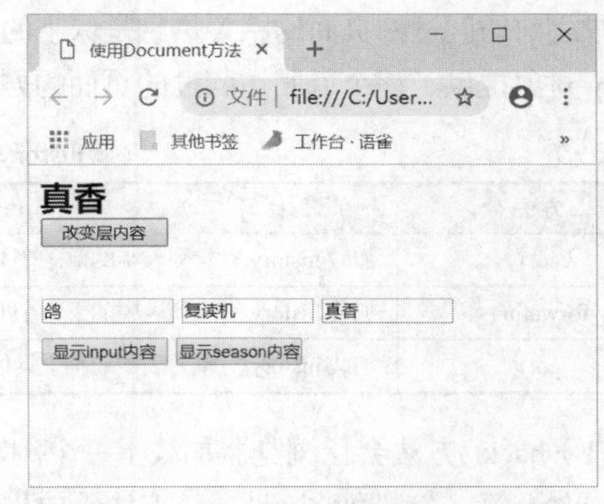

图 9.8　改变层内容

单击“显示 input 内容”按钮调用 all_input()函数，使用 getElementTagName()方法获取页面中所有标签为<input>的对象，即获取了 3 个按钮和 3 个文本框对象，然后把这些对象保存在数组 aInput 中。使用 for 循环依次读取数组中对象的值并保存在变量 sStr 中，最后使用 getElementById()方法把变量 sStr 中的内容显示在 id 为 s 的<p>标签中，如图 9.9 所示。

单击“显示 season 内容”按钮，调用 s_input()函数，使用 getElementsByName()方法获取 name

为 season 的标签对象。然后把这些对象的值使用 getElementById()方法显示在 id 为 s 的<p>标签中，如图 9.10 所示。

图 9.9　显示所有 input 的内容

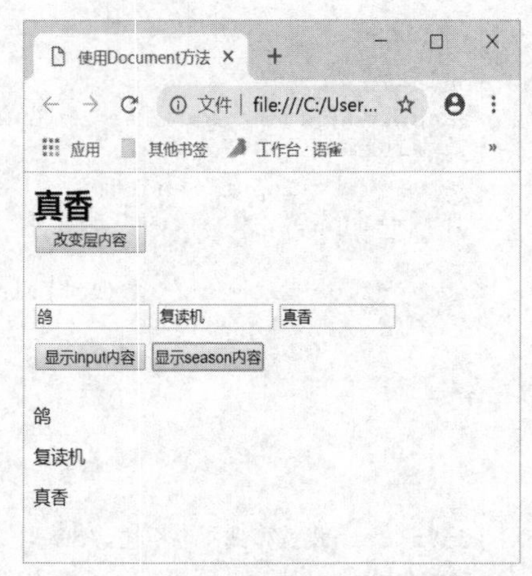

图 9.10　显示 name 为 season 的内容

9.4　其他对象

在浏览网页时，浏览器的最上方有“前进”“后退”“刷新”等按钮，通过这些按钮可以方便地回到之前访问过的页面或重新加载本页面，实际上这些功能也可以通过 history 对象和 location 对象来实现。下面将详细介绍 history 对象、location 对象和表单对象。

9.4.1　history 对象

history 对象提供用户最近浏览过的 URL 对象，它表示当前窗口的浏览历史。在一个会话中，由于用户之前访问过的页面的相关信息是保密的，因此在脚本中不允许直接查看显示过的 URL，但是 history 对象提供了逐个返回访问过的页面的方法，如表 9.7 所示。

表 9.7　　history 对象的方法

方法	描述
back()	加载 history 对象列表中的前一个 URL
forward()	加载 history 对象列表中的下一个 URL
go()	加载 history 对象列表中的某个具体 URL

（1）back()方法会让浏览器加载上一个浏览过的网址，history.back()等效于浏览器中的“后退”按钮，对于第一个访问的网址，该方法无效果。

（2）forward()方法会让浏览器加载下一个浏览过的文档，history.forward()等效于浏览器中的“前进”按钮，对于最后一个访问的网址，该方法无效果。

（3）go()方法接受一个整数 *n* 作为参数，以当前网址为基准，移动到参数指定的网址，当 $n>0$ 时载入历史列表中往前数的第 *n* 个页面，$n=0$ 时载入当前页面，$n<0$ 时载入历史列表中往后数的第 *n* 个页面，比如 go(1)相当于 forward()，go(-1)相当于 back()方法。如果参数超过实际存在的网址范围，

该方法无效果；如果不指定参数，默认参数为 0，相当于刷新当前页面。

9.4.2 location 对象

location 对象用于获得当前页面的地址（URL），并且可以使浏览器重新装载当前页面或载入新页面，location 对象的属性和方法分别如表 9.8 和表 9.9 所示。

表 9.8 location 对象的属性

属性	描述
host	设置或返回 Web 主机名和当前 URL 的端口号
hostname	设置或返回当前 URL 的主机名
href	设置或返回完整的 URL
port	返回 Web 主机的端口（80 或 443）
protocol	返回所使用的 Web 协议（http://或 https://）

表 9.9 location 对象的方法

方法	描述
reload()	重新加载当前文档
replace()	用新的文档替换当前文档

下面实例使用 history 对象和 location 对象实现网页的跳转功能。

实例代码如下。（代码位置：09/9-4.html）

```
<!DOCTYPE html>
<html lang="en">
<head>
<meta charset="UTF-8" / >
<title>H5 简介</title>
</head>
<table border="1" cellspacing="0" cellpadding="0">
  <tr>
    <td><img src="images/01.jpg" /></td>
    <td><img src="images/02.jpg" /></td>
  </tr>
  <tr>
    <td><a href="javascript:location='HTML.html'">HTML</a></td>
    <td><a href="javascript:location='CSS.html'">CSS</a></td>
  </tr>
  <tr>
    <td><img src="images/03.jpg" /></td>
    <td><img src="images/04.jpg" /></td>
  </tr>
  <tr>
    <td><a href="javascript:location='JavaScript.html'">JavaScript</a></td>
    <td><a href="javascript:location='jQuery.html'">jQuery</a></td>
  </tr>
  <tr>
    <td colspan="2"><a href="javascript:location.reload()">刷新本页</a></td>
  </tr>
</table>
</html>
```

执行上述代码后在浏览器中的预览效果如图 9.11 和图 9.12 所示。

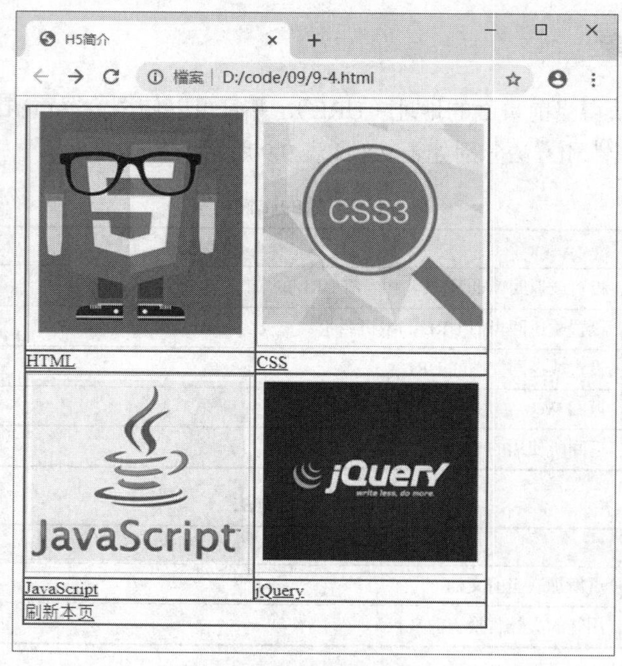

图 9.11　查看简介页面

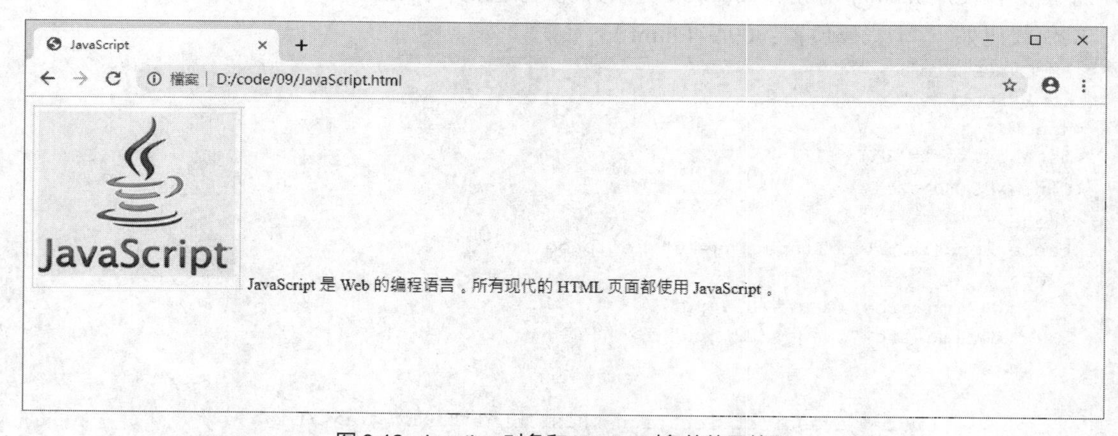

图 9.12　location 对象和 history 对象的使用效果

9.4.3　表单对象

表单对象是 document 对象的子对象，访问表单对象属性和方法的语法格式如下。

```
document.表单名称.属性
document.表单名称.方法(参数)
document.forms[索引].属性
document.forms[索引].方法(参数)
```

1. 表单对象的属性和方法

表单对象的属性及说明如表 9.10 所示。

表 9.10 表单对象的属性

属性	描述
action	设置或返回表单的 action 属性
id	设置或返回表单的 id
name	设置或返回表单的名称
length	返回表单中的元素数目
method	设置或返回将数据发送到服务器的 HTTP 方法，常用的方法为 get|post

表单对象的方法及说明如表 9.11 所示。

表 9.11 表单对象的方法

方法	描述
handleEvent()	使事件处理程序生效
reset()	重置
submit()	提交

2. 表单元素

表单中包含很多种表单元素，调用表单中元素的属性或方法的语法格式如下。

```
document.forms[索引].elements[索引].属性
document.forms[索引].elements[索引].方法(参数)
document.表单名称.元素名称.属性
document.表单名称.元素名称.方法(参数)
```

对于表单中的元素，它们的属性如表 9.12 所示。

表 9.12 表单元素的属性

属性	描述
defaultValue	该元素的 value 属性
form	该元素所在的表单
name	该元素的 name 属性
type	该元素的 type 属性
value	该元素的 value 属性

下面的实例展示了表单元素的用法。

实例代码如下。（代码位置：09/9-5.html）

```
<!DOCTYPE html>
<html lang="en">
<head>
    <title>表单对象的属性和方法</title>
    <script type="text/javascript">
        var i = 0;
        function movenext(obj,i)
        {
            if(obj.value.length==4)
            {
                document.forms[0].elements[i+1].focus();
            }
        }

        function result()
```

```
            {
                fm = document.forms[0];
                num = fm.elements[0].value +
                fm.elements[1].value +
                fm.elements[2].value +
                fm.elements[3].value ;
                alert("您输入的信用卡号码是"+ num);
            }
        </script>
    </head>
    <body onLoad=document.forms[0].elements[i].focus()>
        请输入您的信用卡号码:
        <form>
        <input type="text" size="3" maxlength="4" onKeyup="movenext(this,0)"> -
        <input type="text" size="3" maxlength="4" onKeyup="movenext(this,1)"> -
        <input type="text" size="3" maxlength="4" onKeyup="movenext(this,2)"> -
        <input type="text" size="3" maxlength="4" onKeyup="movenext(this,3)">
        <input type="button" value="显示" onClick="result()">
        </form>
    </body>
    </html>
```

该实例包含 4 个文本框，每个文本框最多输入 4 个数字，当第一个文本框输入完后自动将焦点移动到第二个文本框，以此类推。当用户输入完卡号后，单击“显示”按钮将卡号输出。页面效果如图 9.13 所示。

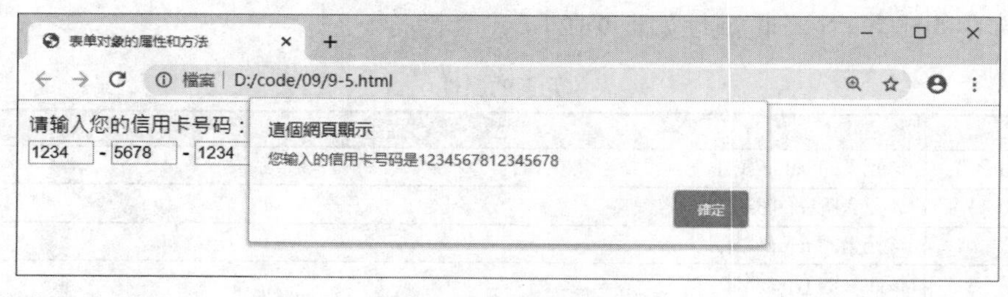

图 9.13　页面效果

9.5　DOM 编程应用

9.5.1　元素的显示和隐藏

在浏览网页时，网页上浮动着带有关闭按钮的图片，论坛里的树形菜单，或者是一些门户网站的 Tab 切换效果，所有的这些类似的页面特效都可以通过控制网页元素的显示和隐藏来实现。

在 CSS3 中 visibility 和 display 可以用来控制元素的显示和隐藏。visibility 属性用于设置元素是否可见，visibility 属性的值如表 9.13 所示。

表 9.13　　visibility 属性的值

值	描述
visible	表示元素是可见的
hidden	表示元素是不可见的

visibility 的语法格式如下。

```
Object.style.visibility="值"
```

display 属性用于设置是否显示元素。display 属性的值如表 9.14 所示。

表 9.14 **display 属性的常见值**

值	描述
none	表示此元素不会被显示
block	表示此元素将显示为块级元素，此元素前后会带有换行符

display 的语法格式如下。

```
Object.style.display="值"
```

下面实例展示了 visibility 和 display 属性的特征以及二者的区别。

实例代码如下。（代码位置：09/9-6.html）

```
<!DOCTYPE html>
<html lang="en">
<head>
<meta http-equiv="Content-Type" content="text/html; charset=gb2312" />
<title>显示和隐藏图片</title>
<script type="text/javascript">
function hidden_b2(){
document.getElementById("b2").style.visibility="hidden";}
function none_b2(){
document.getElementById("b2").style.display="none";}
</script>
</head>
<body>
<img src="images/1.jpg" alt="book1" id="b1" width="280" height="230" />
<img src="images/2.jpg" alt="book2" id="b2" width="280" height="230" />
<img src="images/3.jpg" alt="book3" id="b3" width="280" height="230" /><br />
<input name="btn1" type="button" value="通过visibility隐藏图片山峦" onclick="hidden_b2()" />
<input name="btn2" type="button" value="通过display隐藏图片山峦" onclick="none_b2()" />
</body>
</html>
```

从上面的代码可以看出，本例中有 3 个图片，id 分别为 b1、b2、b3，两个函数 hidden_b2()和 none_b2()分别使用 visibility 和 display 属性隐藏 id 为 b2 的图片，两个按钮分别用来调用 hidden_b2()函数和 none_b2()函数，这两个按钮的功能都是用来隐藏 id 为 b2 的图片。

在浏览器中运行上面的代码，3 个图片全部显示，页面效果如图 9.14 所示。

图 9.14　3 个图片全部显示

单击“通过 visibility 隐藏图片山峦”按钮，id 为 b2 的图片被隐藏，虽然该图片的位置依然存在，但无法接收其他事件，如图 9.15 所示。

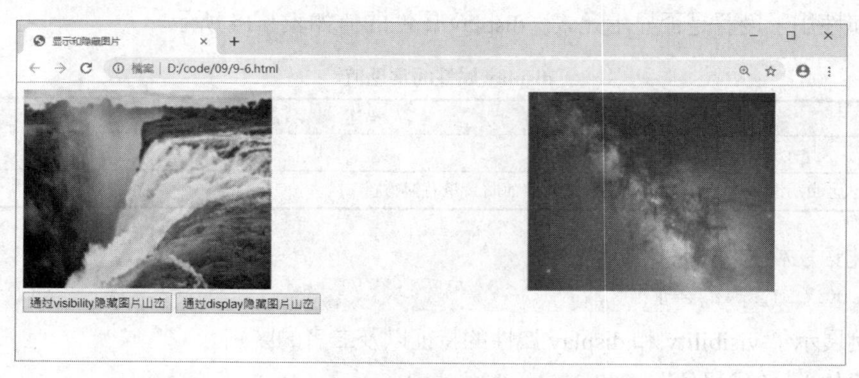

图 9.15　使用 visibility 隐藏图片山峦

单击按钮“通过 display 隐藏图片山峦”，同样隐藏了 id 为 b2 的图片，但该图片的位置被其他元素占用，实际上是设置了元素的浮动特征，如图 9.16 所示。

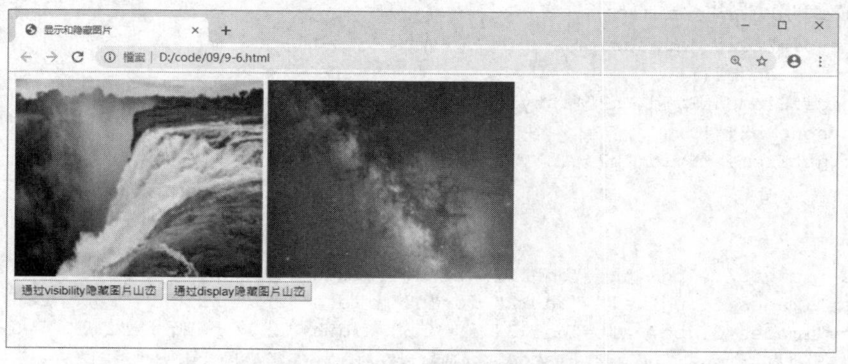

图 9.16　使用 display 隐藏图片山峦

如果使用 visibility 属性设置元素不可见，此元素会占据页面上的空间。使用 display 属性设置元素不显示，此元素不会占据页面空间。

当要实现在页面上显示或隐藏某元素时，通常使用 display 属性。下面实例使用 display 属性制作一个简单的树形菜单。

实例代码如下。（代码位置：09/9-7.html）

```
<!DOCTYPE html>
<html lang="en">
<head>
<meta http-equiv="Content-Type" content="text/html; charset=gb2312" />
<title>制作简单的树形菜单</title>
<style type="text/css">
body{font-size:13px;
     line-height:20px;
      }
a{font-size: 13px;
  color: #000000;
  text-decoration: none;
  }
```

```
    a:hover{font-size:13px;
           color: #ff0000;
            }
    img {
          vertical-align: middle;
          border:0;
    }
    .no_circle{list-style-type:none;  //设置列表项标志的类型为无
       display:none;
          }
    </style>
    <script  type="text/javascript">
    function show(){
    if(document.getElementById("art").style.display=='block'){
          document.getElementById("art").style.display='none';  //触动的 ul 如果处于显示状态，即隐藏
     }
    else{
          document.getElementById("art").style.display='block';  //触动的 ul 如果处于隐藏状态，即显示
       }
    }
    </script>
    </head>

    <body>
    <b><img src="images/fold.gif">树形菜单：</b>
    <ul><a href="javascript:onclick=show() "><img src="images/fclose.gif">网页设计</a></ul>
    <ul id="art" class="no_circle">
    <li><img src="images/doc.gif" >HTML</li>
                 <li> <img src="images/doc.gif" >CSS</li>
                  <li><img src="images/doc.gif" >JavaScript</li>
                  </ul>
    </body>
    </html>
```

首先把一级菜单和二级菜单放在项目列表中，并且使用 CSS3 的<list>-<style>-<type>属性设置列表项的标志类型为无，即把列表前的圆点去掉。然后在一级菜单上使用链接调用 show()函数，最后编写 show()函数。

在 show()函数中，使用 getElementById()方法获取 id 为 art 的项目表。通过判断目前的列表是显示或隐藏状态，结合 display 属性动态地改变其值，实现树形菜单的效果。

执行上述代码后在浏览器中的预览效果如图 9.17 所示，此时"网页设计"下的二级菜单被隐藏，单击此菜单，显示二级菜单的内容，如图 9.18 所示。

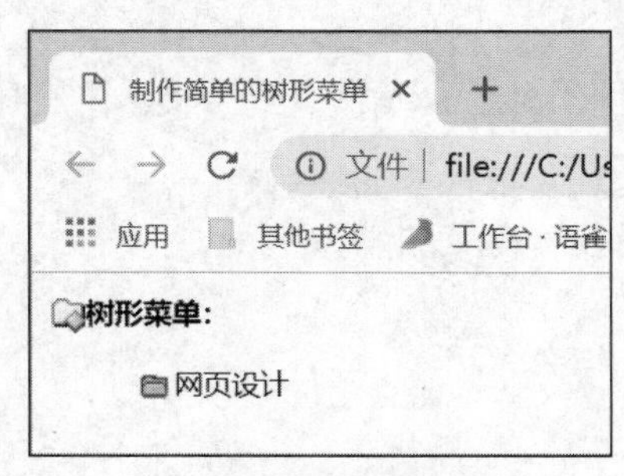

图 9.17　树形菜单展开前

图 9.18　树形菜单展开后

9.5.2 复选框全选效果

在设计网页时，根据需要可以使用复选框为用户提供多个选项。这样用户针对某些问题时可以选择一个或多个选项。复选框显示一个带有标识的小方格。当用户单击时，在其中会显示一个选中标志，或者将标志取消，下面介绍通过 JavaScript 来实现复选框全选或全不选的功能。

判断复选框是否被选中的属性是 checked。如果 checked 属性的值为 true，说明复选框已选中，如果 checked 属性的值为 false，说明复选框未被选中。如果要实现多选，可以编写代码逐个将复选框 checked 属性的值设置为 true，但代码冗余且易出错。比较好的办法是，把每个复选框的 name 设置为同名，然后使用 getElementsByName()方法访问所有同名的复选框，最后使用循环语句来统一设置所有复选框的 checked 属性为 true，从而实现全选效果。

下面实例通过使用 getElementsByName()方法和复选框的 checked 属性来实现复选框全部被选中的效果。

实例代码如下。（代码位置：09/9-8.html）

```
<!DOCTYPE html>
<html lang="en">
<head>
<meta charset="UTF-8" / >
<head>
<title>全选效果</title>
<style type="text/css">
.bg{
      background-image: url(images/list_bg.gif);
      background-repeat: no-repeat;
      width: 730px;
}
td{text-align:center;
font-size:13px;
line-height:25px;
}
body{margin:0}
</style>
 <script type="text/JavaScript">
 function check(){
 var oInput=document.getElementsByName("product");
 for (var i=0;i<oInput.length;i++){
     if (document.getElementById("all").checked==true){
      oInput[i].checked=true;
      }
   }
}
</script>
</head>
<body><table border="0" cellspacing="0" cellpadding="0" class="bg">
  <tr>
    <td style="height:40px;"> </td>
    <td> </td>
    <td> </td>
    <td> </td>
  </tr>
  <tr style="font-weight:bold;">
```

```
      <td><input id="all" type="checkbox" value="全选" onclick="check();" />全选</td>
      <td>商品图片</td>
      <td>商品名称/出售者/联系方式</td>
      <td>价格</td>
    </tr>
    <tr>
      <td colspan="4"><hr style="border:1px  #CCCCCC dashed" /></td>
     </tr>
    <tr>
      <td><input name="product" type="checkbox" value="1" /></td>
      <td><img src="images/list0.jpg" alt="alt" /></td>
      <td>C 语言大学使用教程学习指导<br />
      出售者：ling112233<br />
      <img src="images/online_pic.gif" alt="alt" />   
      <img src="images/list_tool_fav1.gif" alt="alt" /> 收藏</td>
     <td>一口价<br />
     33.0 </td>
    </tr>
    <tr>
       <td colspan="4"><hr style="border:1px  #CCCCCC dashed" /></td>
      </tr>
     <tr>
      <td><input name="product" type="checkbox" value="4" /></td>
      <td><img src="images/list3.jpg" alt="alt" /></td>
      <td>Web 前端开发案例教程 <br />
        出售者：疯狂的镜无<br />
      <img src="images/online_pic.gif" alt="alt" />   
       <img src="images/list_tool_fav1.gif" alt="alt" /> 收藏</td>
      <td>一口价<br />
       29.0 </td>
    </tr>
    <tr>
      <td colspan="4"><hr style="border:1px  #CCCCCC dashed" /></td>
     </tr>
  </table>
  </body>
  </html>
```

设计思路如下。

（1）使用表格布局，在文档中插入一个 id 为 all 的复选框和 4 个 name 为 product 的复选框，以及对应的图片、文字等内容。

（2）编写复选框全选效果的实现函数 check()。首先使用 getElementsByName()方法获取所有 name 为 product 的复选框，并保存在数组 oInput 中，然后使用 getElementById()方法获取 id 为 all 的复选框并结合 checked 属性判断是否被选中，如果选中则使用 for 循环依次设置数组 oInput 所有对象的 checked 属性的值为 true，实现 name 为 product 的所有复选框被选中。

（3）在 id 为 all 的复选框中增加单击事件 onclick，调用 check()函数，当单击“全选”复选框时，实现所有复选框全被选中的效果。

执行上述代码后在浏览器中的预览效果如图 9.19 所示。

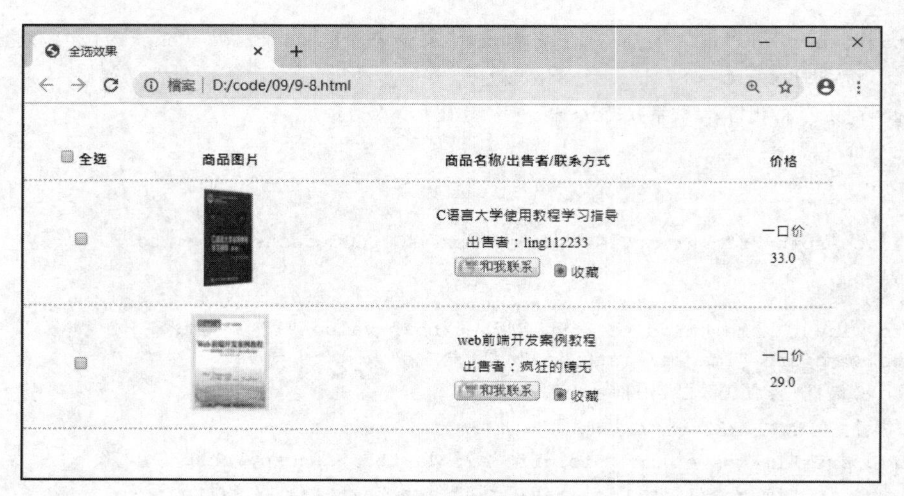

图 9.19　全选复选框效果

9.6　实践指导

1. 实践要求

（1）会使用 window 对象的属性、方法及事件。

（2）会使用 document 对象的属性和方法。

（3）使用 getElementById()方法访问 DOM 元素。

（4）使用 getElementsByName()方法访问 DOM 元素。

（5）使用 getElementsByTagName()方法访问 DOM 元素。

2. 实践任务

任务 1　制作带“关闭”按钮的广告图片

制作带“关闭”按钮的广告图片页面，页面效果如图 9.20 所示。

任务 2　制作树形菜单

制作树形菜单页面，页面效果如图 9.21 所示。

图 9.20　页面效果

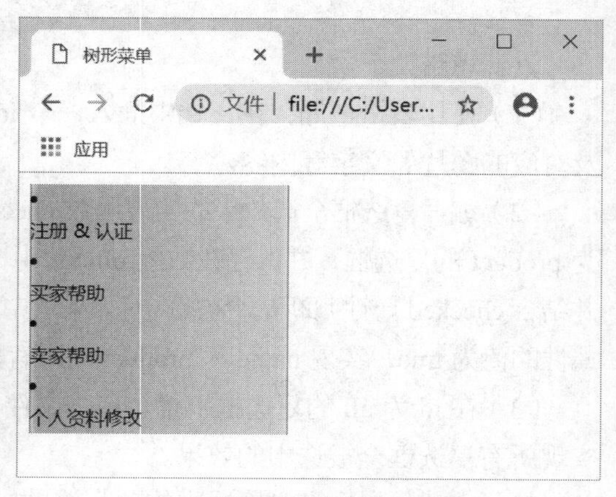

图 9.21　页面效果

小结

（1）DOM 是以层次结构组织的节点集合。

（2）对于每一个 HTML 页面，浏览器都会自动创建 window 对象、document 对象、location 对象、navigator 对象及 history 对象。

（3）document 对象是浏览器窗口中显示的 HTML 文档。

（4）location 对象用于提供当前打开窗口的 URL 或特定框架的 URL 信息。

（5）表单对象是 document 对象的子对象，可以通过“document.表单名称.属性名|方法名”来访问其属性或方法。

拓展训练

1. 制作 HTML 页面，使用 DOM 操作增加或删除表格行，页面效果如图 9.22 和图 9.23 所示。

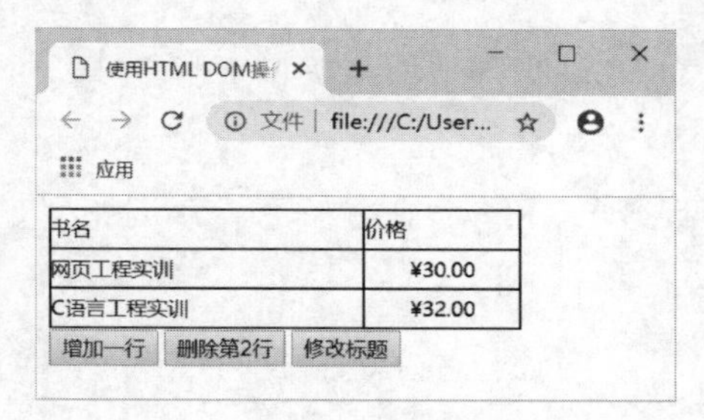

图 9.22　默认表格

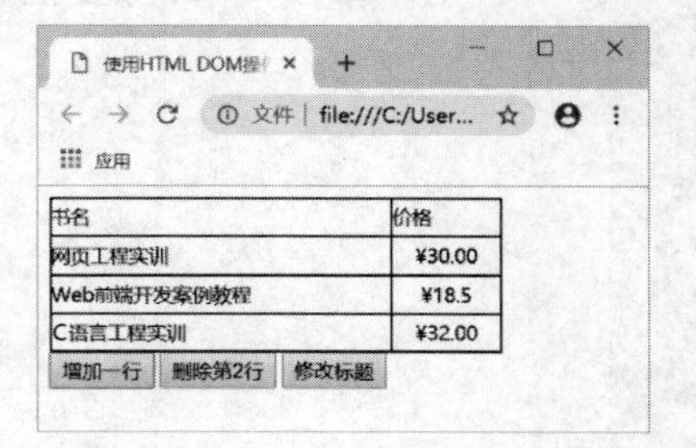

图 9.23　增加一行

2. 制作 HTML 页面，使用表单控件和 DOM 编程，页面效果如图 9.24 所示。

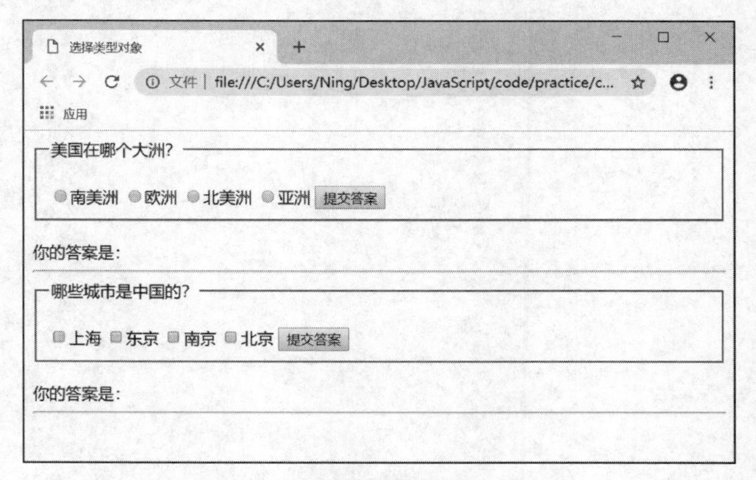

图 9.24　页面效果

第 10 章 jQuery基础

10

学习目标

- □ 了解 jQuery 的由来及特点
- □ 掌握 jQuery 工厂函数的使用方法
- □ 掌握 jQuery 对象与 DOM 对象的相互转换
- □ 掌握 jQuery 的选择器

10.1 jQuery 简介

10.1.1 jQuery 的使用

首先，我们需要进入 jQuery 官网获取 jQuery 的库文件，下载 jQuery 的库文件，如图 10.1 所示。

图 10.1 下载 jQuery 的库文件

jQuery 库分为开发版和发布版，两种版本有细微的差别，如表 10.1 所示。

表 10.1 jQuery 库的开发版与发布版

名称	大小	说明
jQuery-3.版本号.js（开发版）	约 268KB	完整无压缩版本，主要用于测试、学习和开发
jQuery-3.版本号.min.js（发布版）	约 91KB	经过工具压缩或经过服务器开启 Gzip 压缩，主要应用于发布的产品和项目

在页面中引入 jQuery 库的方法是在 HTML 文档的头部，加上以下代码。

```
<script type="text/javascript" src="js/ jquery-3.3.1.js"></script>
```

jQuery 的语法格式如下。

```
$(selector).action() ;
```

语法说明如下。

工厂函数$()：将 DOM 对象转化为 jQuery 对象。

选择器 selector：获取需要操作的 DOM 元素。

方法 action()：jQuery 中提供的方法，其中包括绑定事件处理的方法。

jQuery 代码的编写与 JavaScript 类似，都是在页面中通过<script>标签嵌入 jQuery 代码。

实例代码如下。（代码位置：10/10-1.html）

```
<!DOCTYPE html>
<html lang="en">
<head>
    <title>第一个 jQuery</title>
    <meta charset="UTF-8" />
    <script type="text/javascript" src="js/jquery-3.3.1.js"></script>
    <script type="text/javascript">
        $(document).ready(function(){
        alert("我的第一个 jQuery 程序!");
    });
    </script>
</head>
<body></body>
</html>
```

执行上述代码后在浏览器中的预览效果如图 10.2 所示。

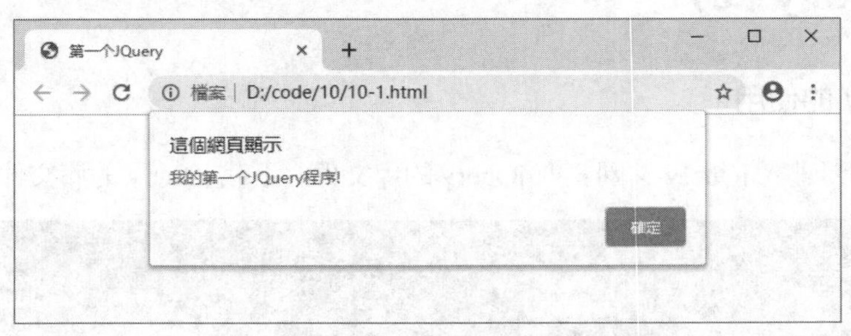

图 10.2　第一个 jQuery 程序

10.1.2　jQuery 工厂函数

在 jQuery 中，无论使用哪种类型的选择符，都要从一个美元符号$和一对圆括号()开始，即$()，$()就是工厂函数。

在 JavaScript 中使用 window.onload 加载页面，在 jQuery 中使用$(document).ready()加入页面加载后的代码，二者可以实现相同的功能，但存在区别，如表 10.2 所示。$(document).ready()的实例代码如下。

```
$(document).ready(function(){
        alert("我的第一个 jQuery 程序!");
});
```

表 10.2　window.onload 和$(document).ready()的区别

项目	window.onload	$(document).ready()
执行时机	必须等页面中的所有内容加载完后才能执行	网页中的所有 DOM 文档结构绘制完毕后即可执行，可能与 DOM 元素关联的内容并没有加载完
编写个数	同一页面不能同时编写多个	同一页面能同时编写多个

简化写法	无	$(function(){
		    //执行代码
		}

10.2　DOM 对象与 jQuery 对象的相互转换

DOM 对象与 jQuery 对象相互转换的原因有以下两点。

（1）DOM 对象操作比较麻烦，为了完成一个功能需要写很多代码，还要考虑兼容性。而 jQuery 对象的操作封装成了函数，操作简单，不需要考虑兼容性。

（2）jQuery 中并不是封装了所有的方法，编写复杂的功能还是需要利用原生的 JS 代码实现。

1. DOM 对象转换成 jQuery 对象

对于一个 DOM 对象，只需要用$()把 DOM 对象包装起来，就可以获得一个 jQuery 对象了。

其语法格式如下。

```
$(DOM 对象)
```

实例代码如下。（代码位置：10/10-2.html）

```
<html>
```

```
<head>
    <title>DOM 对象与 jQuery 对象的访问</title>
    <meta charset="utf-8">
    <script type="text/javascript" src="js/jquery-3.3.1.js"></script>
    <script type="text/javascript">
        $(function(){
            //1.获取 dom 对象 div 元素
            var obj = document.getElementById("title");//获取 DOM 对象
            var $obj = $(obj); //2.转换为 jQuery 对象并改变内容
            $("#btn").click(function(){
                $obj.html("转换成功现在是 jQuery 对象");
            })
        });
    </script>
</head>
<body>
    <div id="title">DOM 对象</div>
    <br/>
    <input type="button" value="转换" id="btn"></input>
</body>
</html>
```

执行上述代码后在浏览器中的预览效果如图 10.3 所示。

图 10.3　DOM 对象转换成 jQuery 对象

2. jQuery 对象转换成 DOM 对象

jQuery 对象提供了两种方法将一个 jQuery 对象转换成 DOM 对象。

（1）索引。

jQuery 对象是一个类似数组的对象，可以通过［index］的方法得到相应的对象。其语法格式如下。

```
var $ obj = $("div"); //jQuery 对象
var obj = $btn[0];    //DOM 对象
```

（2）get(index)方法。

jQuery 本身提供了一个 get(index)方法，可以通过该方法得到相应的 DOM 对象。其语法格式如下。

```
var $obj = $("div"); //jQuery 对象
var obj = $btn.get(0);    //DOM 对象
```

实例代码如下。（代码位置：10/10-3.html）

```
<!DOCTYPE html>
<html lang="en">
<head>
    <title>DOM 对象与 jQuery 对象的访问</title>
    <meta charset="utf-8">
    <script type="text/javascript" src="js/jquery-3.3.1.js"></script>
```

```
    <script type="text/javascript">
        $(function(){
            //1.获取 jQuery 对象 div 元素
            var $obj = $("div");
            var obj = $obj.get(0); //2.转换为 DOM 对象并改变内容
            $("#btn").click(function(){
                obj.innerHTML = "转换成功现在是 DOM 对象！";
            })
        });
    </script>
</head>
<body>
    <div id="title">jQuery 对象</div>
    <br/>
    <input type="button" value="转换" id="btn"></input>
</body>
</html>
```

执行上述代码后在浏览器中的预览效果如图 10.4 所示。

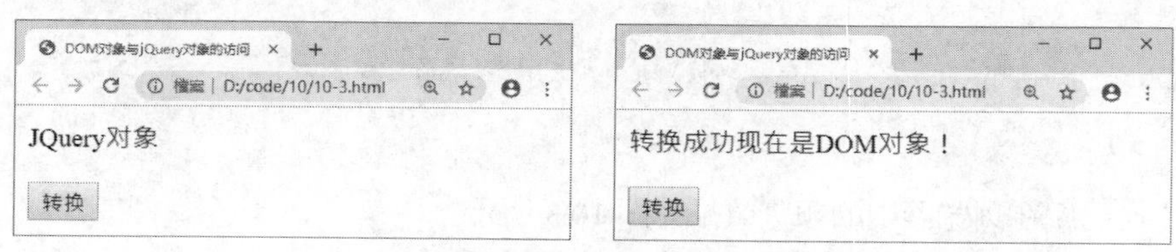

图 10.4　jQuery 对象转换成 DOM 对象

10.3　jQuery 的选择器

选择器是 jQuery 的基础，在 jQuery 中，对事件处理、遍历 DOM 和 Ajax 操作都依赖于选择器。jQuery 中的选择器完全继承了 CSS 的风格。利用 jQuery 选择器，可以非常便捷和快速地找出特定的 DOM 元素，然后为它们添加相应的行为，而无须担心浏览器是否支持这一选择器。jQuery 的行为规则都必须在获取了元素后才能生效。jQuery 的选择器分为基本选择器、层次选择器、过滤选择器和表单选择器。

10.3.1　基本选择器

基本选择器包括标签选择器、类选择器、ID 选择器、并集选择器、交集选择器和全局选择器，基本选择器的用法如表 10.3 所示。

表 10.3　　**基本选择器**

名称	语法构成	描述	示例
标签选择器	element	根据给定的标签名匹配元素	$("h2")：选取所有 h2 元素
类选择器	.class	根据给定的 class 匹配元素	$(".title")：选取所有 class 为 title 的元素
ID 选择器	#id	根据给定的 id 匹配元素	$("#title")：选取所有 id 为 title 的元素
并集选择器	selector1,selector2,…,selector*N*	将选择的元素合并后一起返回	$("div,p,.title")：选取所有 div、p 和拥有 class 为 title 的元素
交集选择器	element.class 或 element#id	匹配指定 class 或 id 的某元素或元素集合	$("h2.title")：选取所有拥有 class 为 title 的 h2 元素
全局选择器	*	匹配所有元素	$("*")：选取所有元素

实例代码如下。（代码位置：10/10-4.html）

```
<!DOCTYPE html>
<html lang="en">
<head>
    <title>基本选择器</title>
    <meta charset="utf-8"/>
    <script type="text/javascript" src="js/jquery-3.3.1.js"></script>
    <script type="text/javascript">
    $(function(){
        //单击 h2 标签触发事件
            $("h2").click(function(){
                //并集选择器
                $("h2,p,.title,#jquery").css("color","red");
            });
            //交集选择器
            $("h2.title").css("color","blue");
        })
    </script>
</head>
<body>
    <h2>标题</h2>
    <p>段落</p>
    <h2 class="title">课程列表</h2>
    <ul>
    <li class="title">HTML</li>
    <li>CSS</li>
    <li>JavaScript</li>
    <li id="jquery">jQuery</li>
    </ul>
</body>
</html>
```

首先需要通过$("h2").click(function(){……})定义 h2 被单击后的事件，即单击 h2 后使文字变红，随后通过$("h2.title").css("color","blue")设置 h2 的初始颜色，最后在<body>标签中加入 h2 即可。

执行上述代码后在浏览器中的预览效果如图 10.5 所示。

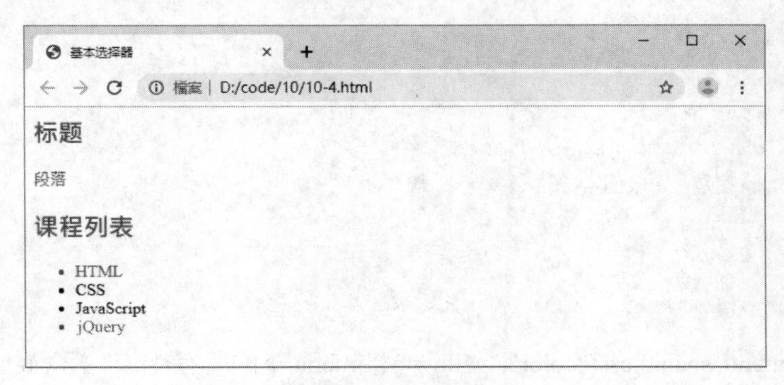

图 10.5 基本选择器

10.3.2 层次选择器

层次选择器通过 DOM 元素之间的层次关系来获取元素。就如族谱中的家族关系，把文档树当作族谱，那么节点与节点就会存在父子、兄弟、祖孙关系了，层次选择器的用法如表 10.4 所示。

表 10.4 层次选择器

名称	语法结构	描述	示例
后代选择器	ancestor descendant	选取 ancestor 元素里的所有 descendant（后代）元素	$("#menu span")：选取#menu 下的<span>元素
子选择器	parent>child	选取 parent 元素下的 child（子）元素	$("#menu>span")：选取#menu 的子元素<span>
相邻元素选择器	prev+next	选取紧邻 prev 元素之后的 next 元素，可用.next()代替	$("h2+dl")：选取紧邻<h2>元素之后的同辈元素<dl>
同辈元素选择器	prev~siblings	选取 prev 元素之后的所有 siblings 元素，可用 nextAll()代替	$("h2~dl")：选取<h2>元素之后所有的同辈元素<dl>

实例代码如下。（代码位置：10/10-5.html）

```
<!DOCTYPE html>
<html lang="en">
<head>
<title>后代选择器</title>
<meta charset="utf-8"/>
<script type="text/javascript" src="js/jquery-3.3.1.js"></script>
<script type="text/javascript">
      $(function(){
      //#menu 元素下所有 span 字体设为黄色,字号为 18 号
            //后代选择器——子子孙孙
      $("#menu span").css("color","yellow")
            //子选择器——儿子
      $("#menu>span").css("color","red").css("font-weight","bold");
      //相邻元素选择器——紧邻的元素
      $("h2+p").css("color","blue");
      //同辈选择器——所有兄弟选择器
      $("h2~p").css("color","#aa99ff");
      });
</script>
</head>
<body>
     <h2>我是标题</h2>
     <p>我是段落 1</p>
     <div id="menu">
           <p>我是一个<span>段落</span></p>
           <span>我是一个范围</span>
     </div>
     <p>我是段落 2</p>
</body>
</html>
```

首先通过$("#menu span").css("color","yellow")将 menu 下的所有<span>标签的颜色改为黄色，然后通过$("#menu>span").css("color","red").css("font-weight","bold")将子元素中的<span>标签以外的<span>标签颜色改为红色，最后通过$("h2~p").css("color","#aa99ff")将 h2 的同辈元素的标签的颜色变为紫色即可。

这里需要注意子元素和后代元素的区别，子元素要求直接位于目标元素下，后代元素则没有这

个要求。

执行上述代码后在浏览器中的预览效果如图 10.6 所示。

图 10.6　选择器

10.3.3　过滤选择器

在编写代码的过程中，有时我们需要选择特定的元素，比如选取第一个元素或者最后一个元素、选择索引为偶数或者奇数的元素等，这时，我们就需要利用过滤选择器来筛选我们所需的元素。

过滤选择器就是通过特定的规则来筛选出所需的 DOM 元素，按照过滤规则分为基本过滤、内容过滤、属性过滤、可见性过滤、子元素过滤和表单对象属性过滤等选择器。接下来将详细介绍基本过滤选择器、可见性过滤选择器、属性过滤选择器和子元素过滤选择器。

1. 基本过滤选择器

基本过滤选择器是常用的过滤选择器，其作用是对基本元素进行选择，比如选取第一个元素、选取索引小于 index 的元素等，基本过滤选择器的用法如表 10.5 所示。

表 10.5　基本过滤选择器

语法构成	描述	示例
:first	选取第一个元素	$(li:first)：选取所有<li>元素中的第一个<li>元素
:last	选取最后一个元素	$(li:last)：选取所有<li>元素中的最后一个<li>元素
:even	选取索引是偶数的所有元素（index 从 0 开始）	$(li:even)：选取索引为偶数的所有<li>元素
:odd	选取索引是奇数的所有元素（index 从 0 开始）	$(li:odd)：选取索引为奇数的所有<li>元素
:eq(index)	选取索引等于 index 的元素（index 从 0 开始）	$(li:eq(5))：选取索引为 5 的<li>元素
:gt(index)	选取索引大于 index 的元素（index 从 0 开始）	$(li:gt(5))：选取索引大于 5 的<li>元素
:lt(index)	选取索引小于 index 的元素（index 从 0 开始）	$(li:lt(5))：选取索引小于 5 的<li>元素
:header	选取所有的标题元素，如 h1~h6 等	$(li:herder)：选取所有的标题元素
:focus	选取当前获得焦点的元素	$(li:focus)：选取当前获得焦点的元素
:not(selector)	选取去除所有与给定选择器匹配的元素	$(li:not(#red))：选取除了 id 为 red 的元素之外的所有元素

实例代码如下。（代码位置：10/10-6.html）

```
<!DOCTYPE html>
<html lang="en">
<head>
    <title>基本选择器</title>
```

```
        <meta charset="utf-8"/>
        <script type="text/javascript" src="js/jquery-3.3.1.js"></script>
        <script type="text/javascript">
        $(function(){
            //设置 li 第一个元素字号为 20px
            $("li:first").css("font-size","20px");
            //设置 li 最后一个元素字体颜色为红色
            $("li:last").css("color","red");
            //设置奇数行背景为 yellow
            $("li:odd").css("background-color","yellow");
            //设置前 3 个 li 字体颜色为蓝色
            $("li:lt(3)").css("color","blue");
            $("input").click(function(){
                //设置获取焦点的元素边框为红色实线
                $(":focus").css("border","2px solid red");
            });
        });
        </script>
    </head>
    <body>
    <ul>
        <li>首页</li>
        <li>新闻列表</li>
        <li>联系我们</li>
        <li>帮助文档</li>
        <li>调查问卷</li>
        姓名：<input type="text" name="uname" /><br/>
        密码：<input type="password" name="pwd" /><br/>
    </ul>
    </body>
    </html>
```

通过 li:first 等位置定位可以对不同位置的元素样式进行改变。执行上述代码后在浏览器中的预览效果如图 10.7 所示。

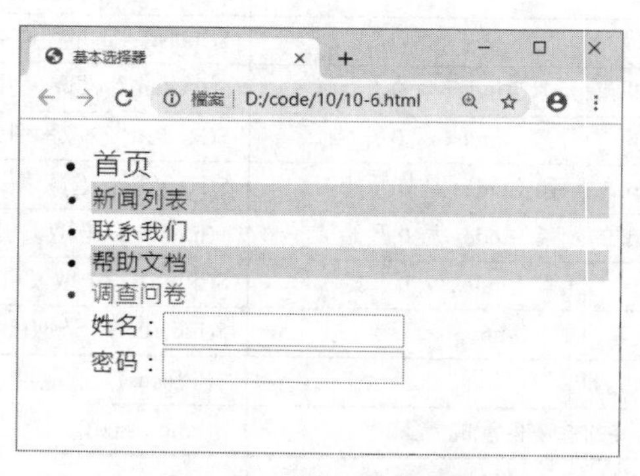

图 10.7 基本过滤选择器

2. 可见性过滤选择器

可见性过滤选择器是根据元素的可见和不可见状态来选择相应的元素，可见性过滤选择器的用法如表 10.6 所示。

表 10.6　可见性过滤选择器

语法构成	描述	示例
:hidden	选取所有不可见的元素	$(:hidden)：选取所有不可见的元素
:visible	选取所有可见的元素	$(div:visible)：选取所有可见的<div>元素

实例代码如下。（代码位置：10/10-7.html）

```
<!DOCTYPE html>
<html lang="en">
<head>
    <title>可见性过滤选择器</title>
    <meta charset="utf-8"/>
    <script type="text/javascript" src="js/jquery-3.3.1.js"></script>
    <script type="text/javascript">
    $(function(){//增加所有可见元素类别
        $("div:hidden").show(3000);
        $("div:visible").addClass("focus");
    });
    $(function(){ //增加不可见元素类别
    $("div:hidden").show().addClass("focus");
    });
    </script>
    <style type="text/css">
         body{
         font-size:15px;
         text-align:center;
         }
         div{
         float:left;
         padding-top:20px;
         margin-right: 20px;
         width:70px;
         height:50px;
         vertical-align:center;
         }
         .focus{
         background-color:#00FFFF;
         }
    </style>
<body>
    <div style="display:none">隐　藏</div>
    <div>显　示</div>
</body>
</html>
```

首先通过$("div:hidden").show(3000)设置被隐藏的 div 显示所需要的时间，然后通过$("div:visible").addClass("focus")设置显示的 div 的样式，然后在<style>标签中设置好相应样式，最后在<body>中加入相应 div 即可。

执行上述代码后在浏览器中的预览效果如图 10.8 所示。

在可见性过滤选择器中，需要注意选择器：idden，它不仅包括样式属性 display 为“none”的元素，还包括文本隐藏域（<nput type = "hidden"/>）和 visibility:hidden 之类的元素。

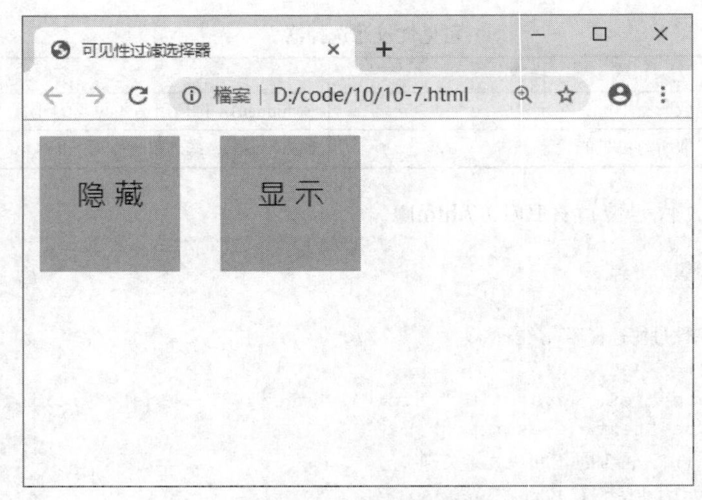

图 10.8 可见性过滤选择器

3. 属性过滤选择器

属性过滤选择器通过元素的属性来获取相应的元素。jQuery 的属性过滤选择器的过滤规则比较多，特别容易混淆，需要多加练习使用。属性过滤选择器的用法如表 10.7 所示。

表 10.7 属性过滤选择器

语法构成	描述	示例
[attribute]	选取拥有此属性的元素	$(div[id])：选取拥有属性 id 的元素
[attribute=value]	选取属性值为 value 的元素	$(div[id=test])：选取属性 id 等于 test 的<div>元素
[attribute!=value]	选取属性值不等于 value 的元素	$(div[id!=test])：选取属性 id 不等于 test 的<div>元素
[attribute^=value]	选取属性值以 value 开头的元素	$(div[id^=test])：选取属性 id 以 test 开头的<div>元素
[attribute$=value]	选取属性值以 value 结束的元素	$(div[id$=test])：选取属性 id 以 test 结尾的<div>元素
[attribute*=value]	选取属性值含有 value 的元素	$(div[id*=test])：选取属性 id 值含有 test 的<div>元素
[attribute|=value]	选取属性值等于给定字符串或以该字符串为前缀的元素	$(div[id|=test])：选取属性 id 等于 test 或以 test 为前缀的<div>元素
[attribute-=value]	选取属性值用空格分隔的值中包含给定值的元素	$(div[id-=test])：选取属性 id 用空格分割的值中包含字符 test 的元素
[attribute1][attribute2] …[attributeN]	用属性选择器合并成一个复合属性选择器，满足多个条件，每选择一次，缩小一次范围	$(div[id][class=test])：选取拥有属性 id 且 class 属性值为 test 的<div>元素

实例代码如下。（代码位置：10/10-8.html）

```
<!DOCTYPE html>
<html lang="en">
<head>
    <title>属性过滤选择器</title>
    <meta charset="utf-8"/>
    <script type="text/javascript" src="js/jquery-3.3.1.js"></script>
    <script type="text/javascript">
        $(document).ready(function(){
```

```
        //手动重置
        $("#but").click(function(){
    $("*").removeAttr("style"); });
         //添加动画
         function demo(){
              $("#s01").slideToggle("slow",demo);
         }
         demo();
         //<input type="button" id="but2" value="含有属性 title 的 div 元素."/>
         $("#but2").click(function(){
             $("div[title]").css("background","red");
         });
         //<input type="button" id="but3" value="属性 title 值等于'test'的 div 元素."/>
         $("#but3").click(function(){
             $("div[title='test']").css("background","red");
         });
         //<input type="button" id="but4" value="属性 title 值不等于'test'的 div 元素(没有属
性 title 的也将被选中)."/>
         $("#but4").click(function(){
             $("div[title!='test']").css("background","red");
         });
         //<input type="button" id="but5" value="属性 title 值 以'te'开始 的 div 元素."/>
         $("#but5").click(function(){
             $("div[title^='te']").css("background","red");
         });
         //<input type="button" id="but6" value="属性 title 值 以'est'结束 的 div 元素."/>
         $("#but6").click(function(){
             $("div[title$='est']").css("background","red");
         });
         //<input type="button" id="but7" value="属性 title 值 含有'es'的 div 元素."/>
         $("#but7").click(function(){
            $("div[title*='es']").css("background","red");
         });
         //<input type="button" id="but8" value="选取有属性 id 的 div 元素, 然后在结果中选取属
性 title 值含有'es'的 div 元素."/>
         $("#but8").click(function(){
            $("div[id][title*='es']").css("background","red");
         });
        });
      </script>
       <style type="text/css">
          span,div{
              width:200px;
              height:200px;
              background:#aaa;
              margin-right:10px;
              border:1px solid black;
              float:left;
          }
          .bgRed{
              width:55px;
              height:80px;
              font-size:14px;
```

```
                margin-left:5px;
                margin-bottom:5px;
            }
</style>
</head>
<body>
    <input type="button" id="but" value="手动重置"/><br/>
    <input type="button" id="but2" value="含有属性 title 的 div 元素."/><br/>
    <input type="button" id="but3" value="属性 title 值等于'test'的 div 元素."/><br/>
    <input type="button" id="but4" value="属性 title 值不等于'test'的 div 元素(没有属性 title
的也将被选中)."/><br/>
    <input type="button" id="but5" value="属性 title 值 以'te'开始 的 div 元素."/><br/>
    <input type="button" id="but6" value="属性 title 值 以'est'结束 的 div 元素."/><br/>
    <input type="button" id="but7" value="属性 title 值 含有'es'的 div 元素."/><br/>
    <input type="button" id="but8" value="选取有属性 id 的 div 元素，然后在结果中选取属性 title
值含有'es'的 div 元素."/><br/>
    <p></p>
  <div class="one" id="one">
    class 为 one id 为 one 的 div
    <div class="bgRed">class 为 bgRed 的 div</div>
  </div>
  <div class="one">
    class 为 one 的 div
    <div class="bgRed">class 为 bgRed 的 div</div>
    <div class="bgRed">class 为 bgRed 的 div</div>
    <div class="bgRed">class 为 bgRed 的 div</div>
    <div class="bgRed"></div>
  </div>
  <div class="one">
    class 为 one 的 div
    <div class="bgRed">class 为 bgRed 的 div</div>
    <div class="bgRed">class 为 bgRed 的 div</div>
    <div class="bgRed">class 为 bgRed 的 div</div>
    <div class="bgRed" title="tesst">class 为 bgRed title 为 tesst 的 div</div>
  </div>
  <div class="one" id="two" title="test">
    class 为 one id 为 two title 为 test 的 div
    <div class="bgRed" title="other">class 为 bgRed title 为 other 的 div</div>
    <div class="bgRed" title="test">class 为 bgRed title 为 test 的 div</div>
  </div>
  <div style="display:none"></div>
  <span id="s01">正在执行的动画</span>
</body>
</html>
```

上述代码中，首先通过$("*").removeAttr("style")移除所有 div 的样式已达到初始化的效果；然后通过诸如$("div[title]").css("background","red")的代码寻找符合条件的 div，如这条代码就是寻找含有属性 title 的 div，并且对其进行样式改变；最后加入相应的 button 与 div 即可达到效果。

执行上述代码后在浏览器中的预览效果如图 10.9 所示。

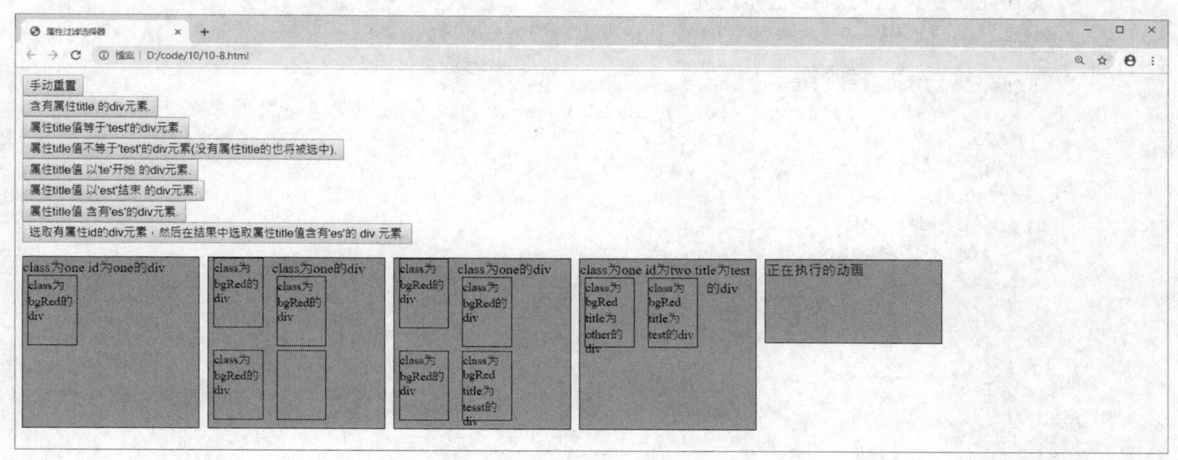

图 10.9　属性过滤选择器

4. 子元素过滤选择器

子元素过滤选择器顾名思义就是用来选择子元素的过滤选择器。子元素过滤选择器的过滤规则相对于其他选择器稍微有些复杂，但只要将元素的父亲与孩子区分清楚，那么使用起来也非常简单。子元素过滤选择器的用法如表 10.8 所示。

表 10.8　子元素过滤选择器

语法构成	描述	示例
:nth-child(index/even/odd)(index 从 1 开始)	选取每个父元素下的第 index 个子元素或者奇偶元素	:nth-child(index)：将为每一个父元素匹配子元素，eq(index)只匹配一个元素
:first-child	选取每个父元素的第一个子元素	$("ul li:first-child")：选取每个<ul>中的第一个<li>元素
:last-child	选取每个父元素的最后一个子元素	$("ul li:last-child")：选取每个<ul>中的最后一个<li>元素
:only-child	如果某个元素是它父元素中唯一的子元素，那么将会被匹配，如果父元素中含有其他元素，则不会被匹配	$("ul li:only-child")：在<ul>中选取是唯一子元素的<li>元素

实例代码如下。（代码位置：10/10-9.html）

```
<!DOCTYPE html>
<html lang="en">
<head>
    <title>子元素过滤选择器</title>
    <meta charset="utf-8"/>
    <script type="text/javascript" src="js/jQuery-3.3.1.js"></script>
    <script type="text/javascript">
          $(function(){
                $("#but").click(function(){
                $("*").removeAttr("style");
        })
        $("#but1").click(function(){
                $("div ul :nth-child(2)").css("background-color","#6495ED");
        })
        $("#but2").click(function(){
                $("div ul :first-child").css("background-color","#A789FF");
```

```
        })
        $("#but3").click(function(){
                $("div ul :last-child").css("background-color","#FFE4E1");
        })
        $("#but4").click(function(){
                    $("div ul :only-child").css("background-color","#FFC125");
        })
          });
    </script>
    <style type="text/css">
        #cont_1,#cont_2{
            background-color: #FFFACD;
            width: 400px;
            line-height: 30px;
    }
    </style>
</head>
<body>
    <div>
        <div id = "cont_1">
            <ul>
                <li>列表 1</li>
                <li>列表 1</li>
                <li>列表 1</li>
                <li>列表 1</li>
            </ul>
        </div>
        <div id = "cont_2">
            <ul>
                <li>列表 2</li>
                <li>列表 2</li>
                <li>列表 2</li>
                <li>列表 2</li>
            </ul>
        </div>
        <div id = "cont_3">
            <ul>
                <li>独一无二</li>
            </ul>
        </div>
    </div>
    <input type="button" id = "but"  value="清除所有" />
    <input type="button" id = "but1"  value="nth-child(2)示例" />
    <input type="button" id = "but2"  value="first-child 示例" />
    <input type="button" id = "but3"  value="last-child 示例" />
    <input type="button" id = "but4"  value="only-child 示例" />
</body>
</html>
```

对于上述代码，首先我们需要通过$("*").removeAttr("style")清除所有表单的样式已达到初始化的效果；接着通过$("div ul :nth-child(2)").css("background-color","#6495ED")使每个 div 中 ul 下的第二个子元素进行样式变化，即第二个列表 1 与第二个列表 2，其余则保持不变，由于第三个父层只有一个子元素，所以不进行改变；然后通过$("div ul :first-child").css("background-color","#A789FF")将每个父层下的第一个子元素的样式进行改变，即第一个列表 1，第一个列表 2，以及"独一无二"；以此类推，再次通过$("div ul :last-child").css("background-color","#FFE4E1")将每个父元素的最后一个子元素进行样式变换；最后通过$("div ul :only-child").css("background-color","#FFC125")将只有一个子元素的层进行样式变换。

执行上述代码后在浏览器中的预览效果如图 10.10 所示。

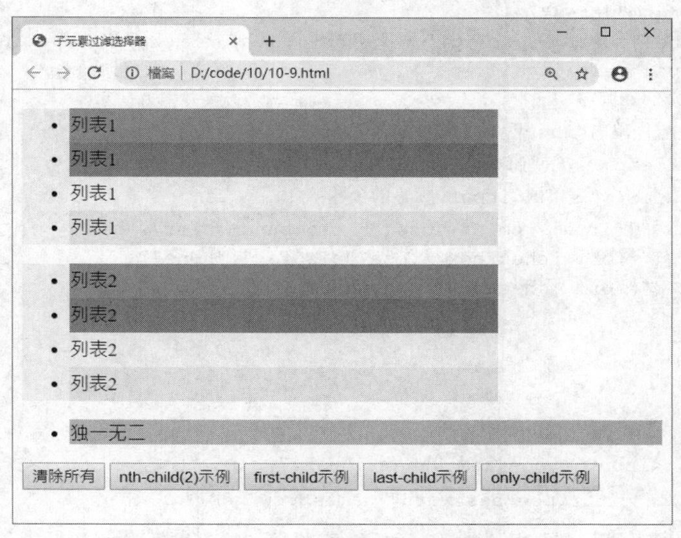

图 10.10　子元素过滤选择器

10.3.4　表单选择器

为了使用户能够更加灵活地操作表单，jQuery 中专门引入了表单选择器，它能够获取表单的某个或某类型的元素。它们均返回元素集合，大部分可用属性选择器替换。表单选择器的用法如表 10.9 所示。

表 10.9　表单选择器

语法构成	描述	示例
:input	选取所有的<input>、<textarea>、<select>和<button>元素	$(":input")：选取所有的<input>、<textarea>、<select>和<button>元素
:text	选取所有的单行文本框	$(":text")：选取所有的单行文本框
:password	选取所有的密码框	$(":password")：选取所有的密码框
:radio	选取所有的单选框	$(":radio")：选取所有的单选框
:checkbox	选取所有的多选框	$(":checkbox")：选取所有的多选框
:submit	选取所有的提交按钮	$(":submit")：选取所有的提交按钮
:image	选取所有的图像按钮	$(":image")：选取所有的图像按钮
:reset	选取所有的重置按钮	$(":reset")：选取所有的重置按钮
:button	选取所有的按钮	$(":button")：选取所有的按钮
:file	选取所有的上传域	$(":file")：选取所有的上传域
:hidden	选取所有不可见元素	$(":hidden")：选取所有不可见元素

实例代码如下。（代码位置：10/10-10.html）

```
<!DOCTYPE html>
<html lang="en">
<head>
    <title>表单选择器</title>
    <meta charset="utf-8"/>
    <script type="text/javascript" src="js/jquery-3.3.1.js"></script>
    <script type="text/javascript">
        $(function(){
            //表单内<input>标签的个数
            $leng  = $("#form :input").length;
            alert("表单内<input>标签的个数：  " + $leng)
            $("#form :submit").css("background-color","red")
            $("#form :checkbox").css("display","none")
            $("#form :checkbox").show(3000)
        })
    </script>
</head>
<body>
    <form id="form" action="#">
        用户名:<input type="text" name="user"/><br/>
        密码: <input type="password" name="psw"><br/>
        性别:女<input type="radio" name = "sex"  value="女"/>  
                男<input type="radio" name = "sex"  value="男"/>
<br/>
        兴趣:唱歌<input type="checkbox" name="hobby" value="sing"/>
             跳舞<input type="checkbox" name="hobby" value="dance"/>
            打篮球<input type="checkbox" name="hobby" value="play"/>
<br/>
        <input type="submit" value="提交 1">
        <input type="submit" value="提交 2">
    </form>
</body>
</html>
```

上述代码中，首先通过$leng= $("#form :input").length 获取页面中的 input 标签数量并通过 alert("表单内<input>标签的个数："+ $leng)显示出来，然后通过$("#form :submit").css("background-color", "red")将 submit 即提交按钮进行样式改变，最后通过$("#form :checkbox").css("display","none")及$("#form :checkbox").show(3000)对可选框进行样式改变及动画显示。

执行上述代码后在浏览器中的预览效果如图 10.11 所示。

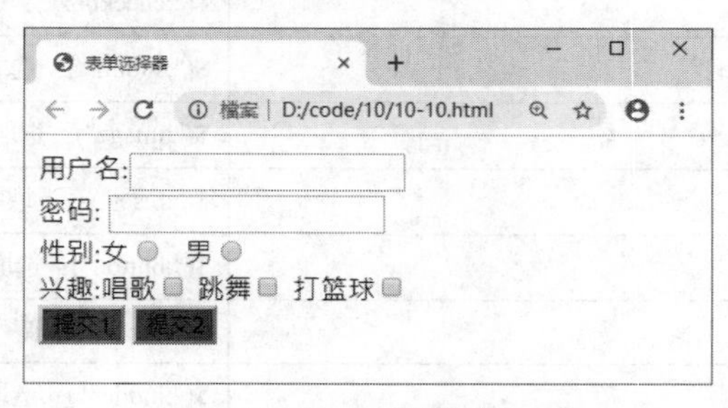

图 10.11　表单选择器

10.4　实践指导

1. 实践要求

（1）熟练掌握 jQuery 各种选择器的用法。

（2）会使用 jQuery 各种选择器进行样式转换。

2. 实践任务

任务 1　实现文字输入框颜色改变功能

编写代码实现图 10.12 所示的页面效果。

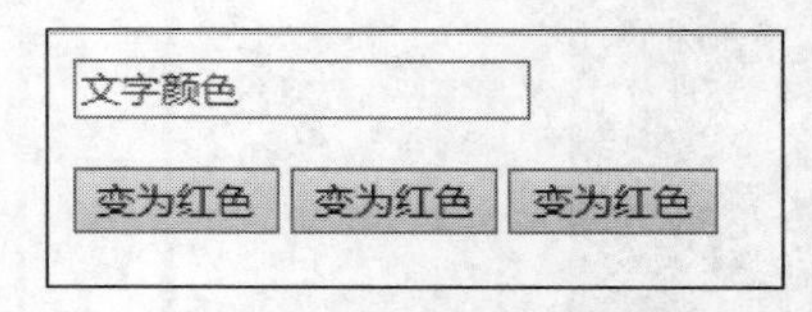

图 10.12　文字输入框颜色改变页面效果

任务 2　制作显示层与隐藏层

编写代码实现图 10.13 所示的页面效果。

图 10.13　显示与隐藏层

小结

（1）jQuery 提供了 DOM 对象与 jQuery 对象的快速转换。

（2）jQuery 的选择器有基本选择器、层次选择器、过滤选择器、表单选择器。

（3）过滤选择器可分为基本过滤选择器、可见性过滤选择器、属性过滤选择器、子元素过滤选择器。

拓展训练

制作搜索列表，页面效果如图 10.14 所示。

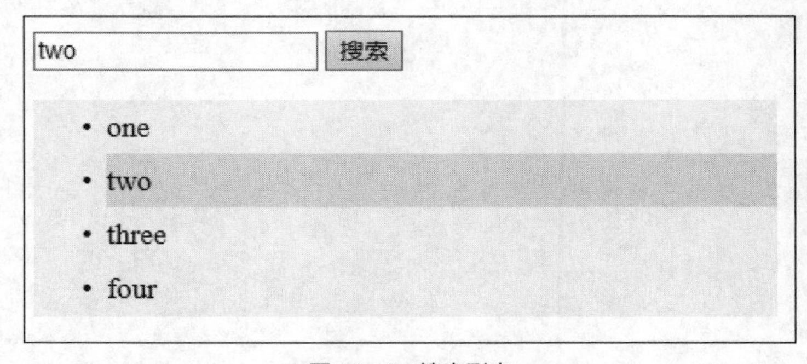

图 10.14　搜索列表

11 第11章 jQuery应用

学习目标

□ 掌握 jQuery 的事件绑定

□ 掌握 jQuery 的动画函数

□ 会使用 jQuery 打造个性化网站

11.1　jQuery 的事件绑定

11.1.1　jQuery 事件

jQuery 事件简单来说就是 DOM 事件的封装，同时支持自定义的扩展。在程序设计中，事件和代理具有相似的作用：它们提供了一种机制，使行为的实现方式和调用时机可以分离。

DOM 提供了一系列的 JavaScript 事件，例如 click、keyup、submit，通常会为这些事件定义一系列的处理方法，处理方法定义了业务的实现方式。JavaScript 事件使行为的实现方式和调用时机可以动态地绑定。

jQuery 事件是通过封装 JavaScript 事件来实现的，例如 keyup()便是 onkeyup 的封装。

除了封装大多数的 JavaScript 事件，jQuery 还提供了统一的事件绑定和触发机制。

（1）绑定事件：bind、on、live、delegate、keyup(<function>)。

（2）触发事件：trigger('keyup')、keyup()。

（3）解绑事件：unbind、off、die、undelegate。

11.1.2　常用的绑定方法

常用的绑定方法有 bind()、hover()、blur()、click()等，它们只能针对已经存在的元素进行事件的设置。

1. bind()方法

bind()方法为被选元素添加一个或多个事件处理程序，并规定事件发生时运行的函数。语法格式如下。

```
$(selector).bind(event,data,function)
```

jQuery 中的事件绑定类型比普通的 JavaScript 事件绑定类型少了“on”。例如 jQuery 中的 click()方法在 JavaScript 中是 onclick()方法。

2. hover()方法

hover()方法用于模拟光标悬停事件。当光标移动到元素上时，会触发指定的第一个函数，当光标移除时，会触发指定的第二个函数。语法格式如下。

```
$(selector).hover(inFunction,outFunction)
```

inFunction 与 outFunction 分别是光标停留与光标移除时所发生的事件。实例代码如下。

```
$("p").hover(function(){
     $("p").css("background-color","green");
},function(){
     $("p").css("background-color","blue");
});
```

3. blur()方法

blur()方法用于元素失去焦点时发生事件，常与 focus()一起用，语法格式如下。

```
$(selector).blur(function)
```

当元素失去焦点时，会发生 function 事件，实例代码如下。

```
$("input").blur(function(){
    alert("输入框失去了焦点");
});
```

4. click()方法

click()方法用于鼠标单击元素时发生事件，语法格式如下。

```
$(selector).click(function)
```

当用鼠标单击元素时就会发生 function 事件，实例代码如下。

```
$("p").click(function(){
    $("p").css("background-color","pink");
});
```

下面实例展示了上面 4 种绑定方法的应用效果。

实例代码如下。（代码位置：11/11-1.html）

```
<!DOCTYPE html>
<html lang="en">
<head>
    <meta charset="UTF-8">
<title>jQuery 绑定方法</title>
</head>
<body>
 <h2>jQuery 绑定方法</h2>
 <p1>
    光标停留与移除<br><br>
 </p1>
 <input type="text" name=""><br><br>
 <p3>
    鼠标单击<br>
 </p3>
 <script src="js/jquery-3.3.1.js" ></script>
 <script>
     $(document).ready(function(){
         $("p1").hover(function(){
         $("p1").css("background-color","green");
         },function(){
         $("p1").css("background-color","blue");
         });
         $("input").blur(function(){
         alert("输入框失去了焦点");
         });
         $("p3").click(function(){
         $("p3").css("background-color","pink");
         });
     });
 </script>
</body>
</html>
```

首先定义 p1、input、p3 3 个标签，然后通过$("p1").hover(function(){……})、$("input").blur(function(){……})、$("p3").click(function(){……})分别产生光标停留与移除、失去焦点、鼠标单击的事件。执行上述代码后，在浏览器中的预览效果如图 11.1 所示。

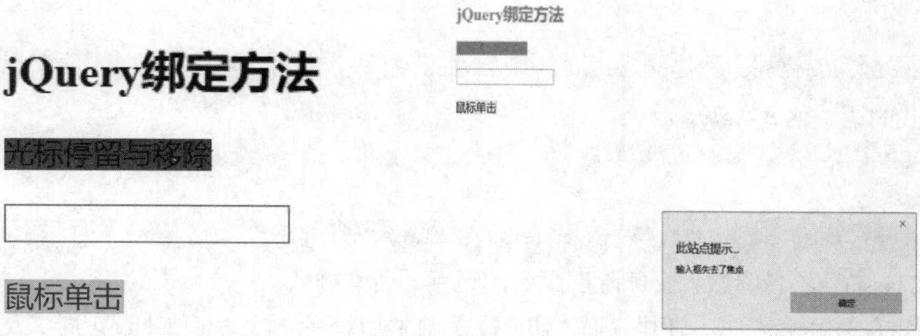

（a）　　（b）　　（c）

图 11.1　jQuery 绑定方法

11.1.3　使用 jQuery 操作 DOM

jQuery 也可以进行 DOM 操作，并且比 JavaScript 进行 DOM 操作更加简单方便。jQuery 对 JavaScript 中的 DOM 操作进行了封装，当我们需要进行 DOM 操作时，调用相应的方法即可实现。jQuery 中的 DOM 操作包括样式操作、内容及 value 值操作、节点操作、节点属性操作、节点遍历等。

1. 样式操作

使用 css()方法为指定的元素设置样式值或获取样式值，设置样式值的语法格式如下。

```
css(name,value) ;
```

或

```
css({name:value, name:value,name:value,…}) ;
```

第二种写法可以同时设置多个属性。语法格式如下。

```
css(name)
```

实例代码如下。

```
$(this).css("border","5px solid #f5f5f5");
```

或

```
$(this).css({"border":"5px solid #f5f5f5","opacity":"0.5"});
```

除 css()外，还有获取和设置元素高度、宽度等的样式操作方法，如表 11.1 所示。

表 11.1　操作元素属性的方法

方法	功能
css()	设置或返回匹配元素的样式属性
height([value])	设置或返回匹配元素的高度
width([value])	设置或返回匹配元素的宽度
offset([value])	返回以像素为单位的 top 和 left 坐标。仅对可见元素有效
offsetParent( )	返回最近的已定位祖先元素。定位元素指的是元素的 CSS position 值被设置为 relative、absolute 或 fixed 的元素
position( )	返回第一个匹配元素相对于父元素的位置
scrollLeft([position])	参数可选。设置或返回匹配元素相对滚动条左侧的偏移
scrollTop([position])	参数可选。设置或返回匹配元素相对滚动条顶部的位置，当滚动条在最顶部时，位置是 0

jQuery 还提供了追加样式和移除样式的功能。追加样式的语法格式如下。

```
$(selector).addClass(class);
```

或

```
$(selector).addClass(class1 class2 … classN);
```

移除样式的语法格式如下。

```
$(selector).removeClass("class") ;
```

或

```
$(selector).removeClass("class1 class2 … classN ") ;
```

removeClass()若不带参数，会删除匹配到的元素的所有样式。

除了追加样式和移除样式，还可以通过切换样式同时实现移除样式和追加样式功能，语法格式如下。

```
$(selector).toggleClass(class) ;
```

jQuery 还提供了判断样式的方法，可判断某个标签是否运用了某个样式并根据判断进行相应操作，语法格式如下。

```
$(selector). hasClass(class); //返回布尔类型
```

实例代码如下。（代码位置：11/11-2.html）

```
<!DOCTYPE html>
<html lang="en">
<head>
    <meta charset="UTF-8">
<title>追加样式和移除样式和切换样式和判断样式</title>
<style type="text/css" >
.title {font-size:14px; color:#03F; text-align: center; }
.text1{ background-color:yellow;}
.text2{ background-color:blue;}
.text3{ background-color:pink;}
.pad {padding:10px; }
</style>

</head>
<body>

 <h2 class="title" >jQuery 操作 CSS</h2>
 <p class="text1">
     样式<br>
 </p>
 <p1 class="text1">
     追加样式<br><br>
 </p1>
 <p2 class="text1">
     移除样式<br>
 </p2>
 <p3 class="text1">
     切换样式<br>
 </p3>
 <p4>
     判断样式<br>
 </p4>
 <script src="js/jquery-3.3.1.js" ></script>
 <script>
      $(document).ready(function(){
          $("p1").addClass("pad");
```

```
            $("p2").removeClass("text1");
            $("p3").toggleClass("text2");
            if(!$("p4").hasClass("text3")){
            $("p4").addClass("text3");
            }
        });
 </script>
</body>
</html>
```

首先分别定义 p1、p2、p3、p4 标签，之后通过 addClass、removeClass、toggleClass 以及 hasClass 分别实现追加样式、移除样式、切换样式与判断样式。执行上述代码后，在浏览器中的预览效果如图 11.2 所示。

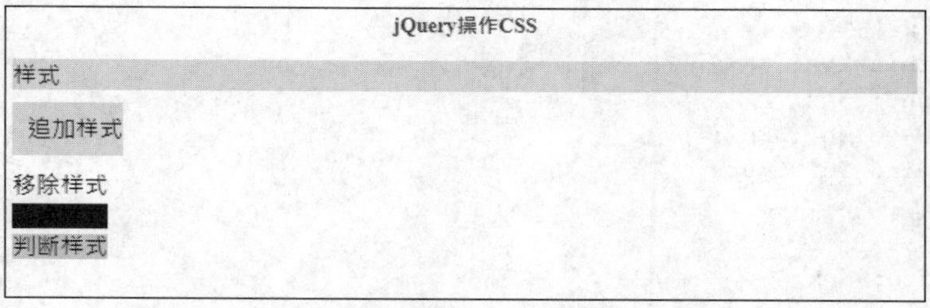

jQuery操作CSS

样式

追加样式

移除样式

判断样式

图 11.2 jQuery 样式操作

2. 内容及 value 值操作

jQuery 提供了一系列方法对 HTML 代码、标签内容、属性值进行操作。

html()可以对 HTML 代码进行操作，类似于 JavaScript 中的 innerHTML，语法格式如下。

```
$("div.left").html();
```

或

```
$("div.left").html("<div class='content'>…</div>");
```

text()可以获取或设置元素的文本内容，语法格式如下。

```
$("div.left").text();
```

或

```
$("div.left").text("<div class='content'>…</div>");
```

html()与 text()的区别如表 11.2 所示。

表 11.2 html()与 text()的区别

语法格式	参数说明	功能描述
html( )	无参数	用于获取第一个匹配元素的 HTML 内容或文本内容，针对的是整个 HTML 的内容
html(content)	content 为元素的 HTML 内容	用于设置所有匹配元素的 HTML 内容或文本内容
text( )	无参数	用于获取所有匹配元素的文本内容，返回一个字符串
text (content)	content 为元素的文本内容	用于设置所有匹配元素的文本内容

val()可以获取或设置元素的 value 属性值，语法格式如下。

```
$(this).val();
```

或

```
$(this).val(value);
```

实例代码如下。（代码位置：11/11-3.html）

```
<!DOCTYPE html>
```

```
<html lang="en">
<head>
    <meta charset="UTF-8">
    <title>内容及 value 值操作</title>
    <link rel="stylesheet">
    <style type="text/css">
    *{
        margin:0px;
        padding:0px;
        font-size:12px;
    }
    input{
        float: left;
    }
    #searchtxt{
        width:222px;
        height:33px;
        line-height:38px;
        padding-left:30px;
    }
    .search_btn{
         width:90px;
         height:38px;
         line-height:38px;
         border:none;
         margin-left:-4px;
         cursor:pointer;
    }
    </style>
</head>
<body>
<section>
    <h1>常见问题</h1>
    <span>×</span>
    <div class="div1"></div><br>
    <div class="div2"></div>
    <input name="" type="text" class="search_txt" value="输入选项" id="searchtxt" />
    <input type="button" class="search_btn" value="搜索">
</section>
<script src="js/jquery-3.3.1.js" ></script>
<script>
  $(document).ready(function(){
     $("h1").click(function(){
         var str="<ul><li>html()应用 1</li><li>html()应用 2</li><li>html()应用 3</li><li>
html()应用 4</li><li>html()应用 5</li></ul>";
         $(".div1").html(str);
    });
     $("span").click(function(){
          $(".div1").html("");
      })
  });

    $(document).ready(function(){
       $("h1").click(function(){
```

```
            var str="<ul><li>text()应用 1</li><li>text()应用 2</li><li>text()应用 3</li>
<li>text()应用 4</li><li>text()应用 5</li></ul>";
            $(".div2").text(str);
        });
        $("span").click(function(){
            $(".div2").text("");
        })
        $("#searchtxt").focus(function(){                    // 搜索框获得鼠标焦点
          var txt_value =  $(this).val();                    // 得到当前文本框的值
          if(txt_value=="输入选项"){
              $(this).val("");                               // 如果符合条件，则清空文本框内容
          }
        });
        $("#searchtxt").blur(function(){                     // 搜索框失去鼠标焦点
          var txt_value =  $(this).val();                    // 得到当前文本框的值
          if(txt_value==""){
              $(this).val("输入选项");                        // 如果符合条件，则设置内容
          }
        });
    });

</script>
</body>
</html>
```

首先需要定义 h1、span、两个 div、搜索栏 input 与搜索按钮 input，然后在$("h1").click(function(){……})中通过 html()与 text()分别向两个 div 添加内容，通过$("#searchtxt").focus(function(){……})设置获得焦点修改值事件，通过$("#searchtxt").blur(function(){……})设置失去焦点修改值事件，通过单击“常见问题”与“×”可以显示和隐藏内容。执行上述代码后，在浏览器中的预览效果如图 11.3 所示。

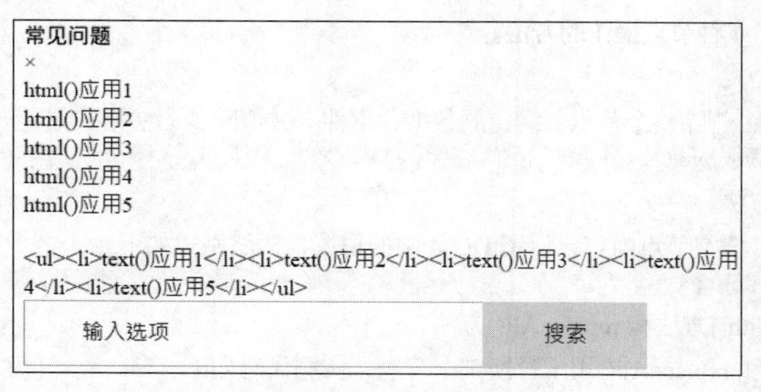

图 11.3　内容及 value 值操作

3. 节点操作

jQuery 中的节点操作包括查找结点、创建节点、插入节点、删除节点、替换节点及复制节点。contents()可以返回某个节点的所有内容，包括节点和文本，语法格式如下。

```
$(selector).contents();
```

工厂函数$()用于获取或创建节点。$(selector)：通过选择器获取节点。$(element)：把 DOM 节点

转化成 jQuery 节点。$(html)：使用 HTML 字符串创建 jQuery 节点。实例代码如下。

```
var $newNode=$("<li></li>");
var $newNode1=$("<li>你喜欢哪些冬季运动项目？</li>");
var $newNode2=$("<li title='last'>北京申办冬奥会是再合适不过了！</li>");
```

元素内部插入子节点的方法和元素外部插入同辈节点的方法分别如表 11.3 和表 11.4 所示。

表 11.3　　插入子节点的方法

方法	功能
append(content)	$(A).append(B)表示将 B 追加到 A 中 如：$("ul").append($newNode1);
appendTo(content)	$(A).appendTo(B)表示把 A 追加到 B 中 如：$newNode1.appendTo("ul");
prepend(content)	$(A). prepend (B)表示将 B 前置插入 A 中 如：$("ul"). prepend ($newNode1);
prependTo(content)	$(A). prependTo (B)表示将 A 前置插入 B 中 如：$newNode1. prependTo ("ul");

表 11.4　　插入同辈节点的方法

方法	功能
after(content)	$(A).after (B)表示将 B 插入 A 之后 如：$("ul").after($newNode1);
insertAfter(content)	$(A). insertAfter (B)表示将 A 插入 B 之后 如：$newNode1.insertAfter("ul");
before(content)	$(A). before (B)表示将 B 插入 A 之前 如：$("ul").before($newNode1);
insertBefore(content)	$(A). insertBefore (B)表示将 A 插入 B 之前 如：$newNode1.insertBefore("ul");

jQuery 提供了 4 种节点操作的方法。

（1）remove()方法。

remove()方法：删除整个节点，绑定的数据、事件一并清除，语法格式如下。

```
$(selector).remove([expr]);
```

（2）empty()方法。

empty()方法：清空节点内容，保留 DOM 中的位置，语法格式如下。

```
$(selector).empty();
```

（3）replaceWith()方法和 replaceAll()方法。

replaceWith()和 replaceAll()用于替换某个节点，实例代码如下。

```
var $newNode1=$("<li>你喜欢哪些冬季运动项目？</li>");
$(".gameList li:eq(2)").replaceWith($newNode1);
$($newNode1).replaceAll(".gameList li:eq(2)");
```

（4）clone()方法。

clone()方法用于复制某个节点，默认为 clone(false)：只复制标签本身，clone(true)：也复制事件，语法格式如下。

```
$(selector).clone([includeEvents]) ;
```

实例代码如下。（代码位置：11/11-4.html）

```
<!DOCTYPE html>
<html lang="en">
 <head>
  <meta charset="UTF-8">
  <meta name="Generator" content="EditPlus®">
  <meta name="Author" content="">
  <meta name="Keywords" content="">
  <meta name="Description" content="">
  <title>节点操作</title>
        <link rel="stylesheet">
 </head>
 <body>
     <div class="contain">
          <h2>标题</h2>
          <ul1 class="content1">
               <li> li 内容 1</li>
               <li> li 内容 2</li>
               <li> li 内容 3</li>
               <li> li 内容 4</li>
          </ul1><br>
          <ul2 class="content2"></ul2>
     </div>
     <script src="js/jquery-3.3.1.js"></script>
     <script type="text/javascript">
     $(document).ready(function(){
   //用过滤选择器给 h2 设置背景颜色和字体颜色
     $(".contain :header").css({"background":"#2a65ba","color":"#ffffff"});
     var $newNode1=$("<li>新增节点 1</li>");
     var $newNode2=$("<li title='last'>新增节点 2</li>");
     $("ul1").append($newNode1);
     $("ul1").prepend($newNode2);
     var $newNode3=$("<li>新增节点 3</li>");
     var $newNode4=$("<li>新增节点 4</li>");
     $("ul1").after($newNode3);
     $("ul1").before($newNode4);
     $(".content1 li:eq(1)").empty();
     $(".content1 li:last").css("border","none");
     // $(".content1 li:eq(2)").click(function(){
     //  $(this).clone(true).appendTo(".content2");
     // })
     $(".content1").clone(true).appendTo(".content2");

});
     </script>
 </body>
</html>
```

定义一个有内容的 ul1 与无内容的 ul2，$("ul1").append($newNode1)、$("ul1").prepend($newNode2)、$("ul1").after($newNode3)、$("ul1").before($newNode4)分别在 ul1 中添加节点、在 ul1 开头添加节点、在 ul1 之后添加节点以及在 ul1 之前添加节点。通过$(".content1").clone(true).appendTo(".content2")向 ul2 复制 ul1 内容。执行上述代码后，在浏览器中的预览效果如图 11.4 所示。

图 11.4 节点操作

4. 节点属性操作

jQuery 的节点属性操作包括获取与设置元素属性、删除元素属性。

（1）attr()方法。

attr()方法用来获取与设置元素属性，语法格式如下。

```
$(selector).attr([name]) ;//获取属性，若找到多个元素，只返回第一个元素指定的属性节点值
$(selector).attr({[name1:value1]…[nameN:valueN]}) ;//设置属性，可用来添加属性
```

（2）removeAttr()方法。

removeAttr()方法用来删除元素的属性，语法格式如下。

```
$(selector).removeAttr(name) ;
```

5. 节点遍历

jQuery 中节点遍历包括遍历子元素、遍历同辈元素、遍历前辈元素以及其他遍历方法。

children()方法可以用来获取元素的所有子元素，只查找第一级子节点，语法格式如下。

```
$(selector).children([expr]);
```

jQuery 可以获取紧邻其后、紧邻其前和位于该元素前与后的所有同辈元素，方法如表 11.5 所示。

表 11.5 节点遍历方法

方法	功能
next([expr])	用于获取紧邻匹配元素之后的元素 $("li:eq(1)").next().addClass("orange");
prev([expr])	用于获取紧邻匹配元素之前的元素 $("li:eq(1)").prev().addClass("orange");
siblings ([expr])	用于获取位于匹配元素前面和后面的所有同辈元素 $("li:eq(1)").siblings().addClass("orange");

jQuery 中遍历前辈元素有以下两种方法。

（1）parent()方法：获取元素的父级元素。

（2）parents()方法：获取元素的祖先元素。

实例代码如下。

```
$("li:eq(1)").parent().addClass("orange");
$("li:eq(1)").parents().addClass("orange");
```

其他遍历方法有 each()与 end()，each()为每个匹配元素规定运行的函数，语法格式如下。

```
$(selector).each(function(index,element)) ;
```

end()结束当前链条中的最近的筛选操作，并将匹配元素集还原为之前的状态，实例代码如下。

```
$(".contain :header").css({"background":"#2a65ba","color":"#ffffff"});
$(".gameList li").first().css("background","#b8e7f9").end().last().css ("background",
"#d3f4b5");
$(".gameList li:last").css("border","none");
```

实例代码如下。（代码位置：11/11-5.html）

```
<!DOCTYPE html>
<html lang="en">
<head>
    <meta charset="UTF-8">
<title>节点遍历</title>
<style type="text/css" >
 .hot{ color:#F00;}
a{   color:#000;
     text-decoration:none;
}
 .orange a{
      color: orange;
 }
  .blue a{
      color: blue;
 }
</style>

</head>
<body>
<section>
    <ul>
         <li><a href="#">li 内容 1</a></li>
         <li><a href="#">li 内容 2</a></li>
         <li><a href="#">li 内容 3</a></li>
         <li><a href="#">li 内容 4</a></li>
    </ul>
</section>
<script  src="js/jquery-3.3.1.js" ></script>
<script type="text/javascript">
     $(document).ready(function(){
          $("li:eq(1)").next().addClass("orange");
          $("li:eq(1)").prev().addClass("blue");
          $("li").each(function(){
            var str=$(this).text()+"<br>";
            $("section").append(str);
          })
     });
</script>
</body>
</html>
```

首先定义一个 ul 用来显示内容，通过$("li:eq(1)").next().addClass("orange")将第一个元素的后一个元素进行样式改变（元素从 0 开始算），通过$("li:eq(1)").prev().addClass("blue")将第一个元素的前一个元素进行样式改变，通过$("li").each(function(){……})复制所有 li 的内容并加到 section 中。执行上述代码后，在浏览器中的预览效果如图 11.5 所示。

- li内容1
- li内容2
- li内容3
- li内容4

li内容1
li内容2
li内容3
li内容4

图 11.5　节点遍历

11.2　jQuery 的动画函数

动画效果是 jQuery 库吸引人的地方。通过 jQuery 中的动画函数，能够轻松地为网页添加非常精彩的视觉效果。jQuery 的动画函数比较多，在此只介绍几种常用的隐藏、显示、滑动、淡入淡出以及自定义动画等。其他函数需要读者自行查阅资料学习。

11.2.1　show()和 hide()函数

show()和 hide()函数是 jQuery 中常用的函数，hide()函数的作用与 HTML5 中将元素的显示样式改为 none 相同，即让元素不可见；show()函数是将元素的显示样式修改为先前的显示状态（除“none”外的值）。

实例代码如下。（代码位置：11/11-6.html）

```
<!DOCTYPE html>
<html lang="en">
<head>
    <title>show()和 hide()</title>
    <meta charset="utf-8"/>
    <script type="text/javascript" src="js/jquery-3.3.1.js"></script>
    <script type="text/javascript">
         $(document).ready(function(){
           $("#hide").click(function(){
           $("p").hide();
           });
           $("#show").click(function(){
           $("p").show();
           });
         });
    </script>
</head>
<body>
<p id="p1">如果单击"隐藏"按钮，我就会消失，哈哈哈哈哈。</p>
<button id="hide" type="button">隐藏</button>
<button id="show" type="button">显示</button>
```

```
</body>
</html>
```

上述代码中，通过$("p").hide()与$("p").show()分别达到隐藏与显示的效果。执行上述代码后，在浏览器中的预览效果如图 11.6 所示。

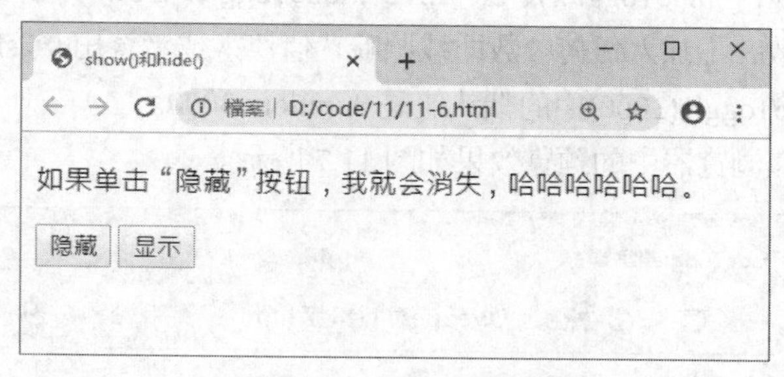

图 11.6 show()和 hide()

show()和 hide()函数还可以设置速度参数（毫秒），使元素“动起来”。将上面代码中的 show()改为 show(500)，hide 改为 hide(500)，可以发现元素会慢慢地显示和隐藏。show()和 hide()的参数还可以设置为“normal”“fast”或“slow”。

11.2.2 fadeIn()和 fadeOut()函数

fadeIn()和 fadeOut()函数可改变元素的不透明度，使元素在一段时间内显现或者消失。fadeToggle()函数与前面的 toggle()函数类似，可以在 fadeIn()和 fadeOut()之间切换。如果元素已淡出，则 fadeToggle()会向元素添加淡入效果。如果元素已淡入，则 fadeToggle() 会向元素添加淡出效果。在实际应用中，fadeToggle()函数使用得比较多。

实例代码如下。（代码位置：11/11-7.html）

```
<!DOCTYPE html>
<html lang="en">
<head>
<title>fadeToggle()函数</title>
       <meta charset="utf-8"/>
       <script type="text/javascript" src="js/jquery-3.3.1.js"></script>
       <script type="text/javascript">
       $(document).ready(function(){
         $("button").click(function(){
           $("#div1").fadeToggle();
           $("#div2").fadeToggle("slow");
           $("#div3").fadeToggle(3000);
         });
     });
     </script>
</head>
<body>
     <p>演示带有不同参数的 fadeToggle()函数。</p>
     <button>单击这里，使 3 个矩形淡入淡出</button>
     <br><br>
     <div id="div1" style="width:80px;height:80px;background-color:blue;"></div>
     <br>
     <div id="div2" style="width:80px;height:80px;background-color:yellow;"></div>
```

```
    <br>
    <div id="div3" style="width:80px;height:80px;background-color:red;"></div>
</body>
</html>
```

上述代码中，$("#div1").fadeToggle()、$("#div2").fadeToggle("slow")、$("#div3").fadeToggle(3000)分别对应 3 种不同的参数，不加入任何参数即按照默认值淡入或者淡出，“slow”则是以事先规定好的速度淡入或淡出，fadeToggle(3000)中的默认值是 duration: 3000。

执行上述代码后，在浏览器中的预览效果如图 11.7 所示。

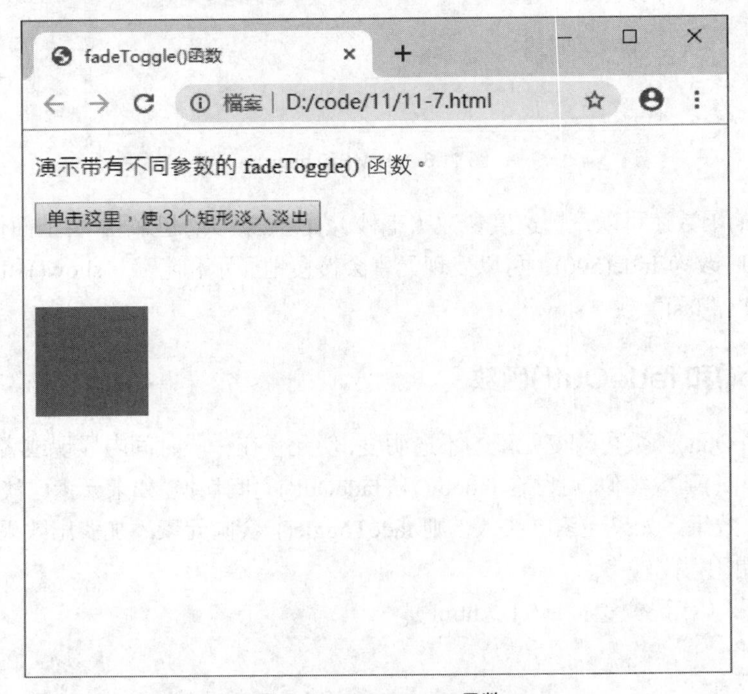

图 11.7　fadeToggle()函数

11.2.3　自定义动画

animate()函数执行 CSS3 属性集的自定义动画。该函数可以通过 CSS3 样式将元素从一个状态改变为另一个状态。CSS3 属性值是逐渐改变的，这样就可以创建动画效果。

注意

（1）只有数值可以创建动画，字符串值是无法创建动画的。

（2）默认情况下，所有 HTML 元素的位置都是静态的，并且无法移动，如需对位置进行操作，应首先把元素的 CSS position 属性设置为 relative、fixed 或 absolute。

实例代码如下。（代码位置：11/11-8.html）

```
<!DOCTYPE html>
<html lang="en">
<head>
    <title>animate()函数</title>
    <meta charset="utf-8"/>
    <script type="text/javascript" src="js/jquery-3.3.1.js"></script>
    <script type="text/javascript">
```

```
        $(document).ready(function(){
          $("button").click(function(){
            var div=$("div");
            div.animate({left:'100px'},"slow");
            div.animate({fontSize:'3em'},"slow");
          });
        });
</script>
</head>
<body>
<button>开始动画</button>
<div style="background:#98bf21;height:100px;width:200px;position:absolute;">HELLO</div>
</body>
</html>
```

上述代码中，首先通过 var div=$("div")将 DOM 对象转化为 jQuery 对象，然后通过 div.animate({left:'100px'},"slow")改变 div 的位置，最后通过 div.animate({fontSize:'3em'},"slow")改变文字的大小。这中间的所有过程都是以动画（animate）的形式表现出来的。

执行上述代码后，在浏览器中的预览效果如图 11.8 所示。

图 11.8　animate()函数

11.3　jQuery 的简单应用

本节将创建一个简单的购物网站，并用 jQuery 来完善它。

11.3.1　功能需求

在编写代码之前，我们应该确定本网站的功能以及如何实现这些功能等。在网站首页，我们将实现以下功能。

（1）搜索框默认文字效果。

（2）导航效果。

（3）左侧商品分类热销效果。

（4）中间大屏幕广告效果。

（5）右侧最新动态模块内容添加超链接效果。

（6）右侧下部鼠标指针滑过产品列表效果等。

11.3.2 功能实现

1. 搜索框默认文字效果

搜索框默认会有提示文字，当光标定位到搜索框上时，需要将提示文字去掉，光标移开时，若用户未输入内容，将恢复提示文字。

实例代码如下。

```
$(function(){
    $("#inputSearch").focus(function(){
        $(this).addClass("focus");
        if($(this).val() ==this.defaultValue){
            $(this).val("");
        }
    }).blur(function(){
        $(this).removeClass("focus");
        if ($(this).val() == '') {
            $(this).val(this.defaultValue);
        }
    }).keyup(function(e){
        if(e.which == 13){
            alert('回车提交表单!');
        }
    })
})
```

浏览器中的预览效果如图 11.9 所示。

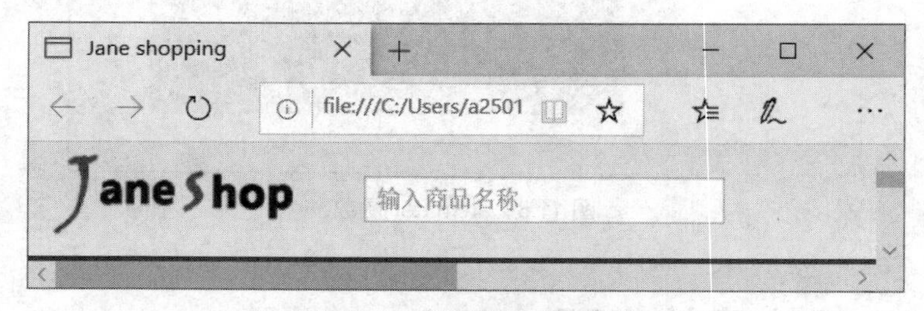

图 11.9 搜索框默认文字效果

2. 导航效果

在一般的网站中，都会将网站的商品进行合理的分类。主页中只展示商品的大类别，而将商品的详细类别折叠在所属类别下。为了美观，导航效果在网站中是必不可少的。导航功能的实现代码比较简单，实例代码如下。

```
$(function(){
    $("#nav li").hover(function(){
            $(this).find(".jnNav").show();
        },function(){
            $(this).find(".jnNav").hide();
        });
})
```

浏览器中的预览效果如图 11.10 所示。

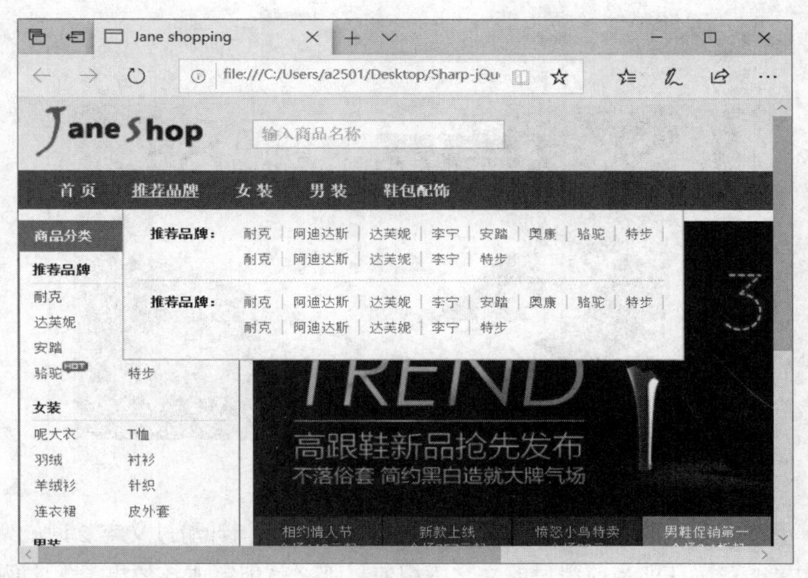

图 11.10　导航效果

3. 左侧商品分类热销效果

利用 hover()悬停方法，当鼠标指针悬停在商品类别上时，就显示商品的详细类别，当鼠标指针移除时，将列表收起。

每个网站都有畅销品，将这些畅销品标注出来，吸引顾客注意力，是非常有必要的。畅销效果的实现非常简单，只需要在商品原本的样式上再添加一个样式。

实例代码如下。

```
        $(function(){
    $(".jnCatainfo .promoted").append('<s class="hot"></s>');
})
```

浏览器中的预览效果如图 11.11 所示。

图 11.11　左侧商品分类热销效果

4. 中间大屏幕广告效果

在实现这个效果之前，先分析一下如何完成这个效果。在商品广告的下方有 5 个缩略文字介绍，它们分别代表 5 张广告图。在浏览器中的预览效果如图 11.12 所示。

图 11.12　中间大屏幕广告效果

当鼠标指针滑过文字 1 时，需要显示第 1 张图片，当鼠标指针滑过文字 2 时，需要显示第 2 张图片。因此，如果能正确获取当前滑过的文字索引值，那么就能完成该效果了。实例代码如下。

```
          $(function(){
          var index=0;
           $("#jnImageroll div a").mouseover(function(){
            showImg(index);
           }).eq(0).mouseover();
})
```

在上面的代码中，定义了一个 showImg()函数，然后给函数传递了一个参数 index，index 代表当前要显示的图片的索引。获取当前滑过的<a>标签在所有<a>标签中的索引可以使用 jQuery 的 index()方法。其中的.eq(0).mouseover()部分是用来初始化的，让第一个文字高亮并显示第 1 张图片。也可以修改 eq()方法中的数字来让页面默认显示任意一个广告。实例代码如下。

```
$(function(){
            var index=0;
$("#jnImageroll div a").mouseover(function(){
Index = $("#jiImageroll div a").index(this);
            showImg(index);
}).eq(0).mouseover();
})
```

接下来完成 showImg()函数，实例代码如下。

```
function showImg(index){
     var $rollobj = $("#jnImageroll");
     var $rolllist = $rollobj.find("div a");
     var newhref = $rolllist.eq(index).attr("href");
     $("#JS_imgWrap").attr("href",newhref)
     .find("img").eq(index).stop(true,true).fadeIn()
     .siblings().fadeOut();
     $rolllist.removeClass("chos").css("opacity","0.7")
                    .eq(index).addClass("chos").css("opacity","1");
}
```

在上述代码中，首先用$rolllist.eq(index).attr("href")获取当前滑过的图片的 href 值，然后将值设置给大图片外面的超链接。接下来，我们获取所有的大图，根据传入的参数 index 来显示相应的图片，并将相邻图片隐藏起来。为了让图片更加平滑地过渡，我们可以使用 fadeIn()和 fadeOut 的动画效果。

在使用该效果之前，需要使用 stop(true,true)函数将未执行完的动画队列清空。使用 addClass()和 removeClass()来给当前的文字添加高亮样式，并为其设置不透明度。

广告平滑切换的效果已经大致完成了，但是，需要鼠标指针去触发。所以我们需要为广告添加自动执行效果。实例代码如下。

```
            $(function(){
            var $imgrolls = $("#jnImageroll div a");
            $imgrolls.css("opacity","0.7");
        var len  = $imgrolls.length;
            var index = 0;
            var adTimer = null;
            $imgrolls.mouseover(function(){
                index = $imgrolls.index(this);
                showImg(index);
            }).eq(0).mouseover();
        //滑入，停止动画；滑出，开始动画
        $('#jnImageroll').hover(function(){
                if(adTimer){
                     clearInterval(adTimer);
                }
             },function(){
                 adTimer = setInterval(function(){
                     showImg(index);
                     index++;
                     if(index==len){index=0;}
                 } , 3000);
        }).trigger("mouseleave");
})
```

当鼠标指针滑入时，需要停止当前动画，使当前广告页面静止，当鼠标指针滑出时，广告再次自动播放，为广告页面重新添加计时器。前面已经了解过，hover()方法的两个参数对应着 mouseenter 和 mouseleave 两个函数，所以，我们可以使用 hover()方法实现鼠标指针滑入、滑出广告自动切换的效果。同时，还需要在鼠标指针滑出时，使用 trigger()函数来使 mouseleave 函数不停地自动执行。运行代码，将会看到广告的自动切换效果。trigger()函数触发被选元素的指定事件类型。在这里我们使用 trigger()触发 moveleave 函数。

5. 右侧最新动态模块内容添加超链接效果

为实现该效果，需要先引入相应的 CSS 样式，本次项目中，超链接效果的 CSS 样式名称为“#tooltip”。然后为超链接元素添加 class="tooltip"和 title 属性。实例代码如下。

```
<li><a href="#" class="tooltip"title="[活动]大东女鞋迎春大促"<a><li>
```

最后引入 jQuery 代码，实例代码如下。

```
            $(function(){
      var x = 10;
           var y = 20;
      $("a.tooltip").mouseover(function(e){
           this.myTitle = this.title;
                 this.title = "";
var tooltip = "<div id='tooltip'>"
+ this.myTitle +"</div>"; //创建 div 元素
                 $("body").append(tooltip); //把它追加到文档中
                 $("#tooltip")
```

```
                    .css({
                    "top": (e.pageY+y) + "px",
                    "left": (e.pageX+x)  + "px"
                    }).show("fast");   //设置 x 坐标和 y 坐标，并且显示
        }).mouseout(function(){
                this.title = this.myTitle;
                $("#tooltip").remove();   //移除
        }).mousemove(function(e){
                $("#tooltip")
                    .css({
                    "top": (e.pageY+y) + "px",
                    "left": (e.pageX+x)  + "px"
                    });
            });
})
```

当鼠标指针悬停在超链接上时，提示文字出现，当鼠标指针移出时，提示文字消失，所以我们可以使用 mouseover 和 mouseout 函数实现该功能。当鼠标指针悬停在超链接上时，为提示文字创建 div，利用 append 函数追加到文档中，并设置 x、y 坐标，设置其可见。当鼠标指针移出时，将之前添加的 title 样式删除。还可以使提示文字随着鼠标指针悬停位置的移动而移动，需要用到 mousemove 函数，设置方法与 mouseover 相同。运行代码，就可以看到超链接的提示效果。

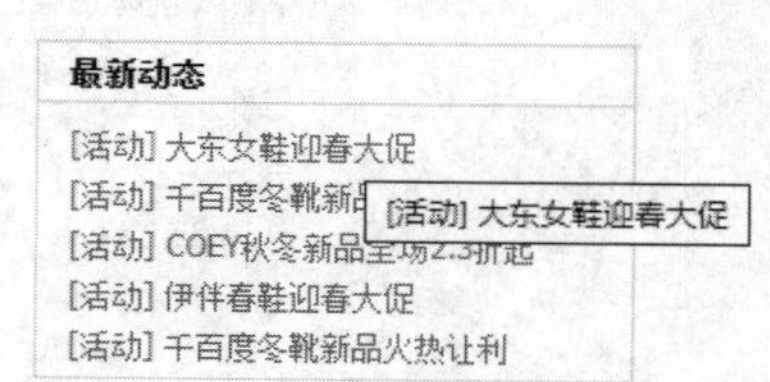

图 11.13　超链接的提示效果

浏览器中的预览效果如图 11.13 所示。

6. 右侧下部鼠标指针滑过产品列表效果

为了使用户更容易辨别出当前鼠标选中的商品，我们可以为此商品列表添加鼠标选中效果。要完成该效果，可以先为产品列表中的每个产品创建一个<span>元素，它们的高度和宽度都相同，并且与图片大小相同。然后为它们设置定位方式、边距等。实例代码如下。

```
$(function(){
    $("#jnBrandList li").each(function(index){
        var $img = $(this).find("img");
        var img_w = $img.width();
        var img_h = $img.height();
        var spanHtml =
'<span style="position:absolute;
top:0;
left:5px;width:'+img_w+'px;
height:'+img_h+'px;"
class="imageMask">
</span>';
        $(spanHtml).appendTo(this);
    })
})
```

接下来就需要通过控制 class 来达到显示鼠标指针滑过的效果。我们需要先在样式表中添加一组样式，名为“imageOver”，实例代码如下。

```
.imageOver{
    background:url(../images/zoom.gif)no-repeat 50%50%;
    filter:alpha(opacity=60);
    opacity:0.6;
```

```
}
```

当鼠标指针滑入 class 为“image Mask”的元素时，为它添加 imageOver 样式来使商品图片出现放大镜效果；当鼠标指针滑出时，移除该样式。实例代码如下。

```
$("#jnBrandList").delegate(".imageMask", "mouseover", function(){
        $(this).toggleClass("imageOver");
    });
```

浏览器中的预览效果如图 11.14 所示。

图 11.14　商品列表放大镜效果

delegate()函数为指定的元素（属于被选元素的子元素）添加一个或多个事件处理程序，并规定当这些事件发生时运行的函数。使用 delegate()方法的事件处理程序适用于当前或未来的元素（比如由脚本创建的新元素）。

至此，我们已经实现了网站首页的交互功能，读者可以根据自己的喜好，为该网站扩展更多的功能。此外，本网站也实现了换肤功能，但是由于篇幅原因，未详细讲解，读者可以根据需要，查阅资料学习。

整个网站在浏览器中的预览效果如图 11.15 所示。

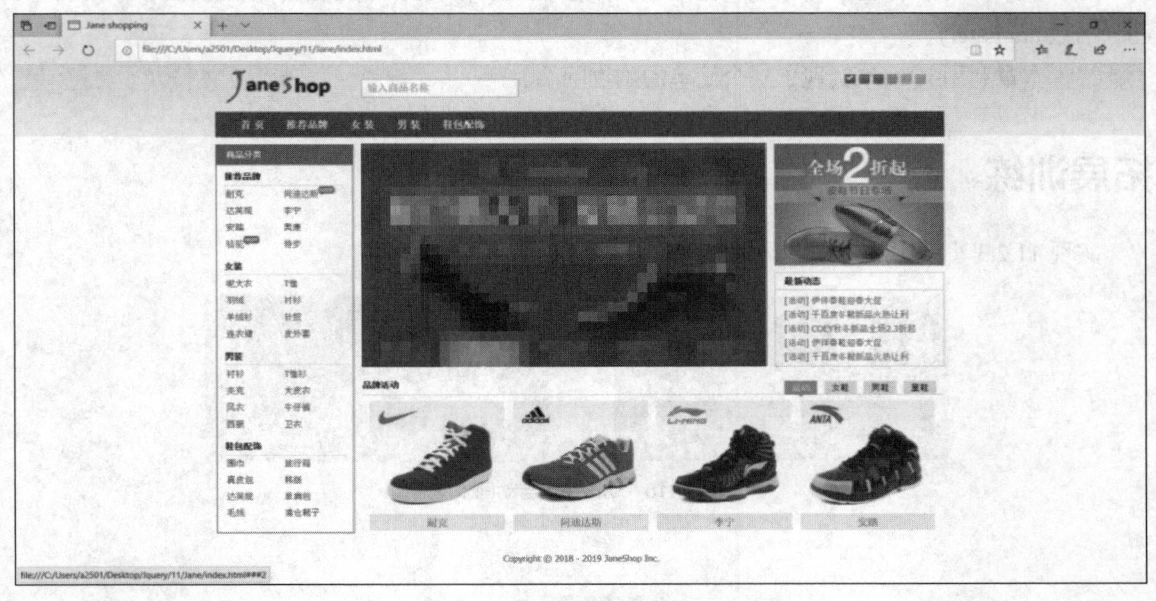

图 11.15　网站整体效果

11.4 实践指导

1. 实践要求

（1）熟悉 jQuery 动画的用法。

（2）能够使用 jQuery 进行动画事件设计。

2. 实践任务

任务 1 制作随着鼠标移动聚焦的列表

编写代码实现图 11.16 所示的页面效果。

任务 2 制作渐隐式菜单

制作渐隐式菜单，页面效果如图 11.17 所示。

图 11.16 随着鼠标移动聚焦的列表

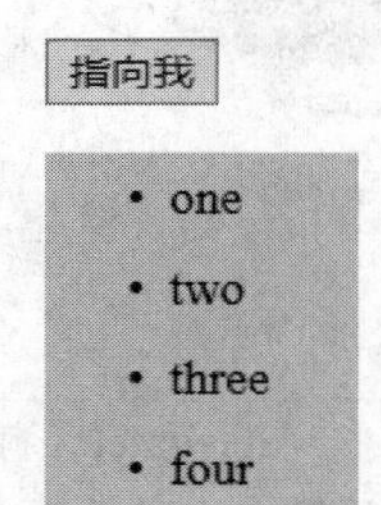

图 11.17 渐隐式菜单

小结

（1）本章介绍了 jQuery 绑定事件的方法，如 bind()、hover()、blur()、click()等。

（2）本章介绍了 jQuery 常用的动画函数，比如 show()和 hide()、fadeIn()和 fadeOut()以及自定义动画函数 animate()。

（3）本章利用 jQuery 实现了一个简单的购物网站。

拓展训练

实现 11.2.3 小节中的动画循环播放，效果如图 11.18 所示。

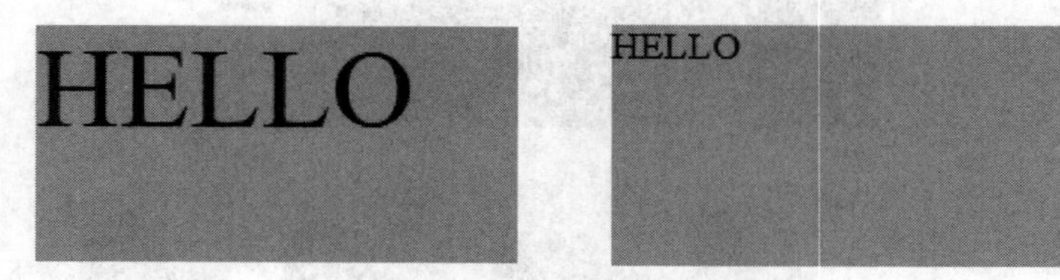

图 11.18 动画开始与动画末尾

12 第 12 章　响应式布局

学习目标

- ☐ 了解视口的概念
- ☐ 掌握媒体查询的使用方法
- ☐ 熟悉栅格系统
- ☐ 掌握弹性盒布局

12.1 视口

视口（Viewport）从广义上理解就是设备中的显示范围。在 PC 中，视口指的是浏览器的可视区域，视口的大小随着浏览器的大小而变化；而在移动端，视口的概念较为复杂，分成了多种视口，本章将进行详细介绍。

12.1.1 PC 端视口

PC 端的视口相对于移动端的视口而言较为简单，视口的大小随着浏览器的变化而变化，我们进行网站编程的时候经常会使用下面一段程序。

```
<meta name="viewport" content="width=device-width,initial-scale
=1.0">
```

这段程序用于设置网页缩放的各种参数，width 用于设置视口的宽度，device-width 表示视口宽度跟随设备宽度；initial-scale 表示初始缩放比例，介于 0.0～10.0。除了上述 3 种参数，还有其他参数，如 user-scale 用于设置是否允许用户进行缩放，maximum-scale 用于设置最大缩放比例，height 用于设置视口高度等。PC 端实际显示效果如图 12.1 所示。这是一个简单的页面效果，只是改变了页面的背景颜色。

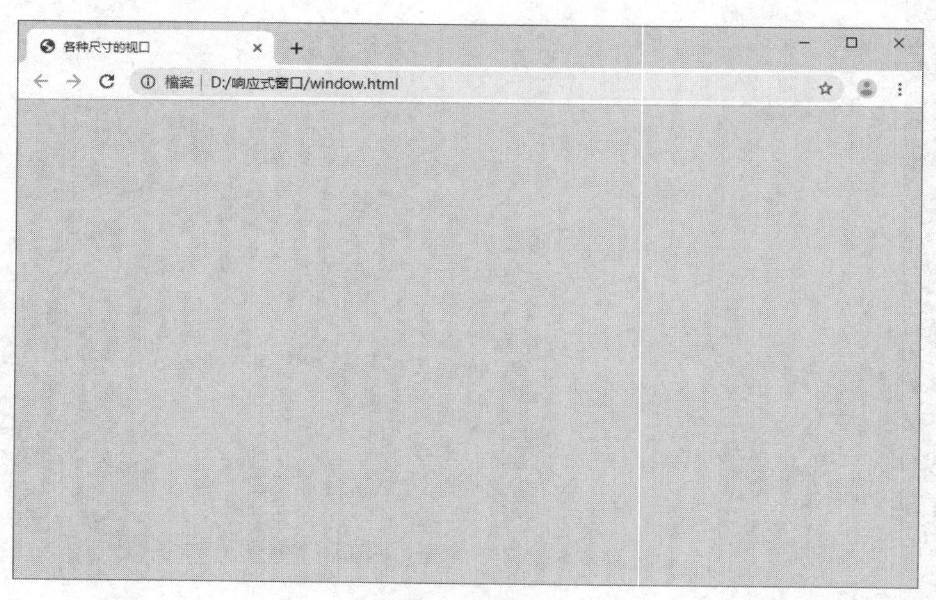

图 12.1　视口

12.1.2 移动端视口

由于移动设备的多样性，移动端视口比 PC 端视口要复杂得多，总共分为 3 种：布局视口（Layout Viewport）、视觉视口（Visual Viewport）和理想视口（Ideal Viewport）。

布局窗口：它是早期的移动设备为了能够显示网页而定义的一种视口，iOS 与 Android 都将这个视口的分辨率设为 980px，因此移动设备能够显示 PC 端的网页内容。在不调整 content 的内容采取默认设置的条件下布局视口的宽度为 980px，如图 12.2 所示。

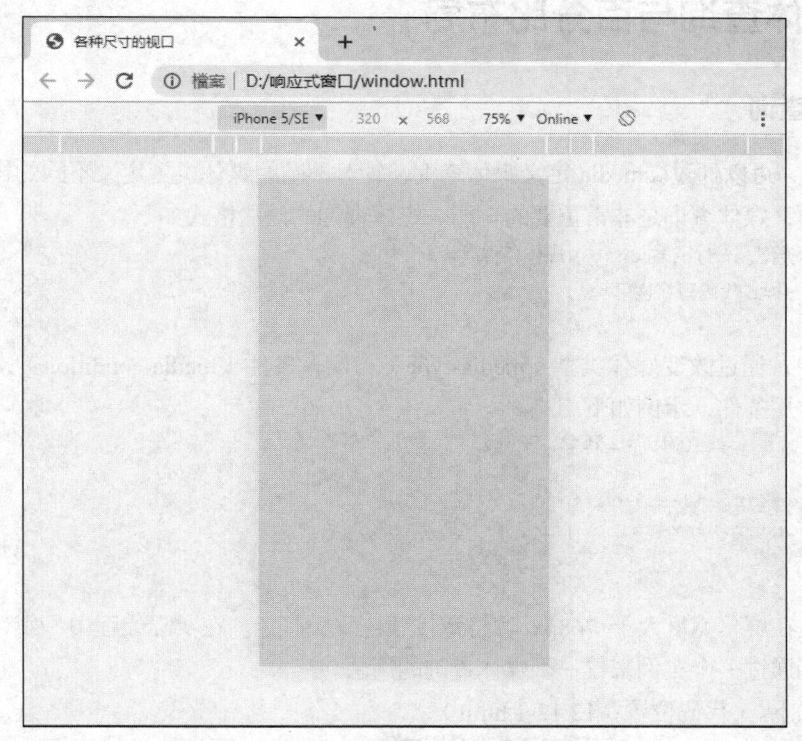

图 12.2　默认的布局视口宽度

视觉视口：即用户能够看到的显示范围，用户可以随意缩放视觉视口，同时不会影响布局视口，我们平时在移动设备放大或缩小浏览器中的网页就是在操作视觉视口。

理想视口：由于布局视口的默认宽度一般来说并不是最理想的宽度，于是移动设备开发商以及浏览器开发商就引入了理想视口的概念。该视口的宽度是最适合移动设备的宽度，用户无须进行缩放。

在 Chrome 浏览器中提供了设备显示转化功能，我们可以很方便地查看网页在各种设备上的显示效果，如图 12.3 和图 12.4 所示。

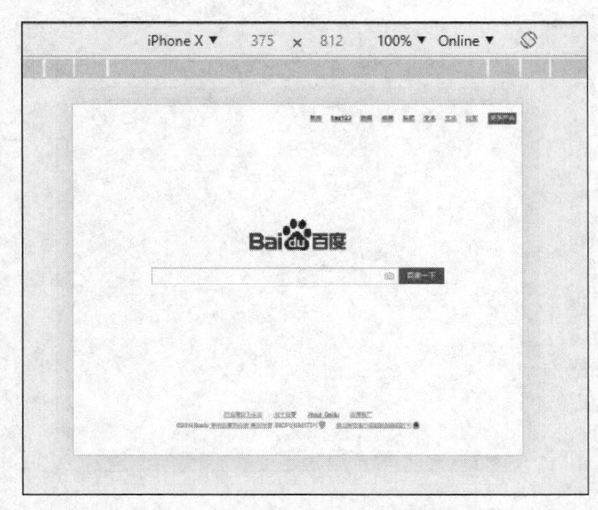

图 12.3　在 iPhone X 下的显示效果

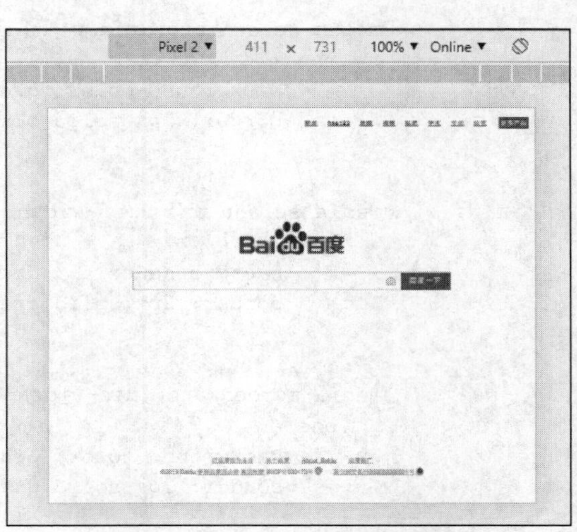

图 12.4　在 Pixel 下的显示效果

12.2 媒体查询与百分比布局

12.2.1 媒体查询

在 CSS3 中，可以通过@media 定义媒体查询，针对不同的媒体类型定义不同的样式。如果需要设计响应式页面，媒体查询是非常重要的功能。媒体查询的语法格式如下。

```
@media 媒体类型 and|not|only (媒体条件){
    选择器{/*样式代码写在这里*/}
    }
```

上述语法中，通过改变媒体类型（media-type）与媒体条件（media-condition）来改变媒体查询的作用范围与作用条件，示例如下。

```
@media screen and (min-width: 768px) {
    .one {
          background-color: pink;
          border: 2px solid gray;
    }
}
```

上述代码是在屏幕宽度大于 768px 时将背景颜色改成蓝色。在实际编程中，媒体类型可以省略不写。下面我们通过一个实例来看一下媒体查询的用法。

实例代码如下。（代码位置：12/12-1.html）

```
<!DOCTYPE html>
<html lang="en">
<head>
    <meta charset="utf-8">
    <meta name="viewport" content="width=device-width">
    <title>媒体查询</title>
    <style type="text/css">
        .one {
             background-color: yellow;
             border: 2px solid blue;
        }
        @media screen and (min-width: 320px) {
            .one {
                 background-color: green;
                 border: 2px solid black;
            }
        }
        @media screen and (min-width: 414px) {
            .one {
                 background-color: gray;
                 border: 2px solid green;
            }
        }
        @media screen and (min-width: 768px) {
            .one {
                 background-color: pink;
                 border: 2px solid gray;
            }
        }
        @media screen and (min-width: 960px) {
```

```
                .one {
                    background-color: blue;
                    border: 2px solid pink;
                }
            }
        </style>
    </head>
    <body>
        <div class="one">1</div>
    </body>
    </html>
```

上述代码就是媒体查询的应用形式，在<style>标签里面定义@media 的条件与代码，在<body>标签中应用，就能实现简单的媒体查询。上述代码是根据显示范围大小产生不同的显示颜色，在 PC 端的显示效果如图 12.5 所示。

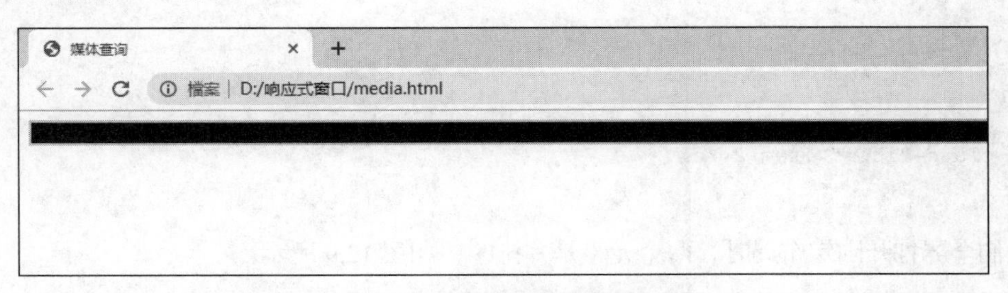

图 12.5　在 PC 端的显示效果

在 iPhone X 上的显示效果如图 12.6 所示。

在 iPad 上的显示效果如图 12.7 所示。

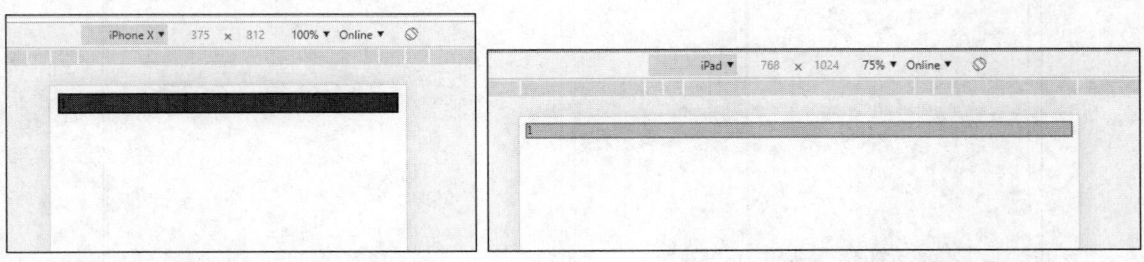

图 12.6　在 iPhone X 上的显示效果　　图 12.7　在 iPad 上的显示效果

在 iPad Pro 上的显示效果如图 12.8 所示。

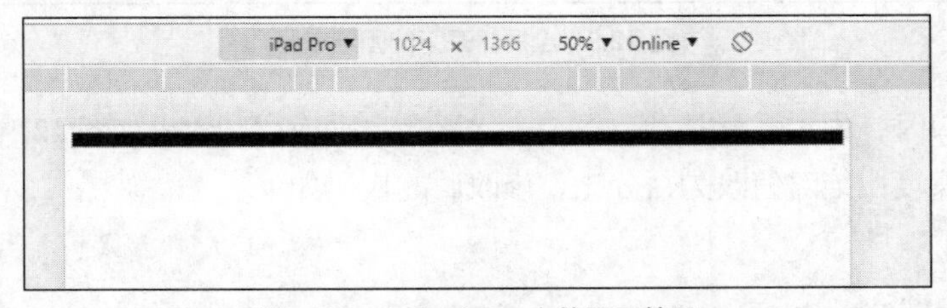

图 12.8　在 iPad Pro 上的显示效果

12.2.2　百分比布局

百分比布局即不使用定量好的布局大小，而是使用百分比的形式进行布局，这样可以使网页适配不同大小视口的变化，使页面显示更加方便，不需要手动进行缩放。下面我们通过一个简单的例子来说明固定布局与百分比布局的区别。

实例代码如下。（代码位置：12/12-2.html）

```
<!DOCTYPE html>
<html lang="en">
<head>
    <title>固定布局</title>
    <style type="text/css">
        .item{
            width: 700px;
            height: 700px;
            border:1px solid #000;
            margin:10px;
            float: left;
        }
    </style>
</head>
<body>
<div class="item">item 1</div>
<div class="item">item 2</div>
</body>
</html>
```

当我们全屏打开固定布局时，两个元素是并排的，如图 12.9 所示。

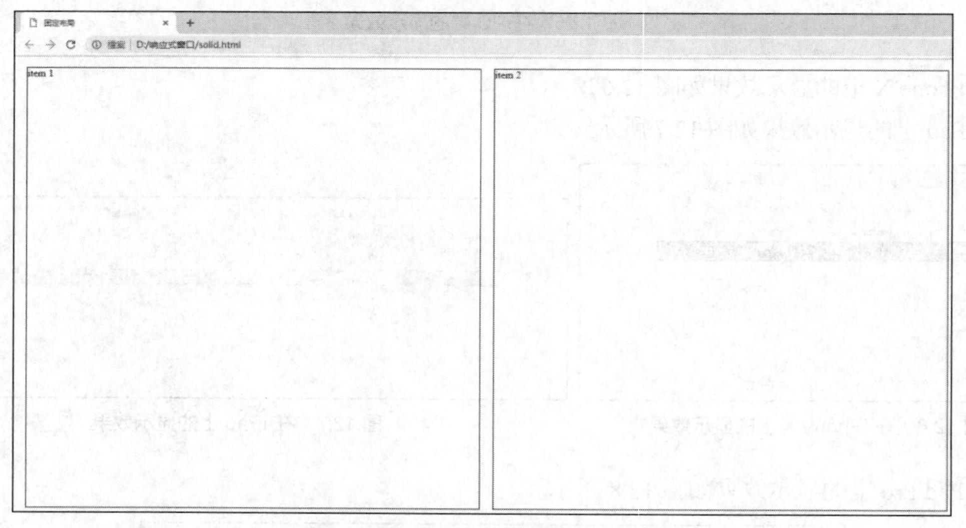

图 12.9　全屏打开下的固定布局

当我们缩小窗口时，由于元素浮动，第二个元素会自动换行，效果如图 12.10 所示。

将上述代码的宽度由绝对值改为百分比，修改后的代码如下。

```
.item{
    width: 40%;
    height: 700px;
    border:1px solid #000;
    margin:10px;
    float: left;
}
```

当我们缩小浏览器时，元素会按照比例缩放，效果如图 12.11 所示。

图 12.10　缩小打开下的固定布局

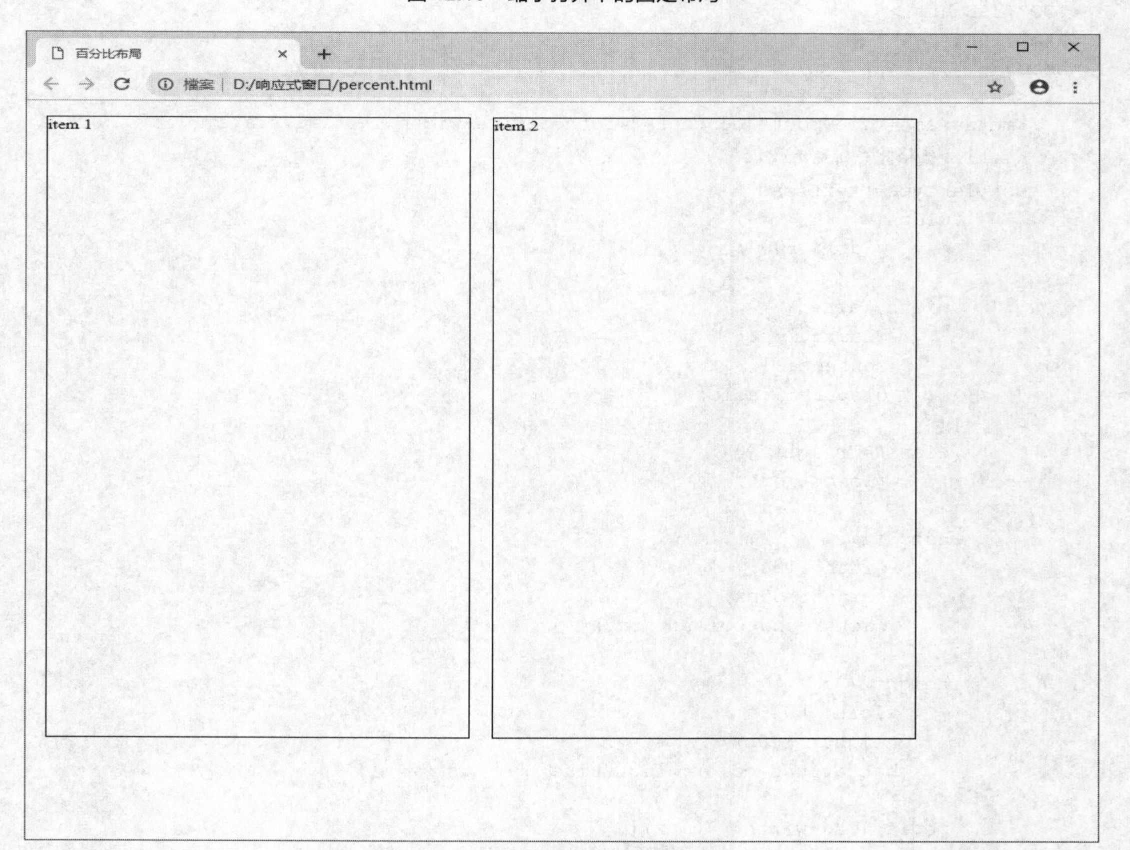

图 12.11　缩小打开下的百分比布局

通过使用百分比布局，我们可以在不改变布局的条件下对元素进行缩放，这在实际的网页制作中非常方便。

12.3 栅格系统

12.3.1 栅格系统简介

栅格系统英文为 Grid Systems，也称为网格系统，是指用固定的格子根据一定的版面设计进行排列的设计方式。这种设计风格具有简洁规范的特点。栅格系统最开始诞生于印刷行业，是一种方便印刷的设计风格，后来被应用于网页设计中，成为一种流行的设计风格，如图 12.12 所示。

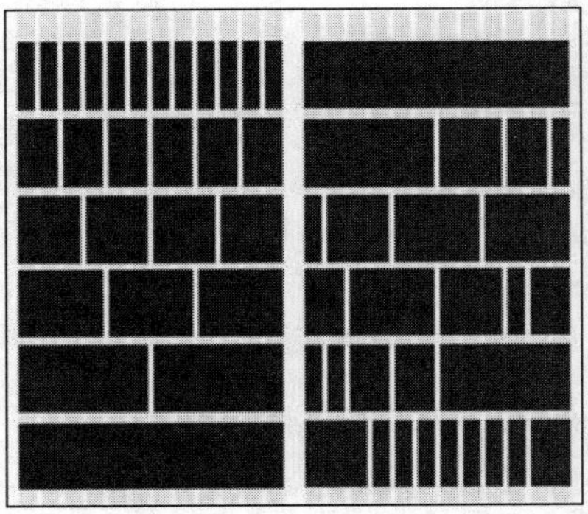

图 12.12 栅格系统

由于栅格系统简洁规范，许多网站都应用了栅格系统。下面我们通过一个案例来具体了解栅格系统的应用。

12.3.2 栅格系统的应用

实例代码如下。（代码位置：12/12-3.html）

```
<!DOCTYPE html>
<html lang="en">
<head>
    <meta charset="utf-8">
    <meta name="viewport" content="width=device-width,initial-scale=1.0">
    <title>栅格化系统</title>
    <style type="text/css">
        .width{
             width: 100%;
        }
        .width :after{
             clear: left;
             content: '';
             display: table;
        }
        [class^="height"]{
             float: left;
        }
        .height1{
             width: 10%;
             height: 50px;
             background-color: gray;
        }
        .height2{
             width: 80%;
             height: 100px;
             background-color: lightblue;
        }
        @media (max-width: 767px){
            .width{
```

```
                width: 100%;
            }
            [class^="height"]{
                float: none;
                width: 100%;
            }
        }
    </style>
</head>
<body>
<div class="width">
    <div class="height1">栅格 1</div>
    <div class="height2">栅格 2</div>
    <div class="height1">栅格 3</div>
</div>
</body>
</html>
```

在 PC 端用浏览器显示的效果如图 12.13 所示。

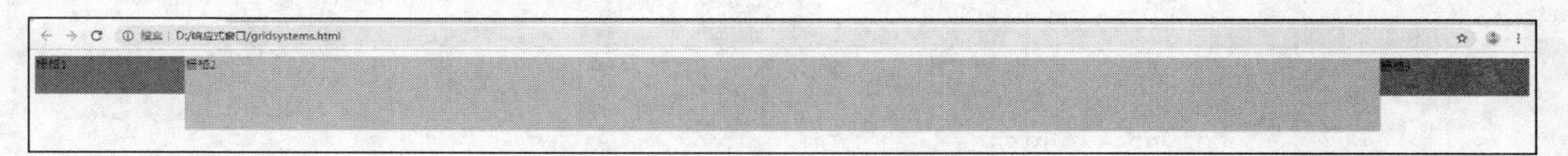

图 12.13　在 PC 端下的显示效果

在移动端下的显示效果如图 12.14 所示。

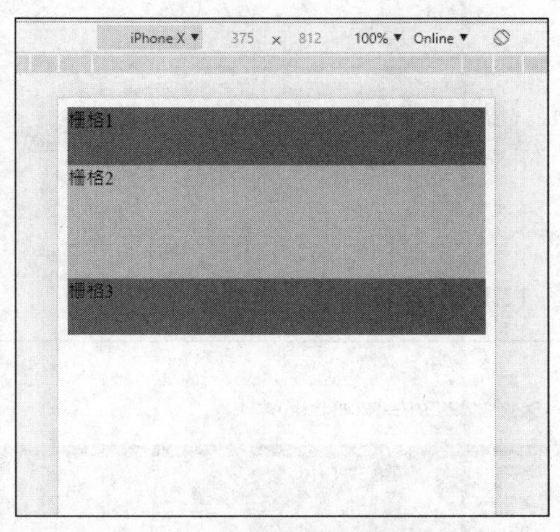

图 12.14　在移动端下的显示效果

栅格系统的应用十分广泛，尤其是在当前流行的 Bootstap 中有非常好的应用。

12.4　弹性盒布局

12.4.1　弹性盒布局简介

弹性盒布局是 CSS3 新增的一种布局方式，这种布局可以使页面适配各种屏幕大小的设备，使页面能够在不同的屏幕下正确显示。通过引入弹性盒布局，可以使页面元素的排列更加整齐美观，而且使用方法相当灵活。

弹性盒布局由容器与弹性子元素组成，弹性子元素在容器内以横纵坐标轴为参照进行排列。下面我们来看看弹性盒布局的用法。

实例代码如下。（代码位置：12/12-4.html）

```
<!DOCTYPE html>
<html lang="en">
<head>
    <meta charset="utf-8">
    <meta name="viewport">
    <title>弹性盒布局</title>
    <style type="text/css">
         .container{
              display: flex;
              width: 600px;
              height: 300px;
              background-color: gray;
         }
         .item{
              width: 280px;
              height: 150px;
              margin: 10px;
              background-color: lightblue;
         }
    </style>
</head>
<body>
<div class="container">
     <div class="item">item 1</div>
     <div class="item">item 2</div>
</div>
</body>
</html>
```

弹性盒布局实际效果如图 12.15 所示。

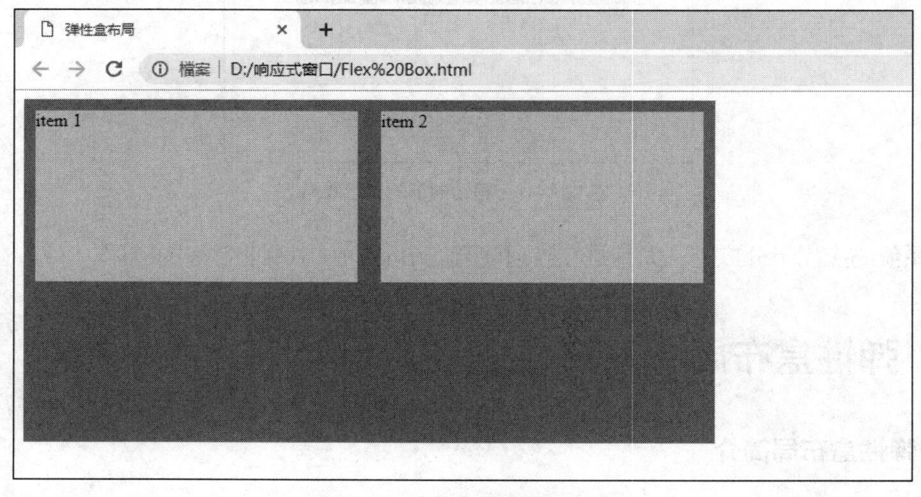

图 12.15　弹性盒布局实际效果

上述代码定义了 container 和 item 两种样式，分别代表弹性盒布局的容器和弹性子元素，使用时在标签内声明 class 即可。读者可以尝试自行修改 width、height、margin 的值，查看不同的效果。

在定义容器时，除了 width、height 这些常规参数，还有很多其他参数可以设置，这些参数可以帮助我们实现各种功能，有助于我们更好地应用弹性盒布局。下面将介绍这些参数。

1. flex

flex 属性用于控制子元素所占的空间。语法格式如下。

```
flex：数值
```

flex 的取值为数值，即子元素在一行中的所占份数。

2. order

order 属性用于控制子元素的排列位置。语法格式如下。

```
order：数值
```

order 的取值为数字，即子元素排在所有元素中的第几位。

3. flex–direction

flex-direction 属性制定了容器内子元素的位置及排列方式。语法格式如下。

```
flex-direction: row | row-reverse | column | column-reverse
```

flex-direction 对应的 4 种取值，功能分别如下。

（1）row：横向从左到右排列，按默认的排列顺序，即标签的书写顺序。

（2）row-reverse：横向从左到右排列，排列顺序为逆序，即标签书写逆序。

（3）column：纵向从上到下排列，按默认的排列顺序。

（4）column-reverse：纵向从上到下排列，排列顺序为逆序。

上面实例中的代码，我们可以在定义 container 时加入 flex-direction，如下所示。

```
.container{
      display: flex;
      width: 600px;
      height: 300px;
      background-color: gray;
      flex-direction: row-reverse;
}
```

加入 flex-direction 之后的显示效果如图 12.16 所示。

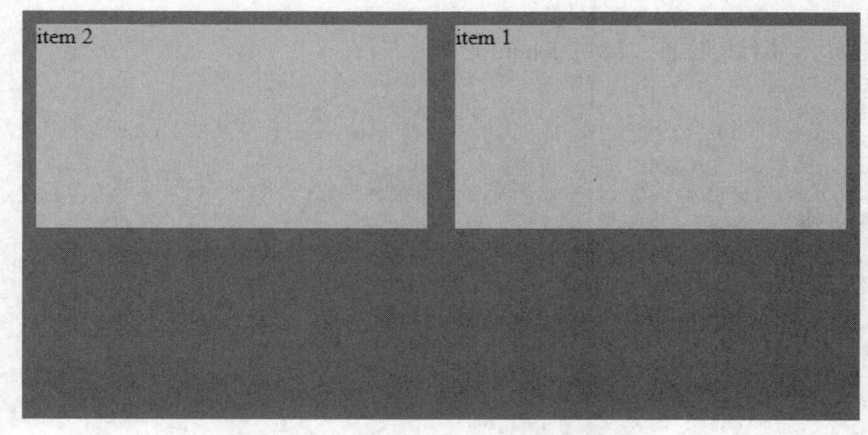

图 12.16　加入 flex-direction 之后的显示效果

4. justify-content

justify-content 属性将容器内的子元素沿着容器的主轴线进行排列。语法格式如下。

```
justify-content: flex-start | flex-end | center | space-between | space-around
```

justify-content 对应的 5 种取值，功能分别如下。

（1）flex-start：向一行的起始位置靠齐。

（2）flex-end：向一行的结束位置靠齐。

（3）center：向一行的中间位置靠齐。

（4）space-between：平均分布在行内，第一个伸缩项目在一行的最开始，最后一个项目在一行的最终点。

（5）space-around：平均分布在行内，两端保留一半空间。

5. align-items

align-items 属性将容器内的子元素沿着容器的纵轴线进行排列。语法格式如下。

```
align-items: flex-start | flex-end | center | baseline | stretch
```

align-items 对应有 4 种取值，功能分别如下。

（1）flex-start：元素位于容器的开头。

（2）flex-end：元素位于容器的结尾。

（3）center：元素位于容器的中心。

（4）stretch：默认值。元素被拉伸以适应容器。

6. flex-wrap

flex- wrap 属性指定弹性盒布局中子元素的换行方式。语法格式如下。

```
flex-wrap:  nowrap | wrap | wrap-reverse | initial | inherit;
```

flex-wrap 对应有 3 种取值，功能分别如下。

（1）nowrap：默认值，伸缩容器换行显示，伸缩项目不会换行。

（2）wrap：伸缩容器多行显示，伸缩项目会换行。

（3）wrap -reverse：伸缩容器多行显示，伸缩项目会换行，并且颠倒行顺序。

下面我们通过一个案例来看看弹性盒布局的具体用法。

12.4.2 弹性盒布局的应用

实例代码如下。（代码位置：12/12-5.html）

```
<!DOCTYPE html>
<html lang="en">
<head>
    <meta charset="utf-8">
    <meta name="viewport" content="width=device-width">
    <title>弹性盒布局</title>
    <style type="text/css">
        .container1{
            display: flex;
            flex-flow: row;
            justify-content: flex-start;
            background-color: yellow;
            margin: 5px;
            min-height: 100px;
```

```
        }
        .top1{
            flex: 1;
            margin: 5px;
            background-color: lightgreen;
        }
        .top2{
            flex: 1;
            margin: 5px;
            background-color: lightgreen;
        }
        .container2{
            display: flex;
            flex-direction: row;
            justify-content: center;
            background-color: gray;
            margin: 5px;
            min-height: 200px;
        }
        .container2 div.article2{
            order: 2;
            flex: 4;
            background-color: orange;
            margin: 10px;
        }
        .container2 div.article1{
            order: 1;
            flex: 2;
            background-color: white;
            margin: 10px;
        }
        .container2 div.article3{
            order: 3;
            flex: 2;
            background-color: lightblue;
            margin: 10px;
        }
        .bottom{
            width: 99%;
            height: 100px;
            margin: 5px;
            background-color: pink;
        }
        @media all and (max-width: 769px){
           .container1{
                flex-direction: column;
           }
           .container1 > .top1, .container1 > .top2{
                order: 0;
           }
           .container2{
                flex-direction: column;
           }
           .container2 > .article1, .container2 > .article2, .container 2> .article3{
                order: 0;
           }
        }
    </style>
</head>
```

```
<body>
<div class="container1">
     <div class="top1">top1</div>
     <div class="top2">top2</div>
</div>
<div class="container2">
     <div class="article3">article3</div>
     <div class="article1">article1</div>
     <div class="article2">article2</div>
</div>
<div class="bottom">bottom</div>
</body>
</html>
```

PC 端下的显示效果如图 12.17 所示。

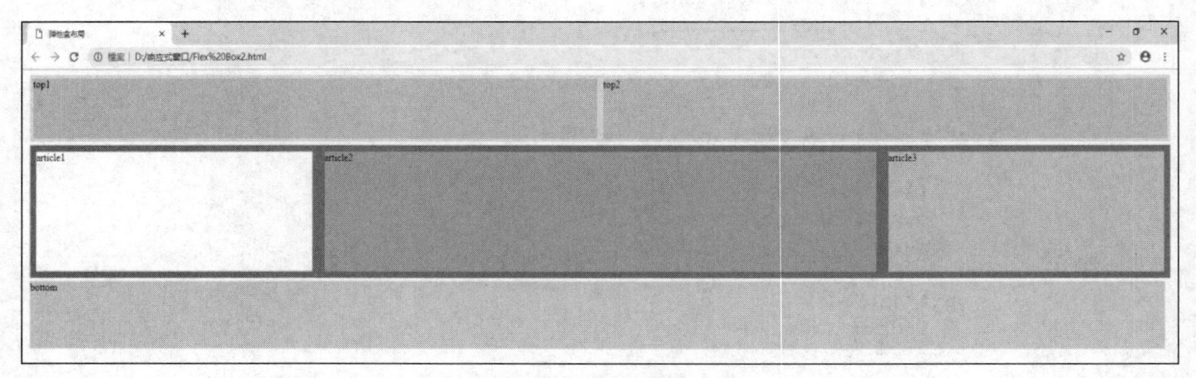

图 12.17　PC 端下的显示效果

iPhone X 下的显示效果如图 12.18 所示。

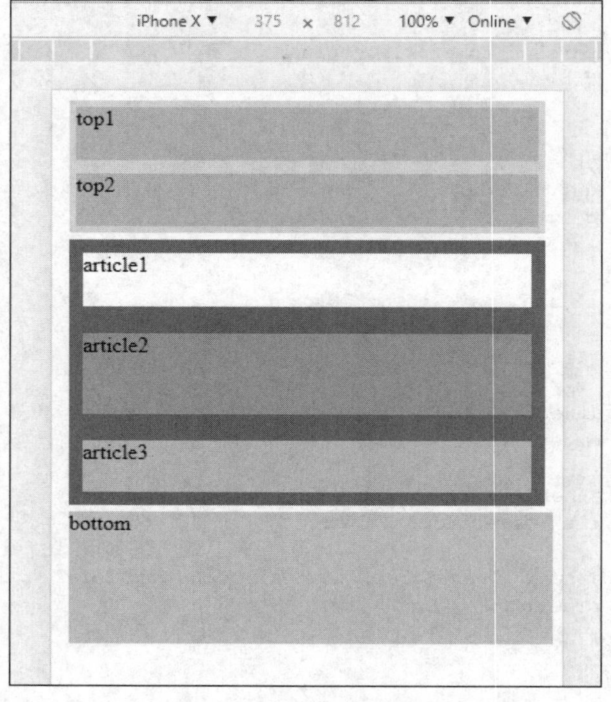

图 12.18　iPhone X 下的显示效果

12.5　实践指导

1. 实践要求

（1）掌握各种布局方式的用法。

（2）掌握栅格系统的用法。

（3）掌握媒体查询的用法。

2. 实践任务

任务 1　制作响应式导航栏

制作响应式导航栏，页面效果如图 12.19 所示。

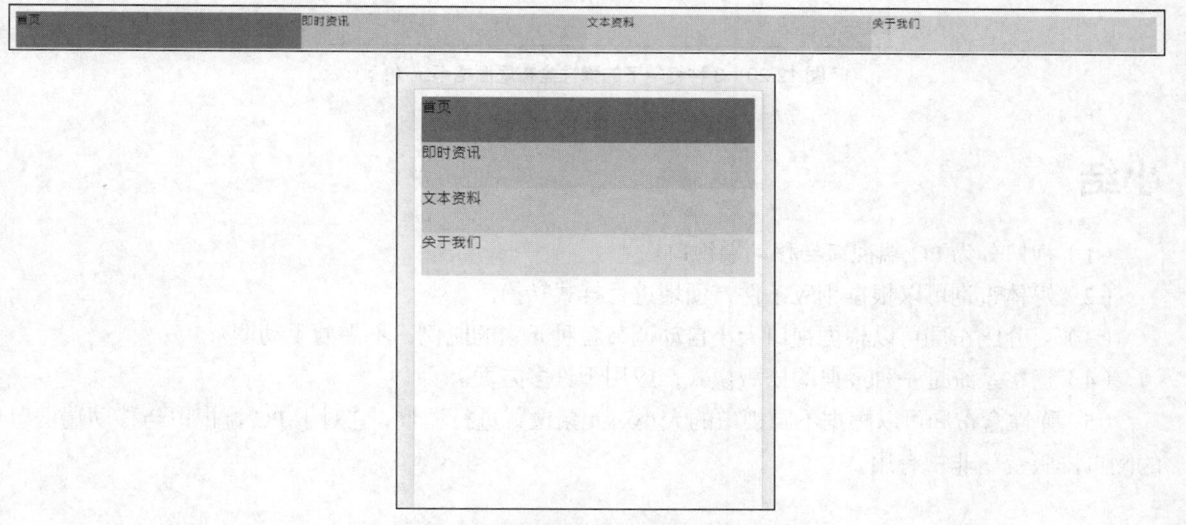

图 12.19　PC 端与移动端下的响应式导航栏

任务 2　制作弹性盒布局栅格系统

制作弹性盒布局栅格系统，页面效果如图 12.20 所示。（iPad 对应的 min-width 为 600px，计算机屏幕对应的 min-width 为 800px）

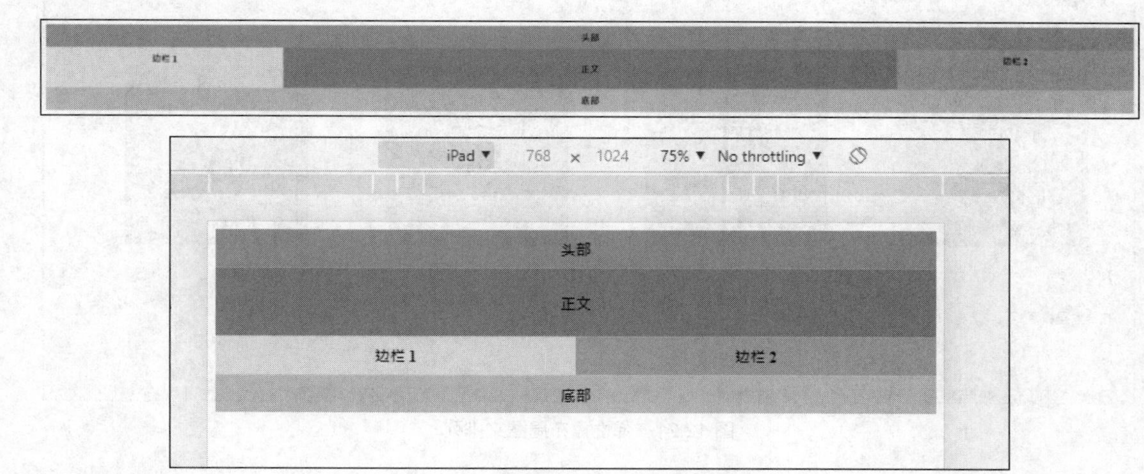

图 12.20　3 种终端下的弹性盒布局栅格系统

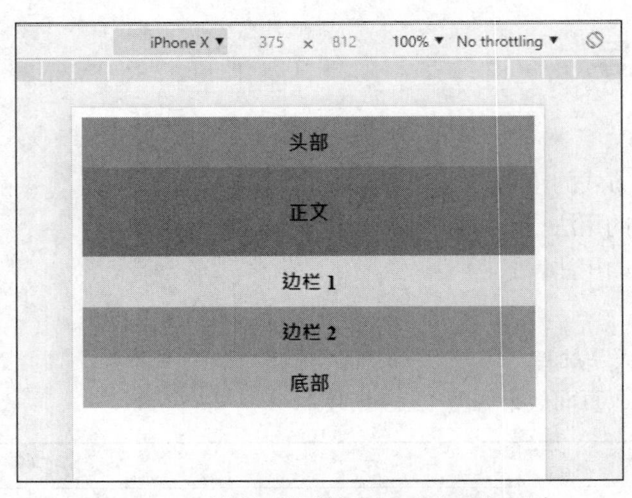

图 12.20　3 种终端下的弹性盒布局栅格系统（续）

小结

（1）视口分为 PC 端视口与移动端视口。

（2）媒体查询可以根据相应条件方便地进行样式转换。

（3）百分比布局可以根据视口大小自动调节各种元素的比例，不需要手动调整。

（4）栅格系统是一种经典的排版模式，应用于许多方面。

（5）弹性盒布局可以根据不同视口的大小对元素位置进行调整，它对于 PC 端视口与移动端视口的网页排版变化非常有用。

拓展训练

制作弹性盒布局图文排列，效果如图 12.21 所示。

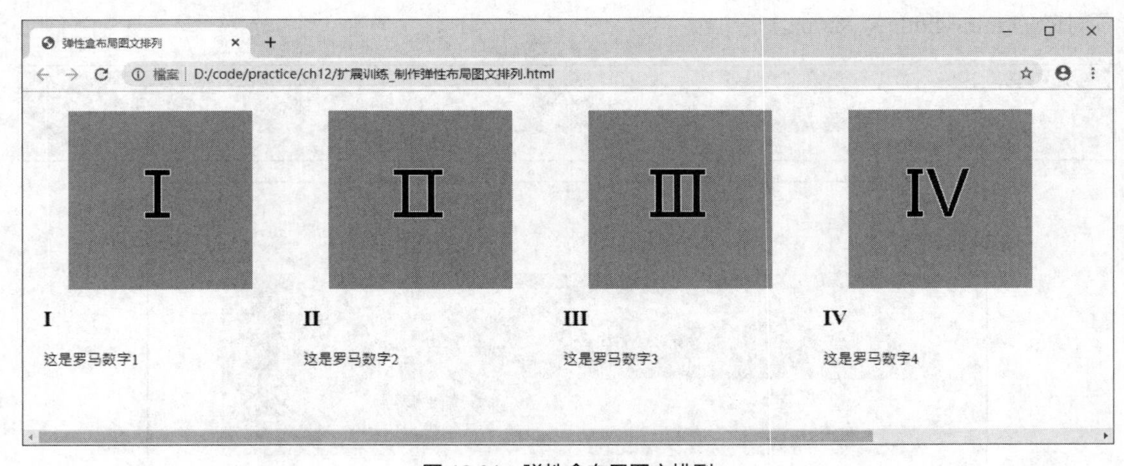

图 12.21　弹性盒布局图文排列

第 13 章　Bootstrap技术

学习目标

☐ 会使用 12 栅格系统布局网页结构
☐ 会使用基础排版、表单、按钮和图片属性布局网页
☐ 会使用下拉菜单组件制作下拉菜单
☐ 会使用输入框和小图标组件制作搜索框
☐ 会使用导航和导航条组件制作响应式导航条
☐ 会使用缩略图和媒体对象组件制作图文混合的列表
☐ 会使用列表组件制作列表

13.1 Bootstrap 技术简介

13.1.1 Bootstrap 技术基本介绍

Bootstrap 技术是由 Twitter 公司开发的前端框架，也是目前十分流行的前端框架。它是基于 HTML、CSS、JavaScript 的一个简洁、灵活的开源框架，便于开发人员快速上手。

Bootstrap 技术之所以受欢迎，主要源于以下 4 个方面。

（1）快速制作响应式的网页来适配各种终端。

Bootstrap 技术里面包含许多网页制作的模板，开发者可以通过这些模板快速制作出精美的响应式网页，这些网页同时适配各种终端。从 V3 开始，Bootstrap 技术以移动端为重点。

（2）开发简单、方便。

Bootstrap 技术中包含许多网页模板，开发者已经不需要从头开始制作网页素材，而是直接使用 Bootstrap 技术中提供的模板，这样不仅节省了开发者的时间，同时也提高了效率。

（3）代码开源。

Bootstrap 技术的代码是完全开源的，开发者可以查看 Bootstrap 技术的源代码，方便了开发者对 Bootstrap 技术的理解，可以使开发者快速上手。

（4）代码有良好的规范。

使用 Bootstrap 技术必须遵循 Bootstrap 技术的编写规范，这样就可以使代码简洁易读。

不同浏览器对 Bootstrap 技术的支持情况如表 13.1 所示。

表 13.1　不同浏览器对 Bootstrap 技术的支持情况

<table>
<tr><th>对比项目</th><th>Chrome</th><th>Firefox</th><th>IE8～IE11</th><th>Opera</th><th>Safari</th></tr>
<tr><td>Android</td><td>√</td><td>×</td><td rowspan="3">N/A</td><td>×</td><td>N/A</td></tr>
<tr><td>iOS</td><td>√</td><td>N/A</td><td>×</td><td>×</td></tr>
<tr><td>OS X</td><td>√</td><td>√</td><td>√</td><td>√</td></tr>
<tr><td>Windows</td><td>√</td><td>√</td><td>√</td><td>√</td><td>×</td></tr>
</table>

13.1.2 Bootstrap 技术的基本用法

Bootstrap 技术支持在各种系统下开发。本书所使用的环境为 Windows 系统，编写软件为 Sublime Text 3。要使用 Bootstrap 技术进行开发，首先要下载 Bootstrap 技术套件，具体做法如下。

进入 Bootstrap 技术官网，如图 13.1 所示。单击“下载 Bootstrap”，进入下载页面，如图 13.2 所示。这里有 3 种下载资源，我们需要下载用于生产环境的 Bootstrap 技术，下载完毕得到 Bootstrap 技术的压缩包，解压后有 3 个文件夹，分别是 css、fonts、js，分别用来存放 Bootstrap 技术的 CSS 源代码、字体以及 JavaScript。现在我们就可以开始编写网页了。

图 13.1　Bootstrap 技术官网

图 13.2　Bootstrap 技术下载页面

13.2　栅格系统

Bootstrap 技术包含了栅格系统的基本模板与基础的网页元素，我们可以方便地调用这些资源进行网页开发，既节省了时间，又提高了开发效率。

在第 12 章中我们已经对栅格系统进行了简单的介绍，这里简单回忆。栅格系统通过一系列行（row）与列（column）的组合来创建页面的布局，设置的内容就可以放在这些创建好的布局中。

12 栅格系统，顾名思义，就是将栅格系统中每一行分成 12 份，根据开发者的要求对不同的元素进行位置分配，以达到要求的设计效果。12 栅格系统的使用可以分成列组合、列偏移、列嵌套和列排序。

1. 列组合

实例代码如下。（代码位置：13/13-1.html）

```
<!DOCTYPE html>
<html lang="en">
```

```
<head>
    <meta charset="utf-8">
    <meta name="viewport" content="width=device-width, initial-scale=1.0">
    <title>column</title>
    <link rel="stylesheet" type="text/css" href="bootstrap/css/bootstrap.min.css">
    <style type="text/css">
        .row div{
            background-color: lightblue;
            outline: 1px solid red;
        }
    </style>
</head>
<body>
    <div class="container">
        <div class="row">
            <div class="col-md-1">col-1</div>
        <div class="col-md-1">col-1</div>
        <div class="col-md-1">col-1</div>
        <div class="col-md-1">col-1</div>
        <div class="col-md-1">col-1</div>
        <div class="col-md-1">col-1</div>
        <div class="col-md-1">col-1</div>
        <div class="col-md-1">col-1</div>
        <div class="col-md-1">col-1</div>
        <div class="col-md-1">col-1</div>
        <div class="col-md-1">col-1</div>
        <div class="col-md-1">col-1</div>
        </div>
    </div>
</body>
</html>
```

12 栅格系统将栅格系统内每行分成 12 份，这是每个元素一份的效果，如图 13.3 所示。

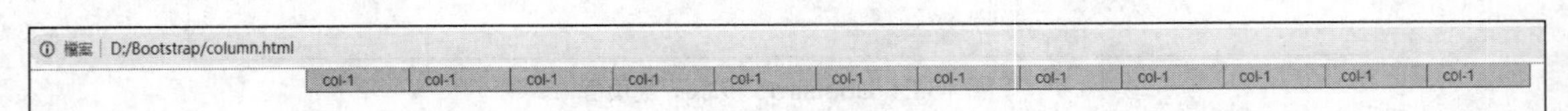

图 13.3　12 栅格系统的列组合

当然，我们可以给不同的元素分配不同的份数以达到位置的搭配，只需要进行小部分修改，如下所示。

```
<body>
    <div class="container">
        <div class="row">
            <div class="col-md-2">col-2</div>
        <div class="col-md-2">col-2</div>
        <div class="col-md-8">col-8</div>
        </div>
    </div>
</body>
```

不同份数搭配的栅格系统列组合，效果如图 13.4 所示

图 13.4　不同份数搭配的栅格系统列组合

2. 列偏移

实例代码如下。（代码位置：13/13-2.html）

```
<!DOCTYPE html>
<html lang="en">
<head>
    <meta charset="utf-8">
    <meta name="viewport" content="width=device-width, initial-scale=1.0">
    <title>column</title>
    <link rel="stylesheet" type="text/css" href="bootstrap/css/bootstrap.min.css">
    <style type="text/css">
        .row div{
            background-color: lightblue;
            outline: 1px solid red;
        }
    </style>
</head>
<body>
    <div class="container">
        <div class="row">
            <div class="col-md-1">col-1</div>
            <div class="col-md-2 col-md-offset-4">col-2</div>
        </div>
    </div>
</body>
</html>
```

栅格系统的偏移如图 13.5 所示，将第一份分配给第一个元素之后，在分配给第二个元素之前先将元素向右偏移 4 个单位再进行分配，就可以得到该效果。

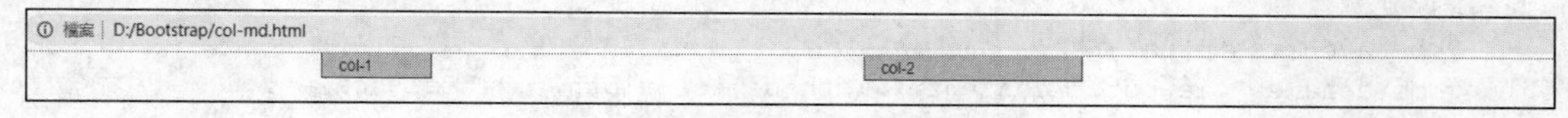

图 13.5　栅格系统的列偏移

但是请注意，在进行偏移时要注意偏移量与分配份数的关系，如果分配不合理，会产生意料不到的错误。列与列偏移总数应≤12，否则断行。

3. 列嵌套

实例代码如下。（代码位置：13/13-3.html）

```
<!DOCTYPE html>
<html lang="en">
<head>
    <meta charset="utf-8">
    <meta name="viewport" content="width=device-width, initial-scale=1.0">
    <title>column</title>
    <link rel="stylesheet" type="text/css" href="bootstrap/css/bootstrap.min.css">
    <style type="text/css">
        .row div{
            background-color: lightblue;
            outline: 1px solid red;
        }
    </style>
</head>
<body>
```

```
    <div class="container">
        <div class="row">
            <div class="col-md-10">col-10
                <div class="row">
                    <div class="col-md-6">col-1-6</div>
                    <div class="col-md-6">col-1-6</div>
                </div>
            </div>
            <div class="col-md-2">col-2</div>
        </div>
    </div>
</body>
</html>
```

栅格系统的列嵌套效果如图 13.6 所示。列嵌套就是在一列之中再嵌套一个栅格系统。上述代码中，在第一个元素中我们分配了 10 份，并在这个元素中嵌套了一个新的栅格系统，并且对这一元素再进行了一次 12 等分，即对第一个元素的 10 份再进行 12 等分，每等分 6 份，最后在第一个元素之后继续分配了 2 份给第 2 个元素，得出了图 13.6 所示的效果。被嵌套的行要遵守 12 列的规则。

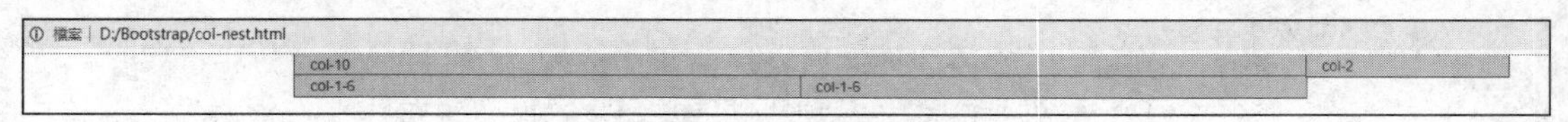

图 13.6　栅格系统的列嵌套

4. 列排序

实例代码如下。（代码位置：13/13-4.html）

```
<!DOCTYPE html>
<html lang="en">
<head>
    <meta charset="utf-8">
    <meta name="viewport" content="width=device-width, initial-scale=1.0">
    <title>column</title>
    <link rel="stylesheet" type="text/css" href="bootstrap/css/bootstrap.min.css">
    <style type="text/css">
        .row div{
            background-color: lightblue;
            outline: 1px solid red;
        }
    </style>
</head>
<body>
    <div class="container">
        <div class="row">
        <div class="col-md-4 col-md-push-8">col-4</div>
        <div class="col-md-8 col-md-pull-4">col-8</div>
        </div>
    </div>
</body>
</html>
```

栅格系统的列排序效果如图 13.7 所示。上述代码与普通的栅格系统非常类似，只是将元素的类进行了改变，细心的读者可能发现，以正常的栅格系统来说，先编写的元素应该出现在前面，但是这里的元素出现顺序颠倒。造成这种现象的原因是我们对元素进行了推拉，将第一个元素向右推了 8 个单位，将第二个元素向左拉了 4 个单位，就形成了所看到的顺序颠倒的效果。在实际中的好处：

定义 HTML 代码时，main 元素常常放在前面，次要内容的 aside 放在后面，这样布局对搜索引擎非常友好，但对用户不友好，列排序解决了这个问题。

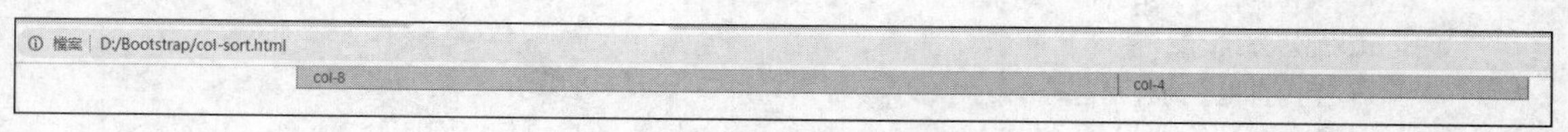

图 13.7　栅格系统的列排序

13.3　CSS 全局样式

CSS 全局样式，又称为 CSS 布局，是 Bootstrap 三大核心内容的基础，即基础的布局语法。它主要包括 4 个方面：基础排版（Typography）、表单（Forms）、按钮（Button）、图片（Images），本节将详细介绍这 4 个方面的内容。

13.3.1　基础排版

在 Bootstrap 中，基础排版分为 4 个部分，分别是标题、页面主题、强调文本与列表。

1. 标题

Bootstrap 为传统的标题 h1～h6 重新定义了标准的样式，使其在所有浏览器下的显示效果都一样。h1～h6 的显示参数如表 13.2 所示。

表 13.2　标题显示参数

元素	字体大小	计算比例	其他
h1	36px	14px*2.60	margin-top:20px; margin-bottom:10px
h2	30px	14px*2.15	
h3	24px	14px*1.70	
h4	18px	14px*1.25	margin-top:10px; margin-bottom:10px
h5	14px	14px*1.00	
h6	12px	14px*0.85	

2. 页面主题

Bootstrap 为段落标签设置了全局的字体大小为 14px，行间距 line-height 为字体大小的 1.428 倍（20px）。如果 Bootstrap 提供的字体大小等样式不符合实际开发要求，可以在引入的 bootstrap.css 文件后面重新设置样式以覆盖框架定义好的默认样式。

```
<p  class="lead">…</p>
```

3. 强调文本

强调文本可以对所需要强调的文本进行样式突出，使文本更加醒目。文本强调的元素有 small、strong、em。

同时，可以通过设置对齐方式控制文本的对齐，语法格式如下。

```
<p class="text-left">左对齐</p>
<p class="text-center">中间对齐</p>
<p class="text-right">右对齐</p>
<p class="text-justify">两端对齐</p>
```

4. 列表

我们可以通过定义一个列表使文本以列表的形式显示出来，如图 13.8 所示。

```
<dl class="dl-horizontal">
    <dt>购物指南</dt>
    <dd>购物流程、会员价格</dd>
    <dt>配送方式</dt>
    <dd>上门自提、海外配送</dd>
    <dt>售后服务</dt>
    <dd>售后政策、价格保护、退款说明、取消订单、退换货</dd>
</dl>
```

购物指南　购物流程、会员价格
配送方式　上门自提、海外配送
售后服务　售后政策、价格保护、退款说明、取消订单、退换货

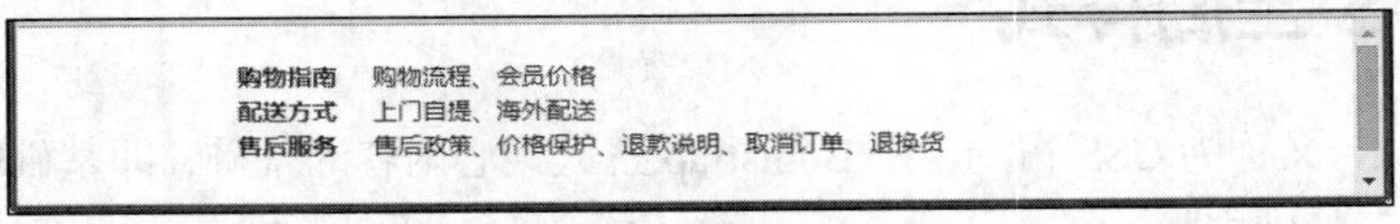

图 13.8　基础排版的列表

13.3.2　表单

在 HTML 中，表单用于收集不同类型的用户输入，如我们常见的账号、密码输入就是一个表单。表单分为内联表单和横向表单。

1. 内联表单

实例代码如下。（代码位置：13/13-5.html）

```
<!DOCTYPE html>
<html lang="en">
<head>
    <meta charset="UTF-8">
    <title>Form</title>
    <meta name="viewport"
        content="width=device-width, user-scalable=no, initial-scale=1.0, maximum-scale=
1.0, minimum-scale=1.0"/>
    <link rel="stylesheet" href="bootstrap/css/bootstrap.min.css"/>
    <style type="text/css">
        body{
            padding: 10px;
        }
    </style>
</head>
<body>
<div class="container">
    <form action="#" class="form-inline">
        <div class="form-group">
            账号:
        <input class="form-control" type="text" placeholder="请输入你的账号/邮箱/手机号"/>
        </div>
        <div class="form-group">
            密码:
            <input class="form-control" type="email" placeholder="请输入你的密码"/>
        </div>
        <input class=" form-control " type="submit" 提交/>
    </form>
</div>
</body>
```

```
</html>
```

在设置表单的时候，可以先定义一个 container，在容器里面放置表单 form-inline，通过 form-group 类以及 input 标签设置输入栏，最后通过 submit 类型设置提交按钮即可完成，页面效果如图 13.9 所示。

图 13.9　内联表单

2. 横向表单

步骤：（1）向父<form>添加 class.form-horizontal。

（2）把标签和控件放在 class.form-group 的<div>中。

（3）添加 class.control-label。

实例代码如下。（代码位置：13/13-6.html）

```
<!DOCTYPE html>
<html lang="en">
<head>
    <meta charset="UTF-8">
    <title>Transverse-Form</title>
    <meta name="viewport"
          content="width=device-width, user-scalable=no, initial-scale=1.0, maximum-scale=
1.0, minimum-scale=1.0"/>
    <link rel="stylesheet" href="bootstrap/css/bootstrap.min.css"/>
    <style>
        body {
            padding: 10px;
        }
    </style>
</head>
<body>
<div class="container">
    <form action="#" class="form-horizontal">
        <div class="form-group">
            <span class="col-sm-2 text-center">账号：</span>
            <div class="col-sm-10">
                <input class="form-control " type="text" placeholder="请输入你的账号/
邮箱/手机号"/>
            </div>
        </div>
        <div class="form-group">
            <span class="col-sm-2 text-center"> 邮箱：</span>
            <div class="col-sm-10">
                <input class="form-control" type="email" placeholder="请输入你的密码"/>
            </div>
        </div>
        <div class="form-group">
            <div class="col-sm-offset-4 col-sm-4" >
                <input class=" form-control " type="submit" 提交/>
            </div>
        </div>
```

```
    </form>
</div>
</body>
</html>
```

横向表单与内联表单的写法非常类似，不同的是横向表单的每一个输入框都会重新设置一个 div，使每一个输入框都在不同的层上，形成横向表单的效果，页面效果如图 13.10 所示。

图 13.10　横向表单

另外，表单中的控件大小也可以通过 Bootstrap 模板进行调整。

实例代码如下。（代码位置：13/13-7.html）

```
<!DOCTYPE html>
<html lang="en">
<head>
    <meta charset="UTF-8">
    <title>input</title>
    <meta name="viewport"
         content="width=device-width, user-scalable=no, initial-scale=1.0, maximum-scale=
1.0, minimum-scale=1.0"/>
    <link rel="stylesheet" href="bootstrap/css/bootstrap.min.css"/>
    <style type="text/css">
        body{
            padding: 10px;
        }
    </style>
</head>
<body>
<div class="container">
     <form action="#" class="form-inline">
         <div class="form-group">
              <input class="input-lg form-control" type="text" placeholder="大型控件"/>
         </div>
         <div class="form-group">
              <input class="form-control" type="text" placeholder="普通控件"/>
         </div>
         <div class="form-group">
              <input class="input-sm form-control" type="text" placeholder="小型控件"/>
         </div>
     </form>
</div>
</body>
</html>
```

不同控件大小的页面效果如图 13.11 所示。

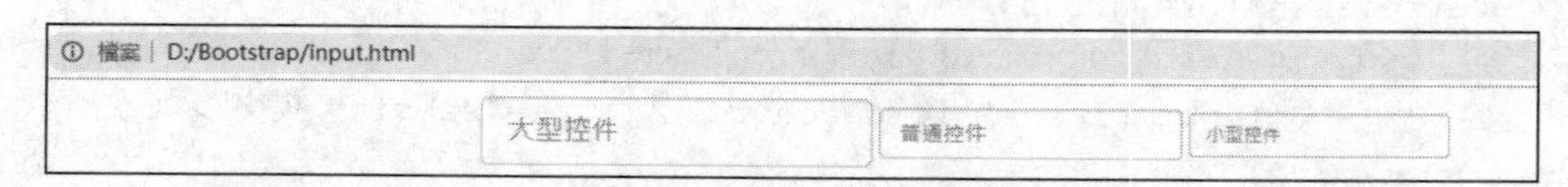

图 13.11　不同控件大小的页面效果

13.3.3 按钮

Bootstrap 提供了按钮的模板，我们可以通过调用这些模板得到不同大小、不同样式的按钮。

实例代码如下。（代码位置：13/13-8.html）

```
<!DOCTYPE html>
<html lang="en">
<head>
    <meta charset="UTF-8">
    <title>button</title>
    <meta name="viewport"
          content="width=device-width, user-scalable=no, initial-scale=1.0, maximum-scale=
1.0, minimum-scale=1.0"/>
    <link rel="stylesheet" href="bootstrap/css/bootstrap.min.css"/>
    <style>
        body {
            padding: 20px;
        }
    </style>
</head>
<body>
    <input type="button" class="btn btn-default btn-lg" value="default(灰色)大型"/>
    <input type="button" class="btn btn-primary " value="primary(深蓝色) 默认大小"/>
    <input type="button" class="btn btn-success btn-sm" value="success(绿色)小型"/>
    <input type="button" class="btn btn-info btn-xs" value="info(天蓝色)超小型"/>
    <input type="button" class="btn btn-warning" value="warning(黄色)"/>
    <input type="button" class="btn btn-danger" value="danger(红色)"/>
    <input type="button" class="btn btn-link" value="link(链接)"/>
</body>
</html>
```

页面效果如图 13.12 所示。

图 13.12 不同样式的按钮

通过设置不同的类，可以得到不同的按钮样式，这在实际的网页设计中非常有用。

13.3.4 图片

Bootstrap 还提供了图片的属性变换，可以很方便地改变图片的各种属性。引入图片的语法格式如下。

```
<img src="path" class="img-responsive" />
```

Bootstrap 还可以改变图片的形状以达到所需要的效果。

实例代码如下。（代码位置：13/13-9.html）

```
<!DOCTYPE html>
<html lang="en">
<head>
    <meta charset="UTF-8">
```

```
    <title>image</title>
    <meta name="viewport"
          content="width=device-width, user-scalable=no, initial-scale=1.0, maximum-scale=
1.0, minimum-scale=1.0"/>
    <link rel="stylesheet" href="bootstrap/css/bootstrap.min.css"/>
    <style>
        body {
            padding: 20px;
        }
        img{
            width: 200px;
            height: 200px;
        }
    </style>
</head>
<body>
<div class="container">
     <img src="image/image.jpg" class="img-rounded " alt=""/>
     <img src="image/image.jpg" class="img-circle " alt=""/>
     <img src="image/image.jpg" class="img-thumbnail " alt=""/>
</div>
</body>
</html>
```

不同图片形状的页面效果如图 13.13 所示。

图 13.13　不同图片形状的页面效果

通过改变 image 标签中的 class，可以得到不同形状的图片。

13.4　Bootstrap 组件

Bootstrap 组件是 Bootstrap 框架的核心之一，可以利用 Bootstrap 组件构建出绚丽的页面。常用的组件有图标（glyphicon）、下拉菜单（dropdown）、输入框（input-group）、导航（nav）与导航条（navbar）、缩略图（thumbnail）与媒体对象（media object）、列表组（listgroup）等。通过这些组件，我们可以大大简化网页元素的设计并且做出精美的网页。下面逐个介绍这些组件。

13.4.1　图标

图标是一个优秀网站不可缺少的元素，小图标的点缀可以使网站瞬间提升一个档次。Bootstrap 提供了 250 种小图标，这些小图标可以作用在内联元素上，给网页增加更多活力。在 Bootstrap 中，图标的使用非常简单，示例如下。

```
<span class=" glyphicon glyphicon-home"></span>
```

实例代码如下。（代码位置：13/13-10.html）

```
<!DOCTYPE html>
<html lang="en">
<head>
    <meta charset="utf-8">
    <title>icon</title>
    <link rel="stylesheet" href="bootstrap/css/bootstrap.min.css">
    <script src="bootstrap/jQuery/jquery-3.3.1.min.js"></script>
    <script src="bootstrap/js/bootstrap.min.js"></script>
    <style type="text/css">
         body{
              padding: 10px;
         }
    </style>
</head>
<body>
<button type="button" class="btn btn-default btn-lg">
     <span class="glyphicon glyphicon-thumbs-up"></span>
</button>
<button type="button" class="btn btn-default btn-sm">
     <span class="glyphicon glyphicon-thumbs-up"></span>
</button>
<button type="button" class="btn btn-default btn-xs">
     <span class="glyphicon glyphicon-thumbs-up"></span>
</button>
<button type="button" class="btn btn-default btn-lg">
     <span class="glyphicon glyphicon-thumbs-down"></span>
</button>
<button type="button" class="btn btn-default btn-sm">
     <span class="glyphicon glyphicon-thumbs-down"></span>
</button>
<button type="button" class="btn btn-default btn-xs">
     <span class="glyphicon glyphicon-thumbs-down"></span>
</button>
</body>
</html>
```

简单的图标实现页面效果如图 13.14 所示。

图 13.14　简单的图标实现页面效果

在使用图标时，还需要注意以下 5 点。

（1）图标类不能和其他组件直接联合使用。

（2）不能在同一个元素上与其他类同时存在。

（3）创建一个嵌套的 span 元素，并将图标应用到这个 span 上，也可使用<i>。

（4）只对内容为空的元素起作用。

（5）对引入的图标位置有规定，图标字体位于../fonts/目录内，相对于预编译版 CSS 文件的应该是同级目录。

图标的应用场景有很多，如图标和导航的结合、图标与按钮的结合、图标与输入框的结合等。

13.4.2 下拉菜单

在网页设计中，我们经常需要用到下拉菜单，这样不仅美观整洁，还能保证网页功能的完整性。Bootstrap 同样拥有下拉菜单的模板，这些下拉菜单的模板能够使我们方便地使用下拉菜单，并且下拉菜单的 JavaScript 插件能让它具有交互性。下拉菜单分为普通下拉菜单与分离式下拉菜单。

1. 普通下拉菜单

实例代码如下。（代码位置：13/13-11.html）

```
<!DOCTYPE html>
<html lang="en">
<head>
    <meta charset="utf-8">
    <meta name="viewport"
        content="width=device-width, user-scalable=no, initial-scale=1.0, maximum-scale=
1.0, minimum-scale=1.0"/>
    <title>dropdown</title>
    <link href="bootstrap/css/bootstrap.css" rel="stylesheet">
    <style>
        body{
            padding: 10px;
        }
    </style>
</head>
<body>
    <div class="dropdown">
        <button class="btn btn-primary " data-toggle="dropdown" >
            下拉菜单
            <span class="caret"></span>
        </button>
        <ul class="dropdown-menu">
            <li class="action1"><a href="#">内容 1</a></li>
            <li class="action2"><a href="#">内容 2</a></li>
            <li class="action3"><a href="#">内容 3</a></li>
            <li class="action4"><a href="#">内容 4</a></li>
        </ul>
    </div>
<script src="bootstrap/jQuery/jquery-3.3.1.js"></script>
<script src="bootstrap/js/bootstrap.js"></script>
</body>
</html>
```

下拉菜单页面效果如图 13.15 所示。

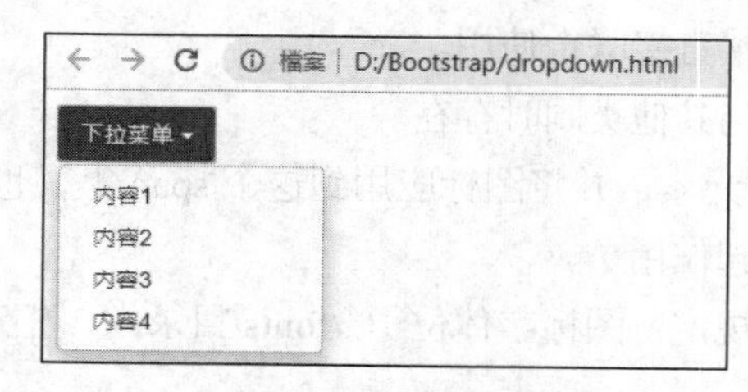

图 13.15　下拉菜单

下拉菜单的类名为 dropdown，我们要首先设置一个<div>标签涵盖这个类名；然后定义一个按钮作为下拉菜单的开关，注意按钮中的 data-toggle 要设置为 dropdown，还要在按钮中插入一个类名为 caret 的<span>标签；最后定义一个<ul>标签，类名为 dropdown-menu，在这个标签下插入<li>标签设置下拉菜单的内容，即可得到一个下拉菜单。

2. 分离式下拉菜单

实例代码如下。（代码位置：13/13-12.html）

```
<!DOCTYPE html>
<html lang="en">
<head>
    <meta charset="utf-8">
    <meta name="viewport"
          content="width=device-width, user-scalable=no, initial-scale=1.0, maximum-scale=
1.0, minimum-scale=1.0"/>
    <title>separate-dropdown</title>
    <link href="bootstrap/css/bootstrap.css" rel="stylesheet">
    <style>
        body{
            padding: 10px;
        }
    </style>
</head>
<body>
    <div class="dropdown">
        <button class="btn btn-primary">下拉菜单</button>
        <button class="btn btn-primary " data-toggle="dropdown" >
            <span class="caret"></span>
        </button>
        <ul class="dropdown-menu">
            <li class="action1"><a href="#">内容 1</a></li>
            <li class="action2"><a href="#">内容 2</a></li>
            <li class="action3"><a href="#">内容 3</a></li>
            <li class="action4"><a href="#">内容 4</a></li>
        </ul>
    </div>
<script src="bootstrap/jQuery/jquery-3.3.1.js"></script>
<script src="bootstrap/js/bootstrap.js"></script>
</body>
</html>
```

分离式下拉菜单页面效果如图 13.16 所示。

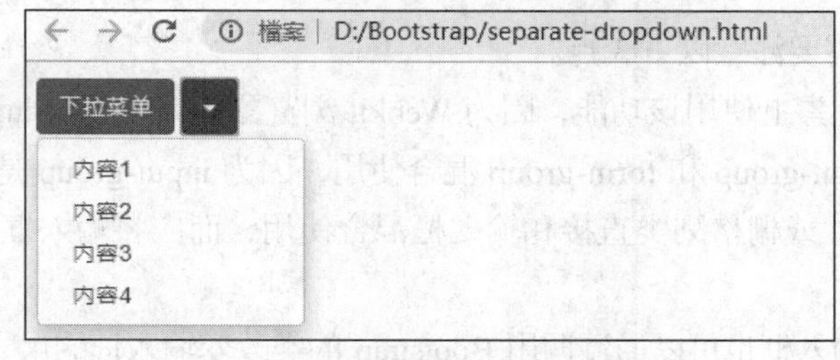

图 13.16 分离式下拉菜单

分离式下拉菜单与普通下拉菜单非常类似，唯一不同的就是重新设置一个按钮作为下拉开关。

13.4.3 输入框

输入框是网页设计中常用的元素，它可以帮助我们快速获取用户输入的信息并且满足用户的需要，Bootstrap 中含有输入框的模板。下面通过一个实例来展示输入框的基本用法。

实例代码如下。（代码位置：13/13-13.html）

```
<!DOCTYPE html>
<html lang="en">
<head>
    <meta charset="utf-8">
    <title>input-box</title>
    <link rel="stylesheet" href="bootstrap/css/bootstrap.min.css">
    <script src="bootstrap/jQuery/jquery-3.3.1.min.js"></script>
    <script src="bootstrap/js/bootstrap.min.js"></script>
    <style type="text/css">
         body{
              padding: 20px;
         }
    </style>
</head>
<body>
<div>
    <form class="bs-example bs-example-form" role="form">
         <div class="input-group">
              <span class="input-group-addon">输入</span>
              <input type="text" class="form-control" placeholder="输入的内容">
         </div>
</div>
</body>
</html>
```

输入框页面效果如图 13.17 所示。

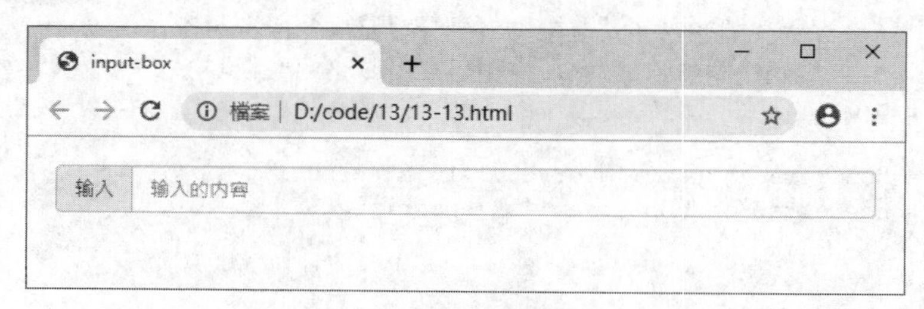

图 13.17　输入框页面效果

在使用输入框时，需要注意以下 3 点。

（1）避免在 select 元素上使用该功能，因为 Webkit 浏览器不完全支持 input-group 组件的特性。

（2）不要直接将 input-group 和 form-group 混合使用，因为 input-group 是一个独立的组件。

（3）不要将表单组件或栅格列类直接和输入框混合使用，而应将输入框组件嵌套到表单组件或栅格相关元素的内部。

与按钮组件类似，输入框也可以通过调用 Bootstrap 的类改变输入框的尺寸。在 input-group-addon 样式容器上添加相应的尺寸类，其内部包含的元素将自动调整自身的尺寸，不需要为输入框组件中的每个元素重复添加控制尺寸的类。具体用法如下。

```
<div class="input-group input-group-lg">…</div>
<div class="input-group input-group-sm">…</div>
```

输入框还可作为搜索功能的输入组件，同时需要提交按钮进行搭配。

实例代码如下。（代码位置：13/13-14.html）

```
<!DOCTYPE html>
<html lang="en">
<head>
    <meta charset="utf-8">
    <meta name="viewport"
          content="width=device-width, user-scalable=no, initial-scale=1.0, maximum-scale=
1.0, minimum-scale=1.0"/>
    <title>search</title>
    <link href="bootstrap/css/bootstrap.min.css" rel="stylesheet">
    <style>
        body{
            padding: 20px;
        }
    </style>
</head>
<body>
    <div class="input-group">
         <input type="text" class="form-control" placeholder="请输入要搜索的内容">
         <span class="input-group-btn">
             <button class="btn btn-primary" type="button">提交</button>
         </span>
    </div>
</body>
</html>
```

具有搜索功能的输入框页面效果如图 13.18 所示。

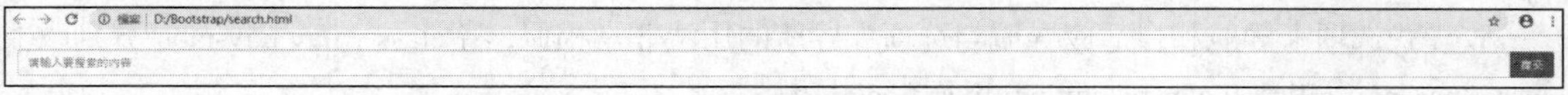

图 13.18　具有搜索功能的输入框页面效果

13.4.4　导航与导航条

导航（nav）是网页设计中最常见也是非常重要的一种元素，它可以方便地让用户快速找到所需要的功能及信息，是网页设计中必备的一种元素。Bootstrap 中导航的相关模板存储在.nav 类中，状态也是公共的。常见的导航类型有选项卡导航（nav-tabs）、胶囊式选项卡导航（nav-pills）、自适应导航（nav-justified）、二级导航。下面将详细讲解以上 4 种导航类型以及导航条的应用。

1. 选项卡导航

该导航类型类似于浏览器选项卡的导航。

实例代码如下。（代码位置：13/13-15.html）

```
<!DOCTYPE html>
<html lang="en">
<head>
    <meta charset="utf-8">
    <title>nav-tabs</title>
    <link rel="stylesheet" href="bootstrap/css/bootstrap.min.css">
```

```
        <script src="bootstrap/jQuery/jquery-3.3.1.min.js"></script>
        <script src="bootstrap/js/bootstrap.min.js"></script>
        <style type="text/css">
            body{
                padding: 20px;
            }
        </style>
    </head>
    <body>
    <div>
        <ul class="nav nav-tabs">
            <li class="active"><a href="#">首页</a></li>
            <li><a href="#">图片</a></li>
            <li><a href="#">文章</a></li>
            <li><a href="#">关于我们</a></li>
        </ul>
    </div>
    </body>
    </html>
```

选项卡导航页面效果如图 13.19 所示。

图 13.19　选项卡导航页面效果

要实现选项卡导航只需要插入一个类名为 nav nav-tabs 的<ul>标签。

2. 胶囊式选项卡导航和自适应导航

胶囊式选项卡导航和自适应导航与选项卡导航的用法非常相似，将 class="nav nav-tabs"分别改成 class="nav nav-pills"和 class="nav nav-justified"即可。

胶囊式选项卡导航页面效果如图 13.20 所示。

图 13.20　胶囊式选项卡导航页面效果

自适应导航页面效果如图 13.21 所示。

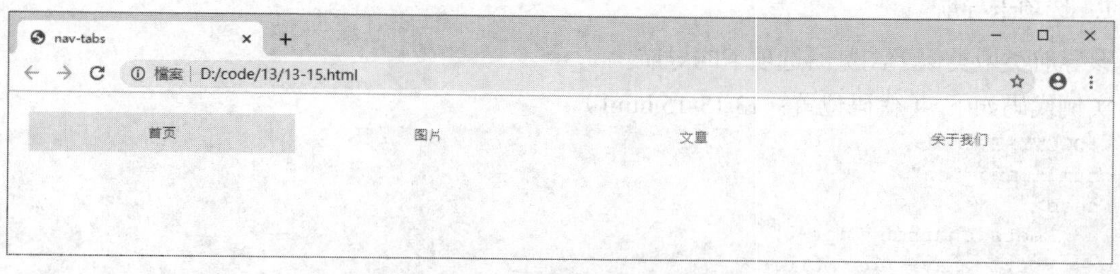

图 13.21　自适应导航页面效果

3. 二级导航

二级导航即将导航中的部分元素加入下拉菜单的元素，使导航的功能更加全面，设计也更加简洁。

实例代码如下。（代码位置：13/13-16.html）

```
<!DOCTYPE html>
<html lang="en">
<head>
    <meta charset="utf-8">
    <title>nav</title>
    <link rel="stylesheet" href="bootstrap/css/bootstrap.min.css">
    <script src="bootstrap/jQuery/jquery-3.3.1.min.js"></script>
    <script src="bootstrap/js/bootstrap.min.js"></script>
    <style type="text/css">
         body{
             padding: 20px;
         }
    </style>
</head>
<body>
<div>
     <ul class="nav nav-justified">
          <li class="active"><a href="#">首页</a></li>
          <li><a href="#">图片</a></li>
          <li><a href="#">文章</a></li>
          <li><a href="#">关于我们</a></li>
          <li class="dropdown">
                <a href="#" class="dropdown-toggle" data-toggle="dropdown">更多
                     <span class="caret"></span>
                </a>
                <ul class="dropdown-menu">
                     <li><a href="#">产品</a></li>
                     <li><a href="#">评分</a></li>
                     <li><a href="#">评价</a></li>
                </ul>
          </li>
     </ul>
</div>
</body>
</html>
```

二级导航页面效果如图 13.22 所示。

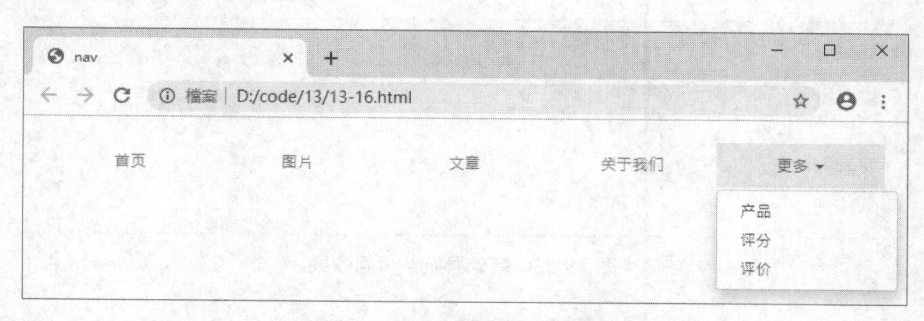

图 13.22　二级导航页面效果

在上述代码中，要实现二级导航，只需要将选定的选项加入 dropdown-menu 的类，再根据下拉菜单的语法定义一个下拉菜单。

在掌握导航的用法之后，接下来就要介绍导航条（navbar）。导航与导航条虽然只有一字之差，但是实际效果却有明显的不同。导航中的元素是相互分开的，没有统一的背景将其囊括在一起，并且导航不会随着设备显示的大小而改变；导航条拥有一个统一的背景条，可对所有元素进行囊括，并且对于不同大小的显示设备，导航条会有相应的变化以适应设备大小，即导航条可以进行折叠，亦可以水平展开。常见的导航条应用有：基础导航条，导航条中的表单，导航条中的按钮、文本、链接，导航条顶部固定或底部固定，响应式导航条。

1. 基础导航条

实例代码如下。（代码位置：13/13-17.html）

```
<!DOCTYPE html>
<html lang="en">
<head>
    <meta charset="utf-8">
    <title>navbar</title>
    <link rel="stylesheet" href="bootstrap/css/bootstrap.min.css">
    <script src="bootstrap/jQuery/jquery-3.3.1.min.js"></script>
    <script src="bootstrap/js/bootstrap.min.js"></script>
    <style type="text/css">
         body{
             padding: 20px;
         }
    </style>
</head>
<body>
<nav class="navbar navbar-default" role="navigation">
     <div class="navbar-header">
          <a href="#" class="navbar-brand">Logo</a>
     </div>
     <ul class="nav navbar-nav">
          <li><a href="#">主页</a></li>
          <li><a href="#">图片</a></li>
          <li><a href="#">文章</a></li>
     </ul>
</nav>
</body>
</html>
```

基础导航条页面效果如图 13.23 所示。

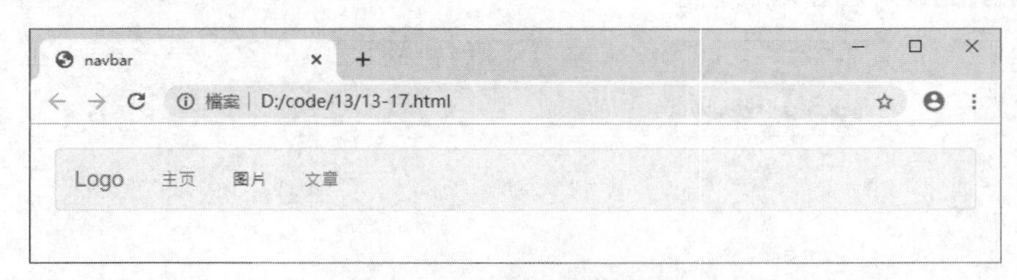

图 13.23　基础导航条页面效果

要定义一个 Bootstrap 的基础导航条，需要首先定义一个类名为 navbar navbar-default 的<nav>标签用于定义导航条；然后需要定义一个类名为 navbar-header 的导航头，这个导航头一般放置 Logo 之类的标志性元素，并且导航头一般不随设备大小的改变而隐藏；最后定义一个类名为 nav navbar-nav 的<ul>标签以及<li>标签来加入导航条其他元素即可。

2. 导航条中的表单

导航条中可以插入表单来拓展导航条的功能。

实例代码如下。（代码位置：13/13-18.html）

```
<!DOCTYPE html>
<html lang="en">
<head>
    <meta charset="utf-8">
    <title>navbar-form</title>
    <link rel="stylesheet" href="bootstrap/css/bootstrap.min.css">
    <script src="bootstrap/jQuery/jquery-3.3.1.min.js"></script>
    <script src="bootstrap/js/bootstrap.min.js"></script>
    <style type="text/css">
         body{
             padding: 20px;
         }
     </style>
</head>
<body>
<nav class="navbar navbar-default" role="navigation">
     <div class="navbar-header">
          <a href="#" class="navbar-brand">Logo</a>
     </div>
     <ul class="nav navbar-nav">
          <li><a href="#">主页</a></li>
          <li><a href="#">图片</a></li>
          <li><a href="#">文章</a></li>
     </ul>
     <form class="navbar-form navbar-right" role="search">
         <div class="form-group">
              <input type="text" class="form-control" placeholder="搜索">
         </div>
     </form>
</nav>
</body>
</html>
```

导航条中的表单页面效果如图 13.24 所示。

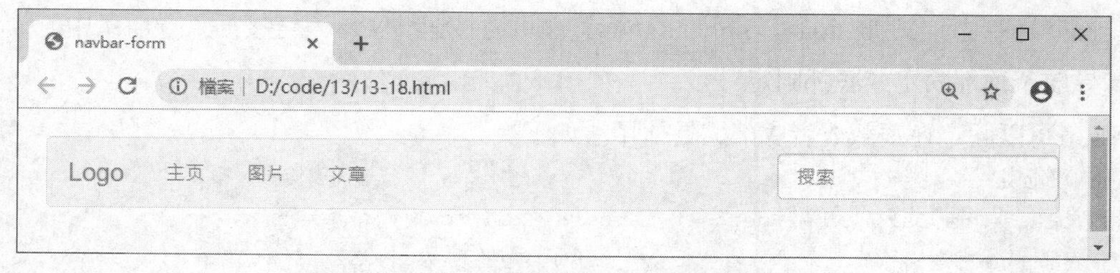

图 13.24 导航条中的表单页面效果

导航条中的表单应用非常简单，只需要在<nav>标签中加入表单的代码。需要注意的是表单位置，表单的位置通过 class="navbar-form navbar-right"控制。读者可以自行尝试改变表单的位置。

3. 导航条中的按钮、文本、链接

导航条不仅可以引入表单，而且按钮、文本、链接这些网页元素都可以引入表单之中。

实例代码如下。（代码位置：13/13-19.html）

```
<!DOCTYPE html>
<html lang="en">
<head>
    <meta charset="utf-8">
    <title>navbar-btn-text-link</title>
    <link rel="stylesheet" href="bootstrap/css/bootstrap.min.css">
    <script src="bootstrap/jQuery/jquery-3.3.1.min.js"></script>
    <script src="bootstrap/js/bootstrap.min.js"></script>
    <style type="text/css">
        body{
            padding: 20px;
        }
    </style>
</head>
<body>
<nav class="navbar navbar-default" role="navigation">
    <div class="navbar-header">
        <a href="#" class="navbar-brand">Logo</a>
    </div>
    <button class="btn btn-default navbar-btn navbar-left">button</button>
    <p class="navbar-text">text</p>
    <a href="#" class="navbar-text navbar-link">link</a>
</nav>
</body>
</html>
```

导航条中的表单页面效果如图 13.25 所示。

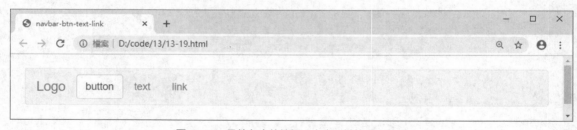

图 13.25　导航条中的按钮、文本、链接页面效果

在<nav>标签中定义<button>、<p>、<a>标签即可将按钮、文本、链接插入导航条中。

4. 导航条顶部固定或底部固定

导航条可以固定在顶部或者底部，具体用法如下。

```
<!--顶部固定-->
<nav class="navbar navbar-default navbar-fixed-top">…</nav>
<!--底部固定-->
<nav class="navbar navbar-default navbar-fixed-bottom">…</nav>
```

5. 响应式导航条

实例代码如下。（代码位置：13/13-20.html）

```
<!DOCTYPE html>
<html lang="en">
<head>
    <meta charset="utf-8">
    <meta name="viewport" content="width=device-width, user-scalable=no, initial-scale=
1.0, maximum-scale=1.0, minimum-scale=1.0"/>
    <title>navbar-reflection</title>
    <link rel="stylesheet" href="bootstrap/css/bootstrap.css">
    <script src="bootstrap/jQuery/jquery-3.3.1.min.js"></script>
    <script src="bootstrap/js/bootstrap.min.js"></script>
</head>
<body>
<nav class="nav navbar-default" role="navigation">
    <div class="navbar-header">
        <button class="navbar-toggle" data-toggle="collapse" data-target=".navbar-
collapse">
            <span class="icon-bar"></span>
            <span class="icon-bar"></span>
            <span class="icon-bar"></span>
        </button>
        <a href="#" class="navbar-brand">Logo</a>
    </div>
    <div class="collapse navbar-collapse navbar-left">
        <ul class="nav navbar-nav">
            <li><a href="#">主页</a></li>
            <li><a href="#">图片</a></li>
            <li><a href="#">文章</a></li>
        </ul>
    </div>
</nav>
<script src="bootstrap/jQuery/jquery-3.3.1.js"></script>
<script src="bootstrap/js/bootstrap.js"></script>
</body>
</html>
```

在 PC 端下的响应式导航条，默认显示所有内容，页面效果如图 13.26 所示。

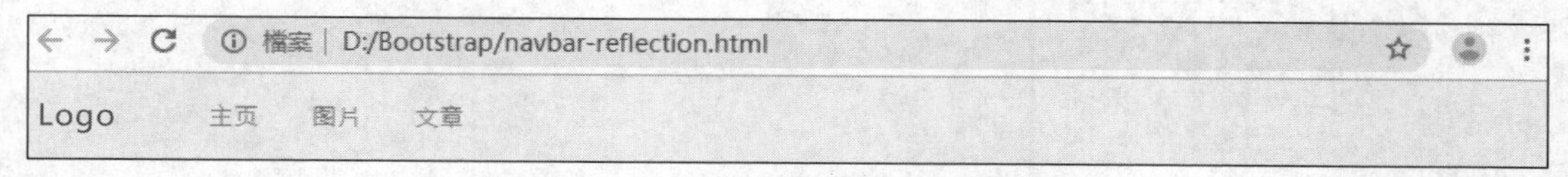

图 13.26　PC 端下的响应式导航条页面效果

在 iPhone X 下的响应式导航条，只显示 Logo 及折叠展开按钮，页面效果如图 13.27 所示。

响应式导航条与第 12 章中响应式网站的基本思想相同。首先要定义一个导航头，并且定义好 data-toggle 以及 data-target；然后需要根据这两个值来找到需要隐藏的格式，还要定义一个按钮用于显示隐藏的导航条；最后需要设置一个与 data-toggle 以及 data-target 对应的类名的<div>加入导航条的元素，即上述代码中的 collapse navbar-collapse navbar-left 类名（navbar-left 表示将按钮固定在左边），才算完成一个响应式导航条。

图 13.27　iPhone X 下的响应式导航条页面效果

13.4.5　缩略图与媒体对象

在设计网页时很多情况下都需要添加图片、视频等，Bootstrap 通过缩略图提供了一种简便的方式来布置这些元素。在使用缩略图时，不仅会根据设备大小排列好图片，还会根据鼠标位置强调所指向的元素。

实例代码如下。（代码位置：13/13-21.html）

```
<!DOCTYPE html>
<html lang="en">
<head>
    <meta charset="utf-8">
    <meta name="viewport" content="width=device-width, user-scalable=no, initial-scale=
1.0, maximum-scale=1.0, minimum-scale=1.0"/>
    <title>thumbnail</title>
    <link rel="stylesheet" href="bootstrap/css/bootstrap.css">
    <script src="bootstrap/jQuery/jquery-3.3.1.min.js"></script>
    <script src="bootstrap/js/bootstrap.min.js"></script>
    <style type="text/css">
        body{
            padding: 10px;
        }
    </style>
</head>
<body>
    <div class="row">
        <div class="col-md-4 col-sm-6">
            <a href="#" class="thumbnail">
                <img src="image/image.jpg">
            </a>
        </div>
        <div class="col-md-4 col-sm-6">
            <a href="#" class="thumbnail">
                <img src="image/image.jpg">
            </a>
```

```
            </div>
            <div class="col-md-4 col-sm-6">
                <a href="#" class="thumbnail">
                    <img src="image/image.jpg">
                </a>
            </div>
        </div>
</body>
</html>
```

PC 端下的显示效果如图 13.28 所示。

图 13.28 PC 端下的显示效果

iPad 下的显示效果如图 13.29 所示。

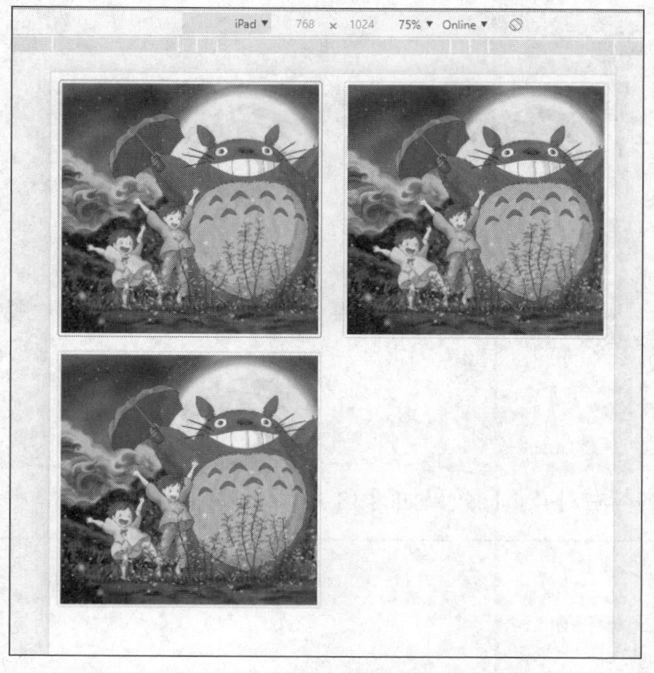

图 13.29 iPad 下的显示效果

使用 class="thumbnail"即可将图片改成缩略图。

除了要显示图片等多媒体元素，有时还需要添加一些文字对多媒体元素进行描述。这些文字有多种编排方式，Bootstrap 中通过媒体对象来解决这个问题。

实例代码如下。（代码位置：13/13-22.html）

```
<!DOCTYPE html>
<html lang="en">
<head>
    <meta charset="utf-8">
    <meta name="viewport" content="width=device-width, user-scalable=no, initial-scale=
1.0, maximum-scale=1.0, minimum-scale=1.0"/>
    <title>media-object</title>
    <link rel="stylesheet" href="bootstrap/css/bootstrap.css">
    <script src="bootstrap/jQuery/jquery-3.3.1.min.js"></script>
    <script src="bootstrap/js/bootstrap.min.js"></script>
    <style type="text/css">
        body{
            padding: 10px;
        }
    </style>
</head>
<body>
    <div class="container">
        <div class="media">
            <div class="media-left">
                <img src="image/image2.jpg" class="media-object" style="width:60px">
            </div>
            <div class="media-body">
                <h4 class="media-heading">左对齐</h4>
                <p>左对齐文本。</p>
            </div>
        </div>
        <hr>
        <div class="media">
            <div class="media-body">
                <h5 class="media-heading">右对齐</h5>
                <p>右对齐文本。</p>
            </div>
            <div class="media-right">
                <img src="image/image2.jpg" class="media-object" style="width:60px">
            </div>
        </div>
    </div>
</body>
</html>
```

媒体对象的左对齐与右对齐页面效果如图 13.30 所示。

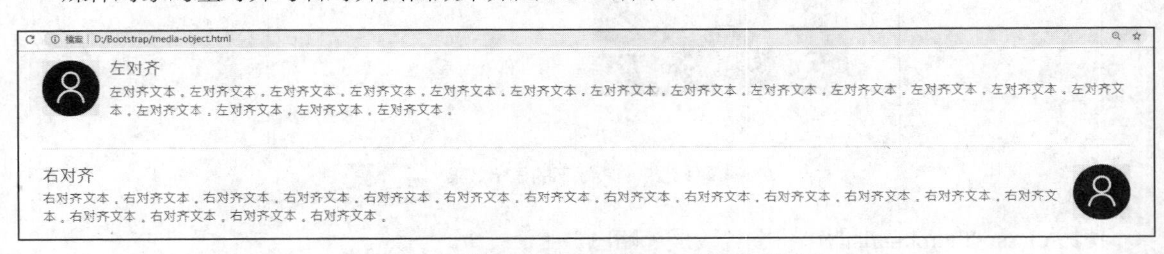

图 13.30 媒体对象的左对齐与右对齐页面效果

这里需要注意的是，左对齐和右对齐图片及文本的摆放顺序是相反的，左对齐是先放图片，右对齐是先放文本。

13.4.6　列表组

在 Bootstrap 中，列表组用于将元素以列表的形式呈现，列表组通常以<ul>标签和<li>标签组合来实现。

实例代码如下。（代码位置：13/13-23.html）

```
<!DOCTYPE html>
<html lang="en">
<head>
    <meta charset="utf-8">
    <meta name="viewport" content="width=device-width, user-scalable=no, initial-scale=
1.0, maximum-scale=1.0, minimum-scale=1.0"/>
    <title>thumbnail</title>
    <link rel="stylesheet" href="bootstrap/css/bootstrap.css">
    <script src="bootstrap/jQuery/jquery-3.3.1.min.js"></script>
    <script src="bootstrap/js/bootstrap.min.js"></script>
    <style type="text/css">
         body{
             padding: 10px;
         }
    </style>
</head>
<body>
    <ul class="list-group">
        <li class="list-group-item">无间道</li>
        <li class="list-group-item">功夫</li>
        <li class="list-group-item">复仇者联盟</li>
        <li class="list-group-item">碟中谍</li>
        <li class="list-group-item">速度与激情</li>
        <li class="list-group-item">战狼 2</li>
    </ul>
</body>
</html>
```

列表组页面效果如图 13.31 所示。

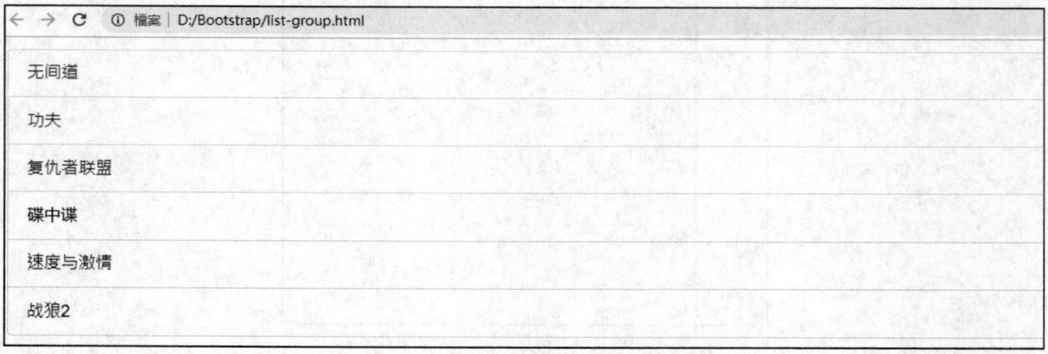

图 13.31　列表组页面效果

列表组只需要定义一个类名为 list-group 的<ul>标签即可实现。

13.5 实践指导

1. 实践要求

（1）掌握 Bootstrap 各种组件的用法。

（2）掌握移动端下缩略导航栏的用法。

2. 实践任务

任务 1　制作简易的文件上传功能

制作简易的文件上传功能，页面效果如图 13.32 所示。

图 13.32　简易的文件上传功能页面效果

任务 2　制作响应式二级导航栏

将 13.4.4 小节中的二级导航栏改造成响应式二级导航栏，页面效果如图 13.33 所示。

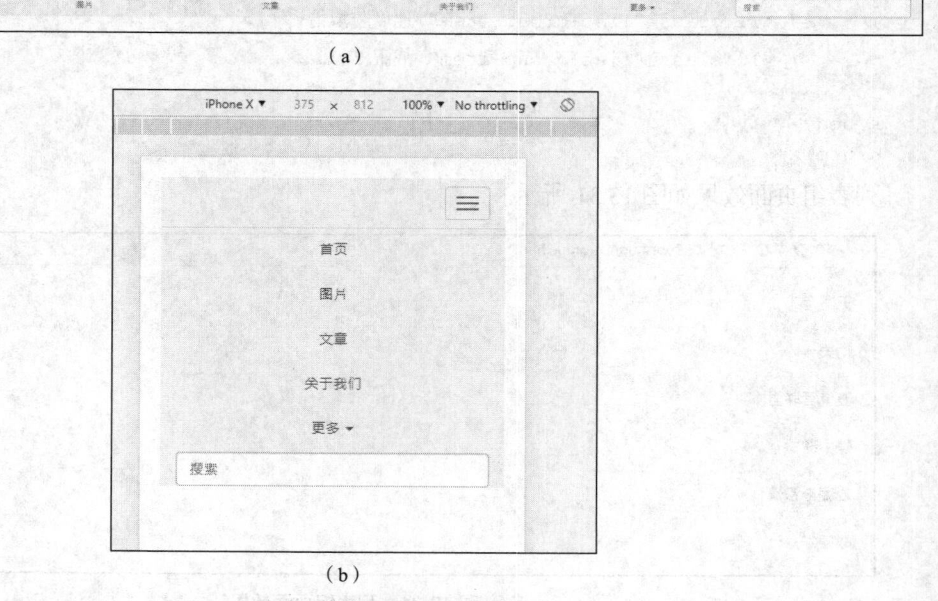

图 13.33　响应式二级导航栏页面效果

小结

（1）Bootstrap 是时下非常热门的网页框架，在实际应用中非常常见。

（2）12 栅格系统包含 4 种模式，分别为列组合、列偏移、列嵌套和列排序。

（3）Bootstrap 的 CSS 全局样式包括 4 个方面：基础排版、表单、按钮、图片。

（4）Bootstrap 组件包含许多内容，如图标、下拉菜单、输入框等。

（5）Bootstrap 包含许多导航栏的基础样式，可以根据需要快速组合出理想的导航栏。

拓展训练

制作导航栏按钮响应，如图 13.34 所示。

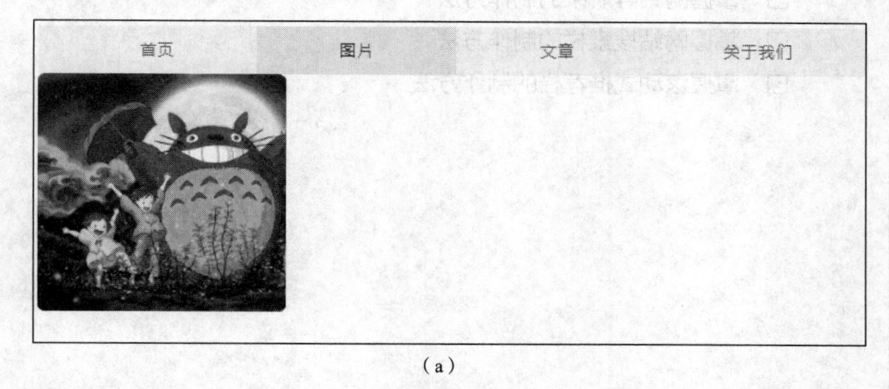

（a）

首页　图片　文章　关于我们

联系地址:XXXX-XXXX-XXXX

联系电话:0000-0000

联系人:XXX

（b）

图 13.34　导航栏按钮响应页面效果

第 14 章　综合案例

学习目标

- □ 掌握响应式网站制作流程和方法
- □ 掌握网站导航条的制作方法
- □ 掌握网站搜索栏的制作方法
- □ 掌握滚动式推荐栏的制作方法

14.1　网页概述

本章将结合前面的内容制作一个美食网站的首页，其中会用到响应式网站技术、Bootstrap 的基本模块等。本章将要制作的美食网站内容主要包括导航条、搜索栏、滚动式推荐栏以及其他网页元素。下面先简单介绍一下以上这些内容。

14.1.1　导航条

导航条将会根据前面的响应式网站和 Bootstrap 的内容进行制作，其中包括导航头、导航基本选项、二级导航条等，PC 端下的导航条效果如图 14.1 所示。

图 14.1　PC 端下的导航条

手机端下的导航条效果如图 14.2 所示。

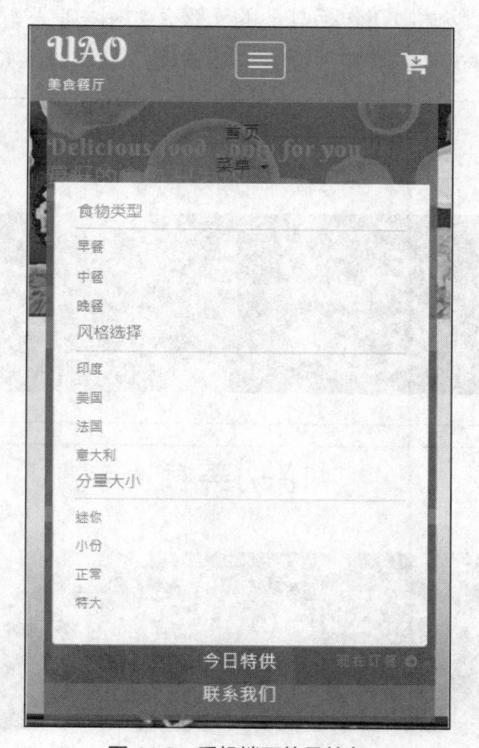

图 14.2　手机端下的导航条

14.1.2　搜索栏

搜索栏中包括 input、select 等多种标签，用于显示输入栏及选择栏，提供给用户用以输入信息。实际效果如图 14.3 所示。

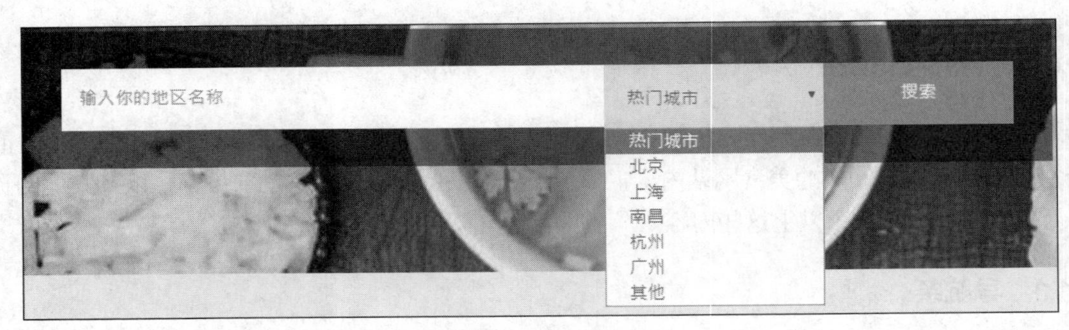

图 14.3 搜索栏

14.1.3 滚动式信息栏

滚动式信息栏在网站设计中很常见。在保证网站显示内容不过多的前提下，将尽可能多的信息放入网站中，将会采用滚动式信息栏进行处理。本章将会使用滚动式信息栏制作美食推荐栏。具体效果如图 14.4 所示。

14.1.4 其他网页元素

除了以上这些元素，美食网站中还包括其他的元素，如用户信息栏、美食信息栏、特殊服务栏、外部链接栏、网站信息栏等，这些内容在后面会进行讲解。具体效果如图 14.5 至图 14.9 所示。

图 14.4 滚动式美食推荐栏

图 14.5 用户信息栏

图 14.6　美食信息栏

图 14.7　特殊服务栏

图 14.8　外部链接栏

图 14.9　网页信息栏

14.2　导航条

导航条是一个网站的重要组成部分，网站的所有基本功能都囊括在导航条里面。在前面的章节中我们介绍了 Bootstrap 中导航条的用法，本章的导航条将会对此进行应用。请读者阅读以下代码。

```
1  <div class="navigation agiletop-nav">
2      <div class="container">
3          <nav class="navbar navbar-default">
4              <!-- Brand and toggle get grouped for better mobile display -->
5              <div class="navbar-header w3l_logo">
6                  <button type="button" class="navbar-toggle collapsed navbar-toggle1"
7  data-toggle="collapse" data-target="#bs-megadropdown-tabs">
8                      <span class="sr-only">Toggle navigation</span>
9                      <span class="icon-bar"></span>
10                     <span class="icon-bar"></span>
11                     <span class="icon-bar"></span>
12                 </button>
13                 <h1><a href="#">UAO<span>美食餐厅</span></a></h1>
14             </div>
15             <div class="collapse navbar-collapse" id="bs-megadropdown-tabs">
16                 <ul class="nav navbar-nav navbar-right">
17                     <li><a href="#" class="active">首页</a></li>
18                     <!-- Mega Menu -->
19                     <li class="dropdown">
20                         <a href="#" class="dropdown-toggle " data-toggle=
21 "dropdown">菜单 <b class="caret"></b></a>
22                         <ul class="dropdown-menu multi-column columns-3">
23                             <div class="row">
24                                 <div class="col-sm-4">
25                                     <ul class="multi-column-dropdown">
26                                         <h6>食物类型</h6>
27                                         <li><a href="#">早餐</a></li>
28                                         <li><a href="#">中餐</a></li>
29                                         <li><a href="#">晚餐</a></li>
30                                     </ul>
31                                 </div>
32                                 <div class="col-sm-4">
33                                     <ul class="multi-column-dropdown">
34                                         <h6>风格选择</h6>
35                                         <li><a href="#">印度</a></li>
36                                         <li><a href="#">美国</a></li>
37                                         <li><a href="#">法国</a></li>
38                                         <li><a href="#">意大利</a></li>
39                                     </ul>
40                                 </div>
41                                 <div class="col-sm-4">
42                                     <ul class="multi-column-dropdown">
43                                         <h6>分量大小</h6>
44                                         <li><a href="#">迷你</a></li>
45                                         <li><a href="#">小份</a></li>
46                                         <li><a href="#">正常</a></li>
47                                         <li><a href="#">特大</a></li>
48                                     </ul>
49                                 </div>
```

```
50                                          <div class="clearfix"></div>
51                                     </div>
52                                </ul>
53                           </li>
54                           <li><a href="#">今日特供</a></li>
55                           <li><a href="#">联系我们</a></li>
56                      </ul>
57                 </div>
58                 <div class="cart cart box_1">
59                      <form action="#" method="post" class="last">
60                           <input type="hidden" name="cmd" value="_cart" />
61                           <input type="hidden" name="display" value="1" />
62                           <button class="w3view-cart" type="submit" name="submit"
63   value=""><i class="fa fa-cart-arrow-down" aria-hidden="true"></i></button>
64                      </form>
65                 </div>
66            </nav>
67       </div>
68   </div>
```

以上便是导航条的代码。首先我们定义一个 div 专门装载这个导航条（第 1 行）；然后定义一个 container 包容导航条内容（第 2 行）；接着我们利用 Bootstrap 中 navbar 的类型进行导航条编写（第 3～57 行），具体写法前面的章节已经介绍，这里不再赘述；最后我们需要制作一个购物车图标，通过 button 来完成（第 62 行）。得出的效果如图 14.10 所示。

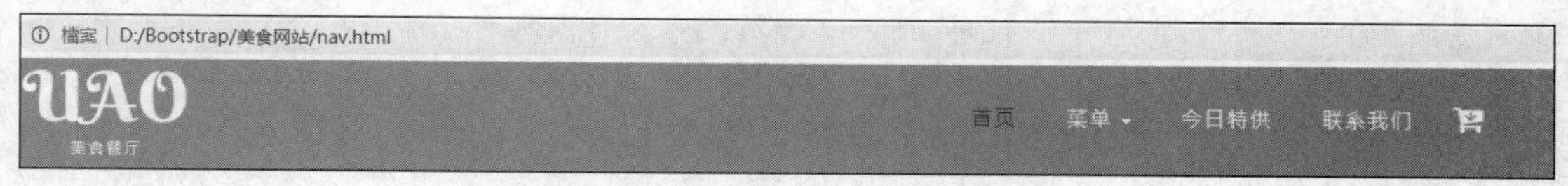

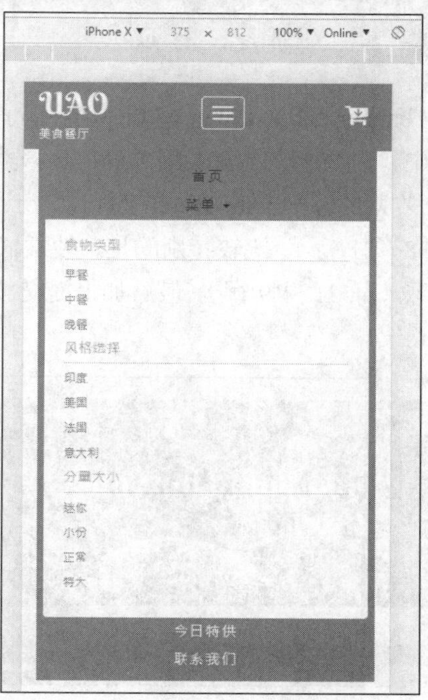

图 14.10 美食网站的导航条

14.3 搜索栏

搜索栏是为了让用户方便搜索网站信息而设计的，在前面的章节中我们利用 form 实现了搜索栏，本章将会使用 Bootstrap 中的模板进行搜索栏的设计。请读者阅读以下代码。

```
1   <div class="banner about-w3bnr">
2        <!-- banner-text -->
3        <div class="banner-text">
4             <div class="container">
5                  <h2>Delicious food , only for you <br> <span>最好的食物 只为
6   你.</span></h2>
7                  <div class="agileits_search">
8                       <form action="#" method="post">
9                            <input name="Search" type="text" placeholder="输入你的地区名称"
10  required="">
11                           <select id="agileinfo_search" name="agileinfo_search" required="">
12                                <option value="">热门城市 </option>
13                                <option value="navs">北京</option>
14                                <option value="quotes">上海</option>
15                                <option value="videos">南昌</option>
16                                <option value="news">杭州</option>
17                                <option value="notices">广州</option>
18                                <option value="all">其他</option>
19                           </select>
20                           <input type="submit" value="搜索" style="background-color: #02DF82">
21                      </form>
22                 </div>
23            </div>
24       </div>
25  </div>
```

首先我们要建立一个类名为 banner about-w3bnr 的 div（第 1 行），banner 是一个内置于 css 的样式，被存储于 css/style.css 文件中，里面定义了背景图片等信息。然后我们设置一个 container 及 h2 作为标题（第 4～6 行）。接着定义类名为 agileits_search 的 div 用于包容搜索结构（第 7 行），并建立一个 form 用来构建搜索框（第 8～21 行）。比较特别的是，搜索框内还定义了一个选项框供用户进行筛选数据，通过 select 标签实现（第 11～19 行）。最后加上提交按钮即可完成（第 20 行）。实际效果如图 14.11 所示。

图 14.11　美食网站的搜索栏

14.4 滚动式推荐栏

滚动式推荐栏是网站设计中经常用到的元素，利用滚动式推荐栏可以很方便地将较多的信息用较少的版面显示出来。本章将套用 Bootstrap 中滚动式监视的模板进行制作，请读者阅读以下代码。

```
1  <div class="w3agile-spldishes">
2          <div class="container">
3               <h3 class="w3ls-title">特别美食</h3>
4               <div class="spldishes-agileinfo">
5                    <div class="col-md-3 spldishes-w3left">
6                         <h5 class="w3ltitle">主要餐点</h5>
7                         <p>主料突出，形色美观，口味鲜美，营养丰富，供应方便。分为多种不同风格的
8  菜肴。</p>
9                    </div>
10                   <div class="col-md-9 spldishes-grids">
11                        <!-- Owl-Carousel -->
12                        <div id="owl-demo" class="owl-carousel text-center
13 agileinfo-gallery-row">
14                             <a href="#" class="item g1">
15                                  <img class="lazyOwl" src="images/g1.jpg" title="Our
16 latest gallery" alt=""/>
17                                  <div class="agile-dish-caption">
18                                       <h4>法式菜肴</h4>
19                                       <span>选料广泛，加工精细，烹调考究，花色品种多
20 </span>
21                                  </div>
22                             </a>
23                             <a href="#" class="item g1">
24                                  <img class="lazyOwl" src="images/g2.jpg" title="Our
25 latest gallery" alt=""/>
26                                  <div class="agile-dish-caption">
27                                       <h4>英式菜肴</h4>
28                                       <span>烹调讲究鲜嫩，口味清淡，菜量要求少而精。
29 </span>
30                                  </div>
31                             </a>
32                             <a href="#" class="item g1">
33                                  <img class="lazyOwl" src="images/g3.jpg" title="Our
34 latest gallery" alt=""/>
35                                  <div class="agile-dish-caption">
36                                       <h4>意式菜肴</h4>
37                                       <span>原汁原味，以味浓著称。烹调注重炸、熏等。
38 </span>
39                                  </div>
40                             </a>
41                             <a href="#" class="item g1">
42                                  <img class="lazyOwl" src="images/g4.jpg" title="Our
43 latest gallery" alt=""/>
44                                  <div class="agile-dish-caption">
45                                       <h4>美式菜肴</h4>
46                                       <span>营养、快捷，讲求的是原汁鲜味。对肉质要求高。
```

```
47  </span>
48                                  </div>
49                              </a>
50                              <a href="#" class="item g1">
51                                  <img class="lazyOwl" src="images/g5.jpg" alt=""/>
52                                  <div class="agile-dish-caption">
53                                      <h4>俄式菜肴</h4>
54                                      <span>口味较重，口味以酸、甜、辣、咸为主。</span>
55                                  </div>
56                              </a>
57                              <a href="#" class="item g1">
58                                  <img class="lazyOwl" src="images/g1.jpg" title="Our
59  latest gallery" alt=""/>
60                                  <div class="agile-dish-caption">
61                                      <h4>德式菜肴</h4>
62                                      <span>不求浮华只求实惠营养，首先发明自助快餐。
63  </span>
64                                  </div>
65                              </a>
66                              <a href="#" class="item g1">
67                                  <img class="lazyOwl" src="images/g2.jpg" title="Our
68  latest gallery" alt=""/>
69                                  <div class="agile-dish-caption">
70                                      <h4>希腊菜肴</h4>
71                                      <span>以清淡典雅、原汁原味为特点。</span>
72                                  </div>
73                              </a>
74                              <a href="#" class="item g1">
75                                  <img class="lazyOwl" src="images/g3.jpg" title="Our
76  latest gallery" alt=""/>
77                                  <div class="agile-dish-caption">
78                                      <h4>葡萄牙菜肴</h4>
79                                      <span>以米饭著称，常是与焖烩的肉、海鲜为佐。
80  </span>
81                                  </div>
82                              </a>
83                          </div>
84                      </div>
85                      <div class="clearfix"> </div>
86                  </div>
87              </div>
88      </div>
89      <script src="js/owl.carousel.js"></script>
90      <script>
91          $(document).ready(function() {
92              $("#owl-demo").owlCarousel ({
93                  items : 3,
94                  lazyLoad : true,
95                  autoPlay : true,
96                  pagination : true,
97              });
98          });
99      </script>
100     <!-- //Owl-Carousel-JavaScript -->
```

首先我们需要制作左边的介绍框，通过 col-md-3 spldishes-w3left 类将 12 栅格系统中的 3 份赋予介绍框并将其固定在左端（第 5 行），之后添加标题与内容即可（第 6～7 行）。然后就要制作右边的滚动栏，先定义一个类名为 col-md-9 spldishes-grids 的 div 并将 12 栅格系统的剩余 9 份赋予（第 10 行），接下来是关键的一步，我们需要创建一个类名为 owl-carousel text-center agileinfo-gallery-row 的 div（第 12 行），这个 owl-carousel 对应的是第 85～95 行的 JavaScript 文件与代码，里面封装了滚动栏的所有代码及动作监视，一旦调用了这个类就可以快速实现滚动栏，接下来只要设置好相应的图片及文字即可（第 13～78 行），格式可参照第 13～21 行的代码。这样，我们就实现了网站的滚动式推荐栏，实际效果如图 14.12 所示。

图 14.12　美食网站的滚动式推荐栏

14.5　其他网页元素

除了导航条、搜索栏、推荐栏，网页还有其他元素，如用户信息栏、美食信息栏、特殊服务栏、外部链接栏、网页信息栏、至顶（to-top）等。接下来将介绍这些网页元素如何实现。

14.5.1　用户信息栏

如果一个网站有用户制，那必然存在用户信息栏，给予用户登录自己账号的入口。本章的美食网站同样拥有这个部分，请读者阅读以下代码。

```
1   <!-- banner -->
2         <div class="banner about-w3bnr">
3               <!-- header -->
4               <div class="header">
5                     <div class="w3ls-header"><!-- header-one -->
6                           <div class="container">
7                                 <div class="w3ls-header-left">
8                                       <p>超过 50 元即可享受免费配送服务</p>
9                                 </div>
10                                <div class="w3ls-header-right">
11                                      <ul>
12                                            <li class="head-dpdn">
13                                                   <i class="fa fa-phone" aria-hidden="true"></i>
14  联系电话：123456
15                                            </li>
16                                            <li class="head-dpdn">
17                                                   <a href="login.html"><i class="fa fa-sign-in"
18  aria-hidden="true"></i> 登录</a>
19                                            </li>
```

```
20                          <li class="head-dpdn">
21                              <a href="signup.html"><i class="fa fa-user-plus"
22  aria-hidden="true"></i> 注册</a>
23                          </li>
24                          <li class="head-dpdn">
25                              <a href="help.html"><i class="fa fa-question-
26  circle" aria-hidden="true"></i> 帮助</a>
27                          </li>
28                      </ul>
29                  </div>
30                  <div class="clearfix"> </div>
31              </div>
32          </div>
33      </div>
34      <!-- //header-end -->
35  </div>
```

首先要设置一个类名为 w3ls-header-left 的 div，将配送服务信息固定在左边并设置好信息（第 7～9 行）；然后需要设置一个类名为 w3ls-header-right 的 div 用来包含用户信息（第 10～29 行），其中每一项的模板如第 12～15 行代码所示，需要先定义一个类名为 head-dpdn 的 li（第 12 行），再根据需要定义一个类名为 fa 的 i 作为图标（第 13 行）；最后设置文字信息即可。fa 为一个图标库，可以根据后面的值显示不同的图标，如 fa fa-phone 为电话图标。实际效果如图 14.13 所示。

图 14.13　用户信息栏

14.5.2　美食信息栏

对于一个美食网站来说，还需要一个美食信息栏，用来提供一些美食的折扣信息。请读者阅读以下代码。

```
1   <!-- add-products -->
2   <div class="add-products">
3       <div class="container">
4           <div class="add-products-row">
5               <div class="w3ls-add-grids">
6                   <a href="#">
7                       <h4>返回 <span>20%<br>现金</span></h4>
8                       <h5>仅能在手机 App 中订餐  </h5>
9                       <h6>现在订餐 <i class="fa fa-arrow-circle-right"
10  aria-hidden="true"></i></h6>
11                  </a>
12              </div>
13              <div class="w3ls-add-grids w3ls-add-grids-right">
14                  <a href="#">
15                      <h4>返回<span><br>40% 现金</span></h4>
16                      <h5>星期日特别折扣</h5>
17                      <h6>现在订餐 <i class="fa fa-arrow-circle-right"
18  aria-hidden="true"></i></h6>
19                  </a>
20              </div>
21              <div class="clearfix"> </div>
```

```
22                    </div>
23                </div>
24            </div>
```

以上代码比较简单，设置两个 div 并填入相应信息即可，需要注意的是背景图片及其格式已写入 css/style.css 中，这里只需要调用 w3ls-add-grids（第 5 行）。

14.5.3　特殊服务栏

由于有免费送货、派对订单等特殊服务的存在，因此还需要设置特殊服务栏。请读者阅读以下代码。

```
1   <!-- deals -->
2       <div class="w3agile-deals">
3           <div class="container">
4               <h3 class="w3ls-title">特殊服务</h3>
5               <div class="dealsrow">
6                   <div class="col-md-6 col-sm-6 deals-grids">
7                       <div class="deals-left">
8                           <i class="fa fa-truck" aria-hidden="true"></i>
9                       </div>
10                      <div class="deals-right">
11                          <h4 >免费送货</h4>
12                          <p >全城区域内免费为您送餐，确保您的餐品在一小时之内送达。
13  </p>
14                      </div>
15                      <div class="clearfix"> </div>
16                  </div>
17                  <div class="col-md-6 col-sm-6 deals-grids">
18                      <div class="deals-left">
19                          <i class="fa fa-birthday-cake" aria-hidden="true"></i>
20                      </div>
21                      <div class="deals-right">
22                          <h4 >派对订单</h4>
23                          <p >免费为您提供派对用品及场地，保证您完美的派对体验。 </p>
24                      </div>
25                      <div class="clearfix"> </div>
26                  </div>
27                  <div class="col-md-6 col-sm-6 deals-grids">
28                      <div class="deals-left">
29                          <i class="fa fa-users" aria-hidden="true"></i>
30                      </div>
31                      <div class="deals-right">
32                          <h4 >亲子用餐 </h4>
33                          <p >您的小孩将免费获得儿童玩具套餐，并享受八折优惠。 </p>
34                      </div>
35                      <div class="clearfix"> </div>
36                  </div>
37                  <div class="col-md-6 col-sm-6 deals-grids">
38                      <div class="deals-left">
39                          <i class="fa fa-building" aria-hidden="true"></i>
40                      </div>
41                      <div class="deals-right">
42                          <h4 >公司订单</h4>
43                          <p >公司大型订单可享受半折优惠，并为您准点送达。 </p>
44                      </div>
```

```
45                          <div class="clearfix"> </div>
46                     </div>
47                     <div class="clearfix"> </div>
48                </div>
49           </div>
50      </div>
51      <!-- //deals -->
```

首先需要定义一个类名为 w3agile-deals 的 div 用来包含特殊服务的内容（第 2 行），然后定义标题（第 4 行），最后完成所需内容即可（第 5～46 行）。内容模板如第 5～16 行代码所示，需要首先将 12 栅格系统中的 6 份赋予第一个板块（第 6 行），然后在 fa 库中挑选好相应图标放置（第 8 行），最后完成相应文字信息即可（第 10～14 行）。相关背景格式信息也已事先存储在 css/style.css 中，有兴趣的读者可以自行了解。实际效果如图 14.14 所示。

图 14.14　特殊服务栏

14.5.4　外部链接栏

网页设计中还经常需要包含外部网站的部分。请读者阅读以下代码。

```
1     <!-- subscribe -->
2     <div class="subscribe agileits-w3layouts">
3          <div class="container">
4               <div class="col-md-6 social-icons w3-agile-icons">
5                    <h4>保持联络</h4>
6                    <ul>
7                         <li><a href="#" class="fa fa-weixin icon weixin"> </a></li>
8                         <li><a href="#" class="fa fa-qq icon qq"> </a></li>
9                         <li><a href="#" class="fa fa-weibo icon weibo"> </a></li>
10                        <li><a href="#" class="fa fa-tencent-weibo icon dribbble"> </a></li>
11                   </ul>
12                   <ul class="apps">
13                        <li><h4>下载我们的应用程序：</h4> </li>
14                        <li><a href="#" class="fa fa-apple"></a></li>
15                        <li><a href="#" class="fa fa-windows"></a></li>
16                        <li><a href="#" class="fa fa-android"></a></li>
17                   </ul>
18              </div>
19              <div class="col-md-6 subscribe-right">
20                   <div class="slide-wrap">
21                        <div class="slide-mask">
22                             <ul class="slide-group">
23                                  <li class="slide" style="color: black;font-size:40px;">
24 订阅实时信息</li>
25                                  <li class="slide" style="color: black;font-size:40px;">
```

```
26  订阅实时信息</li>
27                                      <li class="slide" style="color: black;font-size:40px;">
28  订阅实时信息</li>
29                                      <li class="slide" style="color: black;font-size:40px;">
30  订阅实时信息</li>
31                                      <li class="slide" style="color: black;font-size:40px;">
32  订阅实时信息</li>
33                                  </ul>
34                              </div>
35
36                          </div>
37                      </div>
38                      <div class="clearfix"> </div>
39                  </div>
40              </div>
41              <!-- //subscribe -->
42              <script src="js/bootstrap.js"></script>
43  <script src="js/index.js"></script>
```

首先需要定义一个类名为 subscribe agileits-w3layouts 的 div 包含外部链接栏的内容（第 2 行）；然后将 12 栅格系统的 6 份赋予第一部分并将相应图标设置好（第 4～18 行）；最后利用剩余的部分设置一个滚动信息栏，需要用 jQuery 的 slide 插件来完成（第 19～36 行），这个插件可以实现文字信息的滚动显示，其用法非常简单，先设置类名分别为 slide-wrap、slide-mask、slide-group 的 3 层 div 结构，再设置相应信息即可。实际效果如图 14.15 所示。

图 14.15　外部链接栏

14.5.5　网页信息栏

在网站的最后需要添加网站的相关信息和版权声明。请读者阅读以下代码。

```
1       <!-- footer -->
2       <div class="footer agileits-w3layouts">
3           <div class="container">
4               <div class="w3_footer_grids">
5                   <div class="col-xs-6 col-sm-3 footer-grids w3-agileits">
6                       <h3>公司</h3>
7                       <ul>
8                           <li><a href="#">关于我们</a></li>
9                           <li><a href="#">联系我们</a></li>
10                          <li><a href="#">事业成就</a></li>
11                          <li><a href="#">加入我们</a></li>
12                      </ul>
13                  </div>
14                  <div class="col-xs-6 col-sm-3 footer-grids w3-agileits">
15                      <h3>帮助</h3>
16                      <ul>
```

```
17                              <li><a href="#">常见问题</a></li>
18                              <li><a href="#">退换商品</a></li>
19                              <li><a href="#">订单状态</a></li>
20                              <li><a href="#">服务提供</a></li>
21                          </ul>
22                      </div>
23                      <div class="col-xs-6 col-sm-3 footer-grids w3-agileits">
24                          <h3>策略信息</h3>
25                          <ul>
26                              <li><a href="#">条款与条件 </a></li>
27                              <li><a href="#">隐私政策</a></li>
28                              <li><a href="#">退货政策</a></li>
29                          </ul>
30                      </div>
31                      <div class="col-xs-6 col-sm-3 footer-grids w3-agileits">
32                          <h3>菜单</h3>
33                          <ul>
34                              <li><a href="#">全天菜单</a></li>
35                              <li><a href="#">午餐</a></li>
36                              <li><a href="#">晚餐</a></li>
37                              <li><a href="#">风味小吃</a></li>
38                          </ul>
39                      </div>
40                      <div class="clearfix"> </div>
41                  </div>
42              </div>
43          </div>
44          <div class="copyw3-agile">
45              <div class="container">
46                  <p>Copyright &copy; 2018.UAO 美食餐厅 All rights reserved.</p>
47              </div>
48          </div>
49          <!-- //footer -->
```

网站信息的代码非常简单，只需要设置好 12 栅格系统的份数。注意 footer agileits-w3layouts 类也封装于 css/style.css 中。实际效果如图 14.16 所示。

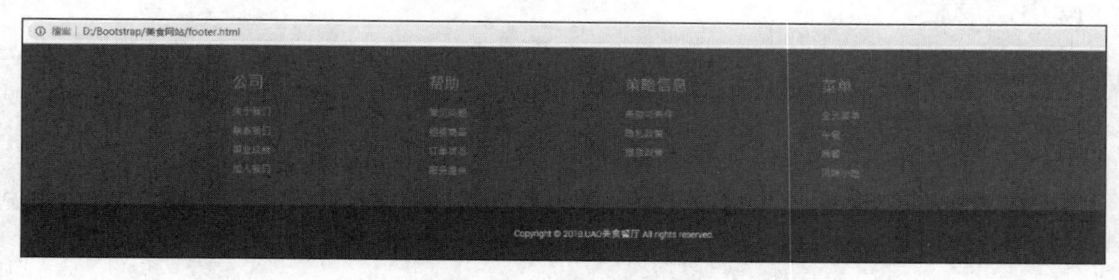

图 14.16　网页信息栏

14.5.6　至顶（to-top）

最后需要谈到的一点就是至顶。任何页面内容较多的网站都会添加至顶功能，方便用户回到网站顶部。这个部分通常会用 JavaScript 来实现。请读者阅读以下代码。

```
1
2       <!-- start-smooth-scrolling -->
3       <script src="js/SmoothScroll.min.js"></script>
```

```
4       <script type="text/javascript" src="js/move-top.js"></script>
5       <script type="text/javascript" src="js/easing.js"></script>
6       <script type="text/javascript">
7               jQuery(document).ready(function($) {
8                   $(".scroll").click(function(event){
9                       event.preventDefault();
10
11              $('html,body').animate({scrollTop:$(this.hash).offset().top},1000);
12                  });
13              });
14      </script>
15      <!-- //end-smooth-scrolling -->
16      <!-- smooth-scrolling-of-move-up -->
17      <script type="text/javascript">
18          $(document).ready(function() {
19              /*
20              var defaults = {
21                  containerID: 'toTop', // fading element id
22                  containerHoverID: 'toTopHover', // fading element hover id
23                  scrollSpeed: 1200,
24                  easingType: 'linear'
25              };
26              */
27
28              $().UItoTop({ easingType: 'easeOutQuart' });
29
30          });
31      </script>
32      <!-- //smooth-scrolling-of-move-up -->
```

至顶的功能通过 3 个 JavaScript 文件实现，这 3 个 JavaScript 文件分别是 SmoothScroll.min.js、move-top.js、easing.js（第 3～5 行），剩下的代码就是对这 3 个文件的调用，具体用法参照 JavaScript 的相关章节，这里不再赘述。

至此，一个完整的美食网站已经完成，读者可以通过 index.html 文件查看完整效果，部分页面效果如图 14.17 所示。

图 14.17　部分页面效果

小结

（1）运用第 13 章所学的导航条等知识构造出网页中的不同元素。

（2）通过自己的设计对网页中的元素排版，编写出更加美观的网页。

拓展训练

制作本章美食网站的登录页面与注册页面，效果分别如图 14.18 和图 14.19 所示。

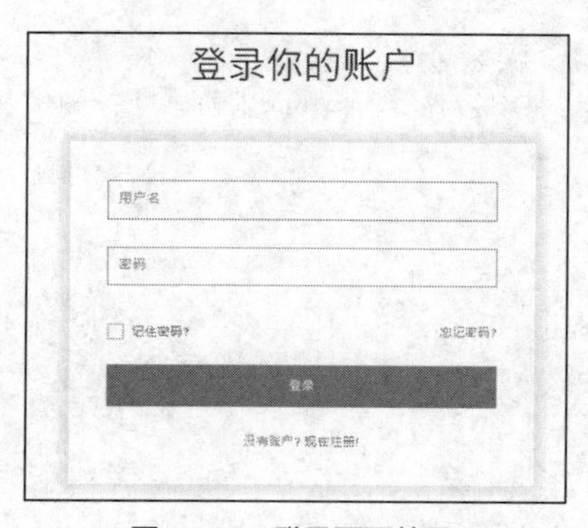

图 14.18　登录页面效果

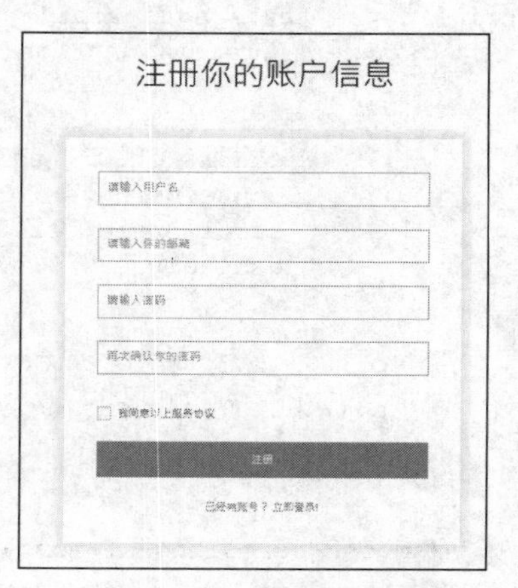

图 14.19　注册页面效果